职业教育智能制造领域高素质技术技能人才培养系列教材

工业视觉系统应用

主　编　娄丽莎
副主编　秦晋丽　王　慧
参　编　张　俊　胡　凯　韩佳鑫　刘贵虎
主　审　曹润平　赵建平

机 械 工 业 出 版 社

本书主要根据历年全国职业院校技能大赛“机器视觉系统应用”赛项中典型任务的具体要求，同时参考“1+X”工业视觉系统运维职业技能等级证书考核任务要求编写而成。

本书分为基础模块、进阶模块与综合模块三部分，内容由浅入深、由易到难、层层递进，系统性强，以机器视觉系统应用技术平台（型号：LX-VS-2021-AI01）为载体，主要介绍印刷品综合检测、机械零件尺寸综合测量、彩色图形创意造型摆拼、物流包裹测量及分拣、液体试管识别及分拣、智能仓储检测与拆垛、码垛和智能车库分类停靠七个典型项目，项目内容涵盖机器视觉系统硬件选型与安装、视觉工具应用、项目调试与运行等方面的理论知识和技能实操。每个项目均包含任务解析、知识链接、核心素养、项目实施、思考与探索及其岗课赛证要求等内容，同时对每个项目中蕴含的知识目标、能力目标和素养目标进行细致提炼，帮助学生掌握知识和技能，做到学习和教学过程有的放矢。

本书通过校企合作挖掘并引入工程案例、先进技术，融入素养育人元素，体现了“教、学、做”一体化教学理念，实现“岗课赛证融通”培养。为落实党的二十大报告中关于“推进教育数字化”的要求，本书运用了“互联网+”技术，添加了二维码数字化资源，方便读者理解相关知识，进行更深入的学习，成为职业院校机器视觉系统应用类教材的新范本。

本书可作为高等职业院校、职业本科院校装备制造大类专业“工业视觉技术”相关课程教材，也可以用于学生工程实践创新教学和参赛训练指导。

图书在版编目（CIP）数据

工业视觉系统应用 / 娄丽莎主编. -- 北京 : 机械工业出版社, 2025. 5. --（职业教育智能制造领域高素质技术技能人才培养系列教材）. -- ISBN 978-7-111-78011-3

Ⅰ. TP302. 7

中国国家版本馆 CIP 数据核字第 2025YN1972 号

机械工业出版社（北京市百万庄大街 22 号　邮政编码 100037）
策划编辑：黎　艳　　　　责任编辑：黎　艳
责任校对：张　薇　薄萌钰　封面设计：鞠　杨
责任印制：邓　博
河北鑫兆源印刷有限公司印刷
2025 年 5 月第 1 版第 1 次印刷
184mm×260mm · 13. 75 印张 · 347 千字
标准书号：ISBN 978-7-111-78011-3
定价：49. 00 元

电话服务　　　　　　　　　网络服务
客服电话：010-88361066　机　工　官　网：www. cmpbook. com
　　　　　010-88379833　机　工　官　博：weibo. com/cmp1952
　　　　　010-68326294　金　　书　　网：www. golden-book. com
封底无防伪标均为盗版　　机工教育服务网：www. cmpedu. com

前言

工业视觉，也称机器视觉，是现代工业自动化领域的关键技术之一，它涉及使用光学非接触式感应设备，捕捉图像并将其转换成数字信号，进而实现对物体的识别、测量、定位、检测等功能。工业视觉被广泛应用于质量检测、物料分拣、设备监控、视觉引导与定位、精准测量测距、产品外观检测、自动化生产线、机器人导航等领域。工业视觉系统的性能要求包括高速度、高精度和高可靠性，以适应快速和复杂的工业生产环境。随着技术的发展，工业视觉系统在智能制造中的作用越来越重要，是实现自动化和智能化生产的关键技术之一。

随着我国制造业向更高发展水平升级，国内3C电子、汽车、新能源、快递物流等行业的蓬勃发展拉动了相关企业的扩产需求，机器视觉需求增长明显。国家多次颁布相关政策支持智能装备制造业的发展，对机器视觉行业产生了积极的影响，为机器视觉行业提供了更大的市场空间和发展机遇，这就需要一批懂机器视觉原理、会机器视觉技术、能操作运维机器视觉设备的复合型技术技能人才。

本书从学生这一学习主体出发，按照高等职业教育学生的学习特点，结合行业、企业实际应用案例，将主体内容重构为“基础—进阶—综合”三个递进的模块，每个模块中精心提炼、设计2~3个教学项目，内容涵盖了机器视觉技术的知识构成、技能应用和核心素养。

基础模块——稳扎稳打　夯实基础　该模块包含印刷品综合检测、机械零件尺寸综合测量和彩色图形创意造型摆拼三个项目，分别包含机器视觉应用中基础的色彩、图形识别，各种类型的尺寸测量，彩色图形的定位搬运，全面覆盖机器视觉技术中的基础知识技能。

进阶模块——精益求精　渐入佳境　该模块中两个项目的难度有所提升，物流包裹分拣引入3D物体的识别技术，液体试管识别提升了码类识别和液位识别的难度。随着机器视觉技术在工业自动化领域的应用拓展，对学生知识和技能的掌握提出了更高的要求。

综合模块——学思践悟　融会贯通　在最后的综合模块中，通过智能仓储检测与拆垛、码垛，智能车库分类停靠两个项目，综合运用机器视觉系统的识别、检测、定位、运动引导等技术，实现拓展提升，项目更加多元化，也更贴合制造业智能制造发展需求。

本书每个项目均与岗位对接，从生产实际出发进行任务解析，再系统地搭建底层知识结构，融入素养育人元素，强调安全制度，全面覆盖核心素养，在项目实施中细致地分解训练过程，课后通过思考和拓展内容完成任务考核与评价，并对最新的岗课赛证要求进行具体说明。在项目化的学习过程中，学生的知识渐次深入，能力逐级提升，素质全面养成。

本书编写过程中秉持立德树人的核心思想，在解决实际问题的过程中，注重对素质教育元素的挖掘，引入科技成就、强国案例等内容，紧密贴合专业课程内容，将素质教育和专业学习紧密结合。本书中的应用案例结合生产实际，体现当下智能制造中的新技术、新工艺，实现“课岗衔接”；项目实施流程参考全国技能大赛赛项任务与要求，实现“赛教融合”；本书与“1+X”工业视觉系统运维中级标准对接，实现“课证融通”培养；案例的选取注重对创新意识和创造能力的塑造培养，满足“专创融合”的课程教学要求。

本书以全国职业院校技能大赛高职组“机器视觉系统应用”技术平台（设备型号：LX-VS-2021-AI01）为项目教学载体，基于机器视觉应用软件 KImage，校企合作广泛开发机器视觉技术在智能制造领域应用的实际案例，提炼出机器视觉的典型应用，将前沿的技术应用转化为贴合学生实际能力的教学内容，并且配套工程案例、操作流程等微课资源，可通过扫描书中二维码获取。

本书由娄丽莎主编，秦晋丽、王慧任副主编，张俊、胡凯、韩佳鑫、刘贵虎也参与了编写，由曹润平、赵建平任主审。同时，企业专家张俊、胡凯、韩佳鑫、刘贵虎参与企业案例收集整理及平台技术支持。在编写过程中，编者参阅了国内外出版的有关教材和资料，在此谨对相关作者一并表示衷心感谢！

由于编者水平有限，书中不妥之处在所难免，恳请读者批评指正。

编　者

二维码清单

（续）

序号	名称	二维码	页码
10	机械零件尺寸综合测量——数据发送及结果显示程序		59
11	彩色图形创意造型摆拼——N 点标定		73
12	彩色图形创意造型摆拼——硬件选型安装		77
13	彩色图形创意造型摆拼——识别定位主程序		87
14	彩色图形创意造型摆拼——运动循环程序		94
15	彩色图形创意造型摆拼——数据发送		95
16	物流包裹测量及分拣——3D 标定程序		120
17	物流包裹测量及分拣——主程序		126
18	液体试管识别及分拣——硬件选型安装		141
19	液体试管识别及分拣——条形码识别		144
20	液体试管识别及分拣——数据发送及结果显示		155

（续）

目录

基础模块

——稳扎稳打　夯实基础

1

项目一　印刷品综合检测

<table>
<tr><td>知识目标</td><td>● 理解机器视觉技术的概念、特点以及发展趋势。
● 理解机器视觉技术在文字印刷质量检测领域的应用。
● 理解机器视觉系统应用实训平台的组成。
● 理解模块匹配技术、连通区域以及 Blob 分析技术
● 熟练掌握工业相机、镜头、光源的选型方法。
● 掌握视野调焦和镜头对焦的具体方法。
● 掌握光源控制工具的运行和测试方法。
● 掌握二维码识别和轮廓缺陷识别的编程及应用。
● 掌握印刷品综合测量流程以及测量参数设置的方法。</td></tr>
<tr><td>能力目标</td><td>■ 能够熟练完成相机、镜头、光源的选用和安装。
■ 能按要求完成视野调焦和镜头对焦。
■ 能合理地完成单幅视野的标定并保存标定结果。
■ 能按要求完成二维码识别和轮廓缺陷识别的运行测试。
■ 会进行印刷品综合检测的 Kimage 编程。
■ 会生成与显示测量数据的报表。</td></tr>
<tr><td>素养目标</td><td>◆ 培养严谨、科学的职业素养。
◆ 养成规范操作的岗位意识。
◆ 树立安全生产责任意识和团队分工协作意识。
◆ 培养积极乐观、爱岗敬业的优良品质。</td></tr>
<tr><td>学习策略</td><td>首先将印刷样品放到检测区，平台移动至每个拍照位采图，检测六个检测区内的印刷内容，判断检测结果，然后识别每个检测区二维码的内容，并生成数据报表。</td></tr>
</table>

一、任务解析

本项目要完成印刷样品的综合检测。印刷样品及料盘数量：1 套；印刷样品尺寸规格：180mm×100mm；单个检测区的尺寸规格：43mm×45mm，具体如图 1-1 所示。该项目分六次拍照检测，单个视野要求：65mm×50mm；工作距离：250mm+10mm，同时遵循畸变最小、检测精度最高、印刷内容对比度最高的原则进行硬件选型。

图 1-1　印刷样品

（一）检测任务

印刷样品在提供时已经粘贴在治具上，测量人员需要通过六个拍照位进行检测，检测任务如下。

1. 编写视觉和运动控制程序

移动运动平台到达第一个拍照位，点亮光源，拍第一张图片，然后熄灭光源；如此循环，直到移动运动平台到达第六个拍照位，点亮光源，拍第六张图片，再熄灭光源。印刷缺陷示例如图 1-2 所示。

图 1-2　印刷缺陷示例

2. 印刷内容检测

印刷检测内容包括：识别二维码、判断文字重影、判断印刷背景污渍、判断印刷内容缺失、判断印刷内容错误、判断印刷少墨、判断印刷偏位、判断图案颜色、判断印刷黑点。

（二）显示任务

在主界面显示六次拍照的初始状态图像和检测结果，如图 1-3 所示。

图 1-3　界面及结果显示

二、知识链接

（一）设备的组成及配件箱的介绍

机器视觉系统应用实训平台（型号：LX-VS-2021-AI01）如图 1-4 所示，主要由实训机台、电控板、*XYZ* 三轴运动模组、外置 θ 轴、报警灯、按钮盒、视觉安装夹具、产品托盘、

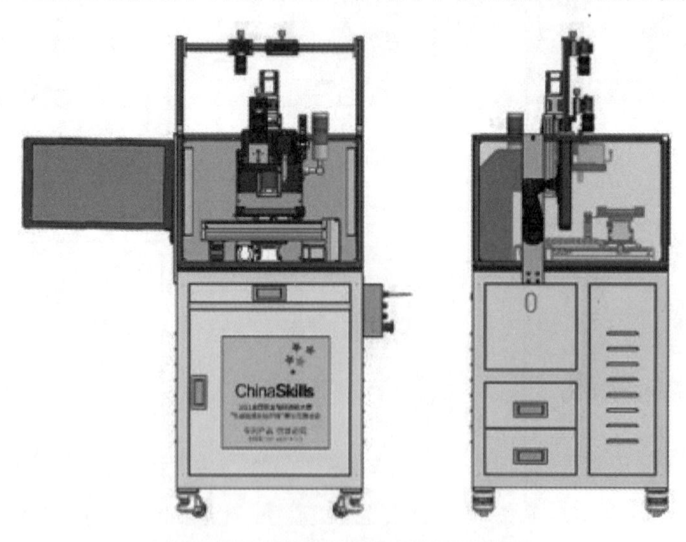

图 1-4　机器视觉系统应用实训平台

光幕传感器、工控机、显示器、机器视觉器件箱、机器视觉工具箱等组成，如图 1-5~图 1-7 所示。平台尺寸为 620mm（宽）×650mm（深）×1450mm（高）（不含显示器和固定相机的型材横梁的尺寸）。

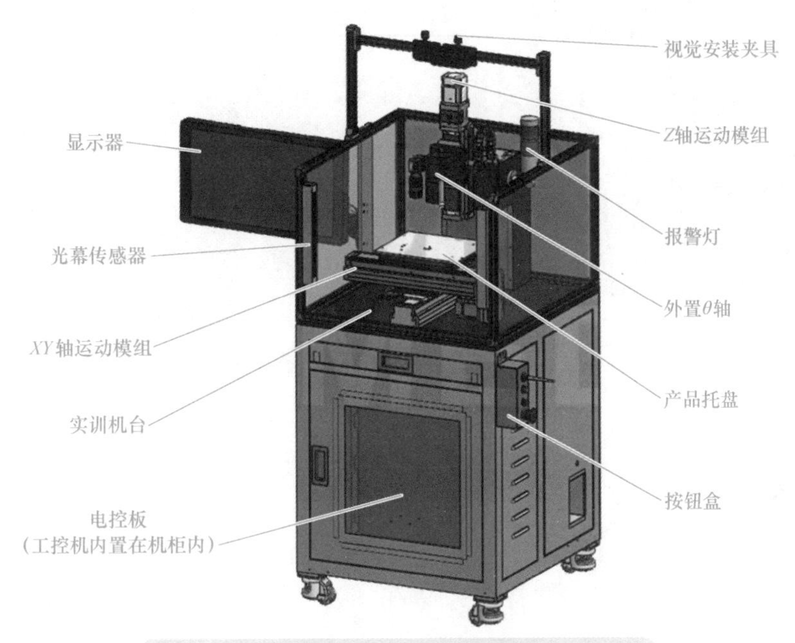

图 1-5　机器视觉系统应用实训平台结构示意图

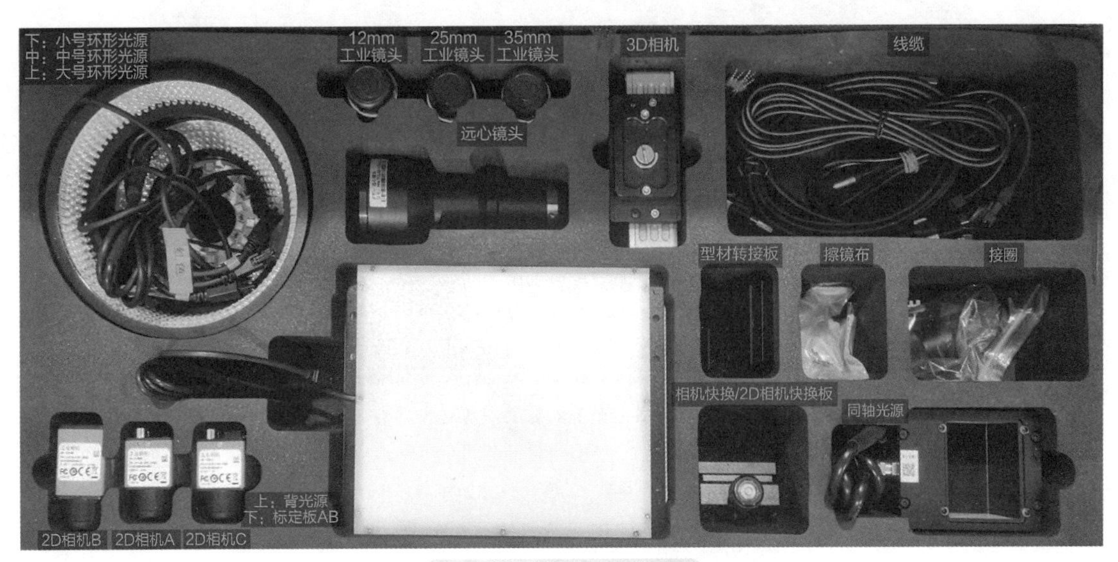

图 1-6　机器视觉器件箱

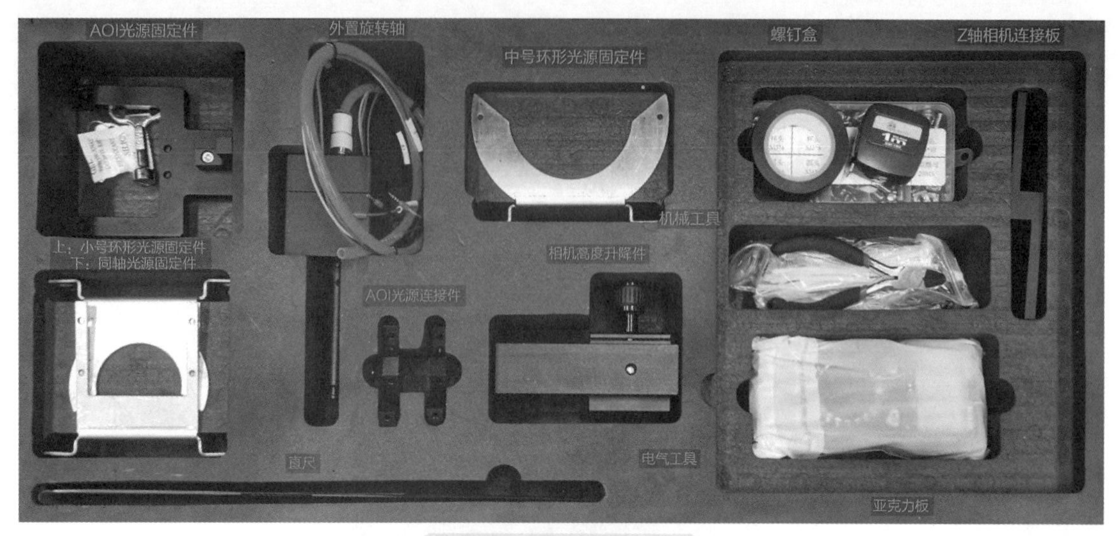

图 1-7　机器视觉工具箱

（二）机器视觉设备光源串口与欧姆龙 PLC 串口的参数设置

1. 光源通道参数设置

依次连接平行背光源及三色上光源通道，平行背光源连接 CH1 通道，红色光源连接 CH2 通道、绿色光源连接 CH3 通道、蓝色光源连接 CH4 通道，同时设置光源通道的端口号为 COM5、数据格式为 ASCII、波特率为 9600、无奇偶校验位、8 位数据位和 1 位停止位，光源参数设置如图 1-8 所示。

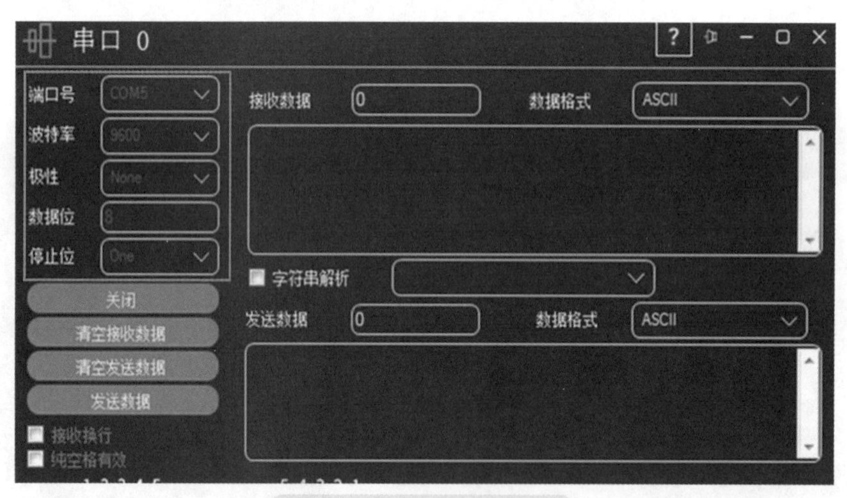

图 1-8　光源参数设置界面

2. 欧姆龙 PLC 通道参数设置

依次设置欧姆龙 PLC 的端口号为 COM8、数据格式为 Hex、波特率为 9600、奇偶校验为奇校验、数据位为 8 位、停止位为 1，欧姆龙 PLC 参数设置如图 1-9 所示。

（三）相机、镜头、光源相关参数

机器视觉系统应用实训平台（型号：LX-VS-2021-AI01）提供的相机、镜头和光源型号及参数见表 1-1～表 1-3。

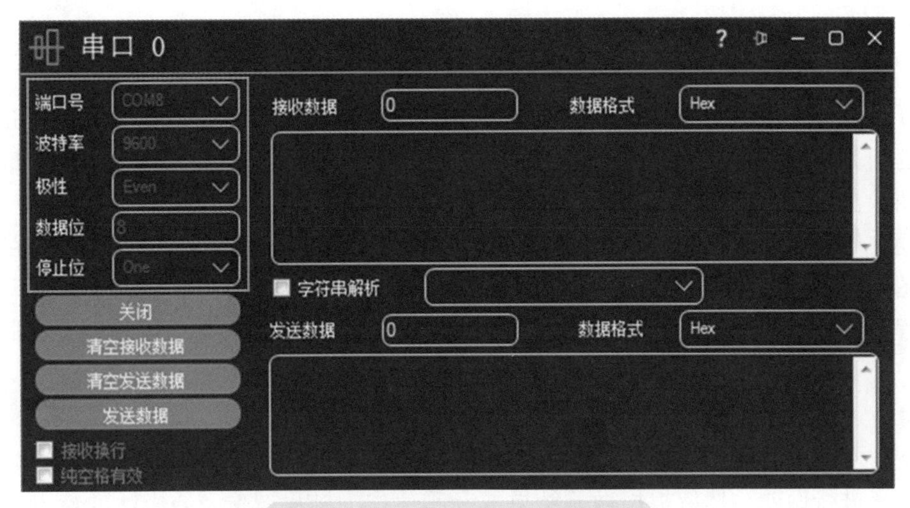

图 1-9　欧姆龙 PLC 参数设置界面

表 1-1　可选择的相机型号及参数

类别	编号	分辨率	曝光模式	颜色	芯片大小/(″)	接口	像元尺寸/μm
2D 相机	相机 A	1280×960	全局	黑白	1/2	USB3. 0	4. 0
2D 相机	相机 B	2448×2048	全局	黑白	2/3	GigE	3. 45
2D 相机	相机 C	2592×1944	滚动	彩色	1/2. 5	GigE	2. 2

表 1-2　可选择的镜头型号及参数

类别	编号	支持分辨率（优于）	焦距/倍率	最大光圈	工作距离/mm	支持芯片大小/(″)
工业镜头	12mm 镜头	500 万像素	12mm	F2. 0	>100	1/1. 8
工业镜头	25mm 镜头	500 万像素	25mm	F2. 0	>200	2/3
工业镜头	35mm 镜头	500 万像素	35mm	F2. 0	>200	2/3
远心镜头	远心镜头	500 万像素	0. 3X	F5. 4	110	2/3

表 1-3　可选择的光源类型及参数

类别	编号	主要参数/mm	颜色	备注
环形光源	小号环形光源	直射环形，发光面外径 80、内径 40	RGB	三者可以合并成 AOI 光源
环形光源	中号环形光源	45°环形，发光面外径 120、内径 80	G	
环形光源	大号环形光源	低角度环形，发光面外径 160、内径 120	8	
同轴光源	同轴光源	发光面积 60×60	RGB	
背光光源	背光光源	发光面积 169×145	W	

（四）模板匹配法和缺陷检测

1. 模板匹配法

模板匹配法是图像识别与图像分割技术中的主要算法之一，它利用的信息主要是图像之间存在的相关性。所谓模板匹配，就是把不同时间、不同成像条件下对同一景物获取的两幅或多幅图像在空间上配准，或根据已知的模式去另外一幅图像中寻找相应的模式。

需要注意的是，图像的匹配既可以是整幅图像之间的匹配，也可以是一幅图像的局部与另一幅图像的局部进行匹配。在待检测图像上，从左到右、从上向下计算模板图像与子图像的匹配程度，匹配程度越高，则两者相同的可能性越大；匹配程度越低，则两者相同的可能性越小。

2. 匹配技术

匹配技术有很多种，其中最简单的一种是差影法。差影法的原理是，首先对两幅图像按照对应像素进行做差，然后根据做差结果取一阈值作为结果图像。差影法的特点是效率非常高。

另一种常用的匹配技术是灰度相关法，这种方法主要是以图像间的灰度相关性来衡量图像间的相似性，与灰度相关的相似性测量有许多种相似性测量函数，其中最常用的是灰度相关函数。

3. 缺陷检测

缺陷检测通常是指对物品表面缺陷进行的检测。表面缺陷检测是采用先进的机器视觉检测技术，对物品表面的斑点、凹坑、划痕、色差、缺损等缺陷进行检测。在生产实践中，为了满足实际生产的需要，表面缺陷检测系统具有以下功能：

1）自动完成物品与相机获取图像同步。

2）自动检测物品表面斑点、凹坑、铜点、划伤等缺陷。

3）可根据需要对缺陷类型进行学习并为其命名。

4）可根据需要选择所检测的缺陷类型。

5）可根据需要自主设定缺陷大小。

6）对不良位置进行定位，可控制贴标设备和打印设备进行标识。

7）对不良品图像进行自动存储，可进行历史查询。

8）自动统计良品、不良品、总数等。

KImage 软件中缺陷检测工具的基本工作原理是差影法。预先设定一个阈值，将待检测图像与标准图像上对应的像素点的像素值做差，将得到的差值与阈值进行对比，如果在阈值范围内，就将该点的像素值置为 0，表示该点不计为缺陷点，否则将该点的像素值置为 1，表示该点为存在缺陷的像素点，然后通过检测待检测图像上缺陷点的个数来判别待检测图像上是否存在缺陷特征。

（五）连通区域

位于坐标（x，y）处的像素点 P 有 4 个水平的和垂直的相邻像素点，其坐标分别为（$x+1$，y），（$x-1$，y），（x，$y+1$），（x，$y-1$）。这组像素点称为 P 的 4 邻域，如图 1-10 所示，用 $N_4(P)$ 表示。P 的 4 个对角相邻像素点的坐标分别为（$x+1$，$y+1$），（$x+1$，$y-1$），（$x-1$，$y+1$），（$x-1$，$y-1$）并用 $N(P)$ 表示。这些点与 4 个邻点一起称为 P 的 8 邻域，如图 1-11 所示，用 $N_8(P)$ 表示。

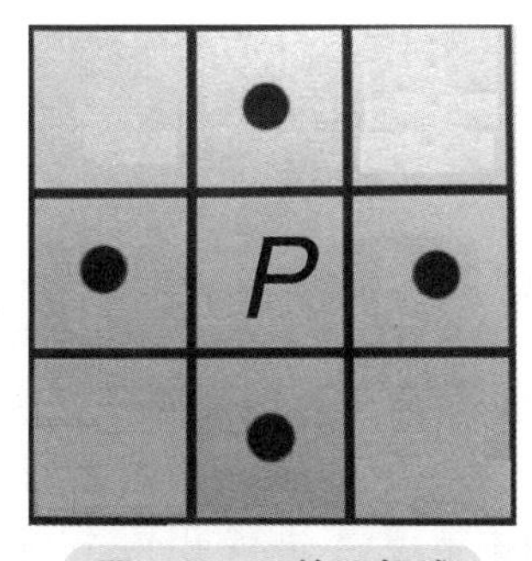

图 1-10　*P* 的 4 邻域

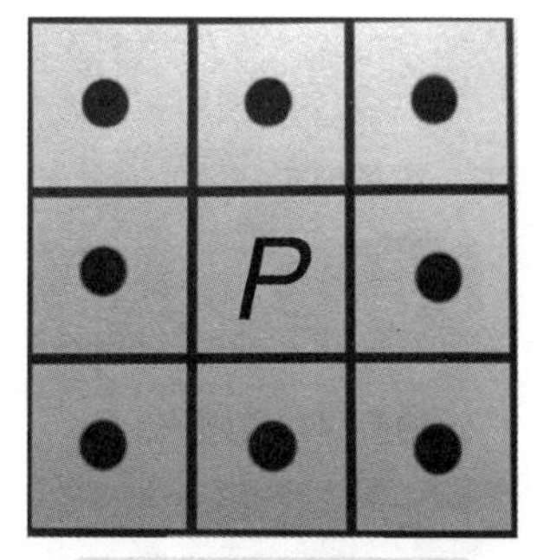

图 1-11　*P* 的 8 邻域

1. 4 邻接

像素点 Q 位于像素点 P 的 4 邻域内，即 P 的上、下、左、右 4 个位置中的一处，且两者像素值相等。

2. 8 邻接

像素点 Q 位于像素点 P 的 8 邻域内，即 P 的上、下、左、右、斜对角共 8 个位置中的一处，且两者像素值相等。

3. *m* 邻接

在两者像素值相等的情况下，像素点 Q 在像素点 P 的 $N_4(P)$ 中；像素点 Q 在像素点 P 的 N_D 中，且 $N_4(P) \cap N_4(Q) = \varnothing$。

如果像素点 A 与 B 邻接，则称 A 与 B 连通。如果 A 与 B 连通，B 与 C 连通，则 A 与 C 连通。在视觉上看来，彼此连通的点形成了一个区域，而不连通的点形成了不同的区域。所有的彼此连通点构成的集合，称为一个连通区域。

（六）Blob 分析

在机器视觉中 Blob 是指在图像中，由具有相似颜色或纹理等特征的图像所组成的一块连通区域。

Blob 分析就是对这样一块连通区域进行几何分析，得到一些重要的几何特征。例如，现在有一块刚生产出来的玻璃，其表面非常光滑平整。如果这块玻璃上没有瑕疵，则无法检测到“灰度突变”；相反，如果在玻璃生产线上，由于种种原因，造成玻璃上有一个凸起的小泡、一块黑斑或一点裂缝，那么就可以在这块玻璃上检测到纹理，经二值化（Binary Thresholding）处理后的图像中的色斑可认为是 Blob。而这些部分就是生产过程中造成的瑕疵，这个过程就是 Blob 分析。

Blob 分析工具可以从背景中分离出目标，并可以计算出目标的数量、位置、形状、方向和大小，还可以提供相关斑点间的拓扑结构。在处理过程中，不是对单个像素逐一进行分析，而是对图像的每一行进行操作。图像的每一行都用游程长度编码（RLE）表示相邻的目标范围，这种算法与基于像素的算法相比，大大提高了处理速度。Blob 分析的主要内容包括以下五个方面。

1. 图像分割

Blob 分析实际上是对闭合形状进行特征分析。在进行 Blob 分析之前，必须将图像分割为目标和背景。图像分割是图像处理中的一大类技术，在 Blob 分析中拟提供的分割技术包括直接输入、固定硬值、相对硬阈值、动态硬阈值、固定软值、相对软值、像素映射、阈值图像。其中固定软阈值和相对软值方法可在一定程度上消除空间量化误差，从而提高目标特征量的计算精度。

2. 形态学操作

形态学操作的目的是消除噪声点的影响。

3. 连通性分析

将目标从像素级转换到连通分量级。连通性分析有以下三种类型：

（1）全图像连通性分析　在全图像连通性分析中，被分割图像的所有目标像素均被视为构成单一斑点的像素。即使斑点像素彼此并不相连，为了进行 Blob 分析，它们仍被视为单一的斑点。所有的 Blob 统计和测量均通过图像中的目标像素进行计算。

（2）连接 Blob 分析　连接 Blob 分析通过连通性标准，将图像中的目标像素聚合为离散的斑点连接体。一般情况下，连接性分析通过连接所有邻近的目标像素构成斑点。不邻近的目标像素则不被视为斑点的一部分。

（3）标注连通性分析　在机器视觉应用中，由于所进行的图像处理过程不同，可能需要对某些已被分割的图像进行 Blob 分析，而这些图像并未被分割为目标像素和背景像素。例如，图像可能被分为四个不同像素集合，每个集合代表不同的像素值范围。这类分割称为标注连通性分析。当对标注分割的图像进行连通性分析时，将连接所有具有同一标注的图像。标注连通性分析中不再有目标和背景的概念。

4. 特征值计算

对每个目标进行特征量计算，包括面积、周长、质心坐标等。

5. 场景描述

对场景中目标之间的拓扑关系进行描述。

三、核心素养

（一）机器视觉概述

1. 机器视觉的定义

机器视觉是用机器代替人眼来做测量和判断。机器视觉也可以理解为给机器加装上视觉装置。给机器加装视觉装置的目的，是使机器具有类似于人类的视觉功能，从而提高机器的自动化和智能化程度。由于机器视觉涉及多个学科，一般认为，机器视觉系统是通过机器视觉产品（即图像摄取装置，分为 CMOS 和 CCD 两种传感器）将被摄取目标转换成图像信号，传送给专用的图像处理系统，得到被摄目标的形态信息，根据像素分布和亮度、颜色等信息，转变成数字化信号；图像系统对这些信号进行各种运算来抽取目标的特征，进而根据判别的结果来控制现场的设备动作。

2. 机器视觉系统的特点

机器视觉系统的主要特点是可以提高生产的柔性和自动化程度。机器视觉检测技术适用于危险工作环境以及人工视觉难以满足要求的场合，这些场合常用机器视觉来替代人工视觉；同时，在大批量工业生产过程中，用人工视觉检查产品质量效率低且精度不高，用机器视觉检测可以大大提高生产率和生产的自动化程度；而且机器视觉易于实现信息集成，是实现计算机集成制造的基础技术。

3. 机器视觉系统的组成

一个典型的工业机器视觉系统主要由以下几部分组成：光源、镜头（定焦镜头、变倍镜头、远心镜头、显微镜头)、相机（主要有CCD和COMS传感器)、图像处理单元（或图像捕获卡)、图像处理软件、监视器、通信/输入输出单元等。

4. 机器视觉的发展趋势

如今，我国正成为世界机器视觉发展最活跃的地区之一，机器视觉的应用范围涵盖了工业、农业、医药、军事、航天、交通、科研等国民经济的各个行业。其重要原因是我国已经成为全球制造业的中心，具备高要求的零部件加工及其相应的先进生产线，拥有国际先进水平的机器视觉系统和应用经验。

随着机器视觉应用场景的复杂化和多样化，其与深度学习算法、3D应用技术、互联互通标准等技术的融合也越来越紧密。

（1）深度学习算法　深度学习算法旨在模拟类似人脑的层次结构，主要通过深度神经网络建立从低级信号到高层语义的映射，以实现数据的分级特征表达。深度学习算法被引入机器视觉图像处理系统来进行外观检测，使识别过程更智能、视觉信息处理能力更强大。

（2）3D应用技术　随着3D应用技术的不断发展，越来越多的三维模型重构技术被引入机器视觉系统，如结构光、立体视觉、光度立体法等。对3D图像处理与分析算法的研究也越来越广泛，将成为机器视觉的一个主流发展方向。

（3）互联互通标准　机器视觉系统内部，及其与智能制造设备之间，与企业的管理系统之间有必要进行互联互通，使设备和制造管理朝着更智能的方向发展。目前，机器视觉行业内部，包括欧洲机器视觉协会（EMVA)、美国自动化成像协会（AIA)、日本工业成像协会（JIA）等标准，合作制定了GenICam标准；AIA制定了GigEVision、USB3 Vision等相机通信协议。机器视觉行业还与其他行业合作，不断拓展互联互通的外延，旨在促成机器视觉系统与其他行业的互联互通。

5. 机器视觉图像检测的优势

机器视觉检测就是用机器代替人眼来做测量和判断。机器视觉系统通过机器视觉传感器对被测物成像，然后将图像传递给图像处理软件，图像处理软件对像素的灰度、颜色等参数进行运算，抽取目标的特征，进而根据特征做出判断，并将结果发送出去。在产品的生产、装配或包装产线中，检测技术是不可或缺的。机器视觉检测系统具有以下优势。

（1）非接触测量　对产品不会产生任何损伤，系统使用寿命长、可靠性强。

（2）具有较宽的光谱响应范围　例如，视觉系统中可以使用肉眼不可见的紫外光或者红外光进行检测，极大地扩展了可检测范围。

（3）长时间稳定工作　人类难以长时间对同类对象进行观察，而机器视觉系统则可以长时间地进行识别检测任务。

（4）节省劳动力资源　机器视觉系统可以替代单一的、重复的检测工种，从而节省大量劳动力资源。

（二）机器视觉技术在文字印刷质量检测领域的应用

文字印刷产品作为信息传播的重要媒介，文字印刷质量的好坏直接影响着信息传递的准确性和有效性。随着人们生活水平的不断提高，书刊、图书的印刷速度与质量要求在不断提升，如何在高速的印刷生产中进行有效的检测并控制印刷品的质量，已经成为印刷企业亟待解决的问题。

随着计算机技术、互联网技术、光电技术等对传统印刷行业的不断渗透，文字印刷逐渐向着数字化、网络化、系统化的方向发展。在高速印刷过程中，由于生产设备老化、生产外部环境不佳、操作人员失误等因素，经常产生糊字、缺笔断划、斑点、形变等文字质量问题。同时，由于印刷速度快，人眼来不及识别，经常导致大量的废品出现，使厂家蒙受巨大的经济损失。

目前，无论是印刷现场的质量检测与控制，还是成品的质量评价，大部分都是通过人眼观察后，再进行密度测量和主观评价；并且所参照的评价标准也是模糊的、主观的描述和评测。而人的主观评价具有不一致性，在印刷过程中，经验丰富的印刷工人通过用密度计等测量工具对成品进行检测，是可以达到提高产品的印刷质量、减少废品率的效果的，但是在高速印刷生产中，这种检测方式就意味着时间的浪费；同时在给出评价时，不同的人员对质量标准的把握也是不同的。这种检测和评价方法容易受到检测者或评价者主观的心理、生理等诸多因素的影响，从而导致检测与评价结果的不一致、不稳定和不准确。另外，随着印刷速度的提高，离线的人工检测和评价手段也无法真正满足印刷工业化的要求。

如何才能对文字印刷质量实现快速且准确的检测与评价呢？这个问题在机器视觉识别系统出现以后，便有了解决的方案。

（三）安全规范

1）操作前要对设备进行安全检查，在确定设备正常后，方可投入使用。

2）必须按照规定使用机械设备的安全防护装置，不准不用或者将其拆掉。

3）危险机械设备是否具有安全防护装置，要看设备在正常工作状态下，是否能防止操作人员身体的任何一部分进入危险区域，或进入危险区域时保证设备不能运转或者能作紧急制动。

4）设备所有者、操作者应当对自己的安全负责，安全使用设备，遵守安全规范。

5）在开机时，电控箱内的空气开关（总 QF1）应处于断开状态，如果遇到空气开关是闭合状态，请断开总 QF1 再合上即可，时间间隔为 2s。

6）相机、光源等接线前要仔细检查对应的电线和电压是否正确。

7）不要用手指去触碰镜头和相机芯片部分，不小心触碰后需要用擦镜布擦拭干净。

8）试验平台运行过程中需要停下来时，可按外部急停按钮、暂停按钮或直接通过光栅制动；如需继续工作，可按复位按钮。

9）关机注意事项：当设备使用完毕时，先把计算机关机，再按下断电按钮，最后断开 QF1。

10）当软、硬件发生故障或报警时，把报警代码和内容记录下来，最好拍摄现场照片或视频，以便技术人员解决问题。

11）试验结束后，必须确保试验平台已经回到原位，再关电源、清理设备、整理现场。

12）拆下的相机、镜头或样品等必须按要求放入抽屉或手提箱中指定的位置摆放整齐。

四、项目实施

为了使印刷品综合测量过程条理更清晰，具体实施过程可参照印刷品综合检测过程思维导图，如图 1-12 所示。

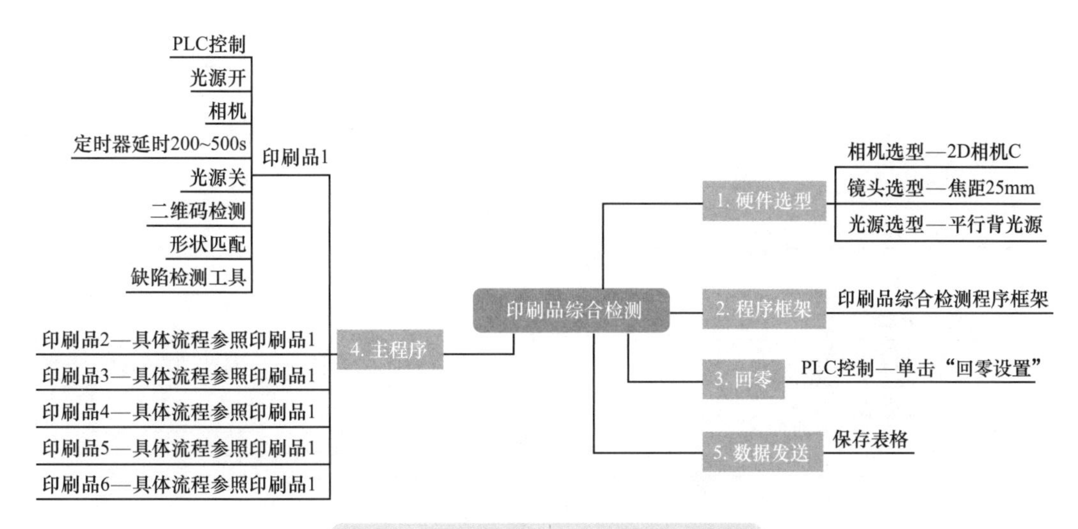

图 1-12 印刷品综合检测过程思维导图

（一）硬件选型及安装

完整的印刷品综合检测包括相机的选型与安装、镜头的选型与安装、光源的选型与安装和相关控制参数设置等硬件操作，以及拍照、形状匹配、二维码识别、轮廓缺陷识别、数据图像显示等一系列软件操作。

下面将针对上述任务要求，从相机选型、工业镜头计算与选型、光源选型、参数设置和软件程序编写等多方面入手，对印刷品综合检测任务的实施进行具体讲解。

1. 相机选型

根据项目要求，要完成印刷品识别，之后根据识别结果与定位坐标，按照项目要求对印刷品进行分拣，必须使用彩色相机，同时检测区必须在光源范围内。选择彩色 2D 相机（相机 C），其具体参数见表 1-4。

表 1-4 彩色 2D 相机（相机 C）的具体参数

参　数	数　值
像素	2592×1944
最大帧率/(f/s)	23
接口	GigE、POE
传感器类型	CMOS
颜色	彩色
靶面型号/(″)	1/2.5
快门	滚动
像素位深/bit	10
像元/μm	2.2
宽动态范围/dB	50
增益	X1~X32
快门值	40μs~1s

（续）

参　数	数　值
尺寸/mm	29×29×42（不含镜头座和后壳接口）
供电方式/V	DC 6~26，POE
功耗	≈2.8W/12V
镜头接口	C-mount
工作温度/℃	-30~50
GPIO	6 芯 Hirose 连接器：1 路光耦隔离输入，1 路光耦隔离输出
图像缓存	支持 64MB
存储通道	支持 2 组用户自定义配置保存

2. 工业镜头计算与选型

（1）像长的计算　根据相机的选型，彩色 2D 相机的像元尺寸为 2.2μm，像素为 2592×1944，根据像长（L，单位为 mm）计算公式

$$L=\text{像元尺寸}\times\text{像素（长、宽）}$$

可得彩色 2D 相机内部芯片的像长 L 的长度和宽度分别为 5.70mm、4.28mm。

（2）焦距的计算　在选择镜头搭建一套成像系统时，需要重点考虑像长 L、成像物体的长度 H、镜头焦距 f，以及物体至镜头的距离 D 之间的关系，物像之间的简化关系为

$$\frac{L}{H}=\frac{f}{D}$$

根据任务要求，印刷品综合检测的工作距离为 250mm+10mm，单个视野的尺寸为 65mm×50mm，取工作距离的最大值 260mm 作为机械零件至镜头的距离 D，65mm、50mm 为成像物体的长度 H，因此，在焦距的计算中需要分别对长度和宽度进行计算。

（3）工业镜头的选型　根据焦距计算公式，计算出长边焦距为 22.81mm，短边焦距为 22.24mm。考虑到实际误差、工业镜头的焦距微调区间（±5%），以及任务要求中允许的视野范围正向偏差 10mm，所选择的镜头焦距 f 应小于 26.40mm，根据设备所提供的三种镜头，选择型号为 HN-P-2528-6M-C2/3、焦距为 25mm 的镜头。HN-P-2528-6M-C2/3 工业镜头的主要参数见表 1-5。

表 1-5　HN-P-2528-6M-C2/3 焦距 25mm 工业镜头的主要参数

型号	HN-P-2528-6M-C2/3
靶面型号/(″)	2/3
支持像元尺寸/μm	最小 2.4
焦距/mm	25 ± 5%
光学总长/mm	30.2 ± 0.2
法兰距/mm	17.526 ± 0.2
光圈范围（F 数）	F2.8~F16
视场角（H×V）	20.40° × 15.50°（25.44°）

（续）

像质	光学畸变（%）	±0.4
	TV 畸变（%）	0.2
聚焦范围/m		0.2～∞
前螺纹		M27×P0.5-7H
接口		C 口
尺寸（$D \times L$）/mm		ϕ33.0×31.2（不含螺纹）

3. 光源选型

根据项目要求，需要识别所检测物品表面字符的轮廓信息，由于所用样品不透光，所以只需要在物品上方打光即可，可根据样品尺寸选择使用平行背光源、环形光源和同轴光源。

在合适的位置安装相机、镜头、光源、治具等，保证安装稳固，镜头与相机之间的连接螺纹须拧紧；镜头调试好之后，用紧定螺钉锁紧对焦环及光圈环；记录硬件的安装参数等。

硬件选型安装

完成相机、光源、旋转轴、通信网络等的电路接线，完成气路的连接，走线要正确、规范、整洁、牢固、物理接口选择正确。

（二）印刷品综合检测

1. 回零

1）打开 Kimage 软件，进入软件界面后单击配置图标，打开配置界面，新建文件，产品名称命名为“印刷品综合检测”，如图 1-13 所示。

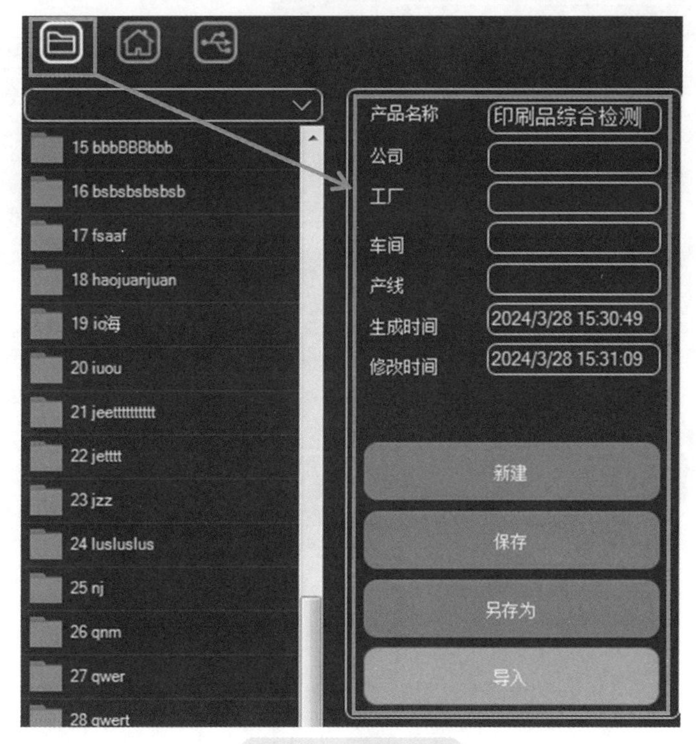

图 1-13　新建文件

2）打开工具组界面，重命名工具组为“回零”，如图 1-14 所示。

图 1-14　重命名工具组为“回零”

3）打开回零工具组，添加 PLC 控制按钮，双击打开 PLC 控制界面，依此单击“回零设置”→“解除中断”→“执行”，完成回零设置，如图 1-15 所示。

4）新建 M 模块，并重命名为“印刷品综合检测”，如图 1-16 所示。

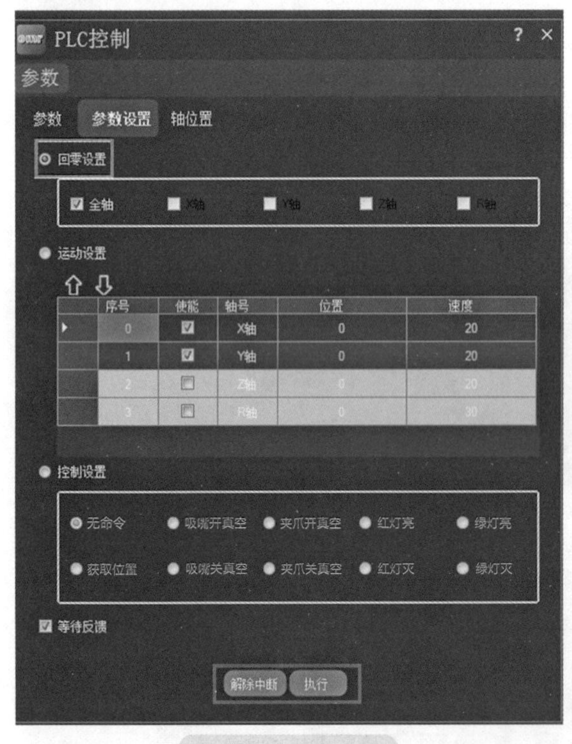

图 1-15　回零设置

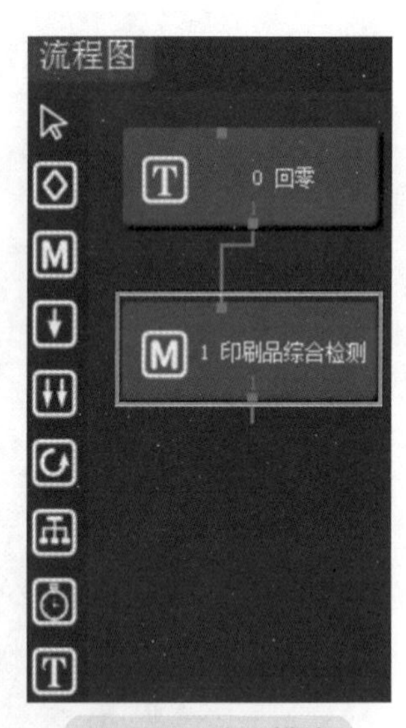

图 1-16　建立模块

2. 印刷品 1 检测

1）添加工具组，并重命名为“印刷品 1”，然后继续添加 PLC 控制、光源控制、相机、定时器、光源控制、二维码检测、定位、缺陷检测工具。印刷品 1 检测程序流程如图 1-17 所示。

2）打开光源控制界面，设置光源参数，相机拍照之前需点亮一定亮度的背光光源，以提高拍摄图像的清晰程度，本例中背光光源连接的是通道 1，设置背光光源的亮度值为 50，如图 1-18 所示。

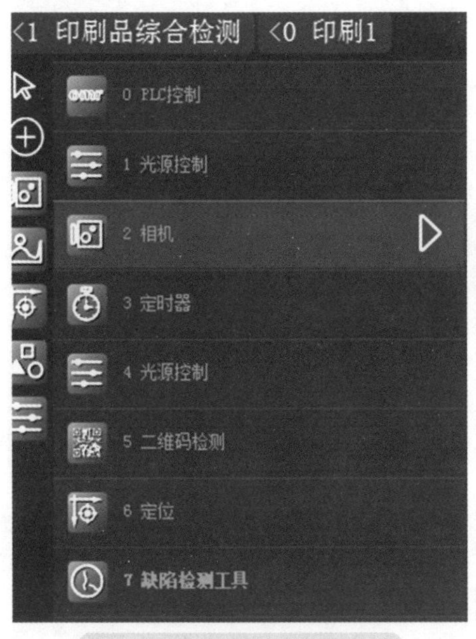

图 1-17　检测程序流程界面

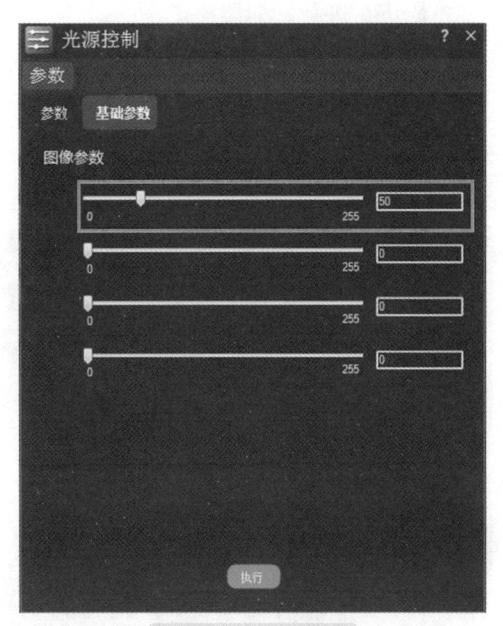

图 1-18　光源设置

3）打开定时器界面进行参数设置，设置延时时间为 200～500，如图 1-19 所示。

4）打开二维码检测界面，单击“执行”按钮，执行结果如图 1-20 所示。

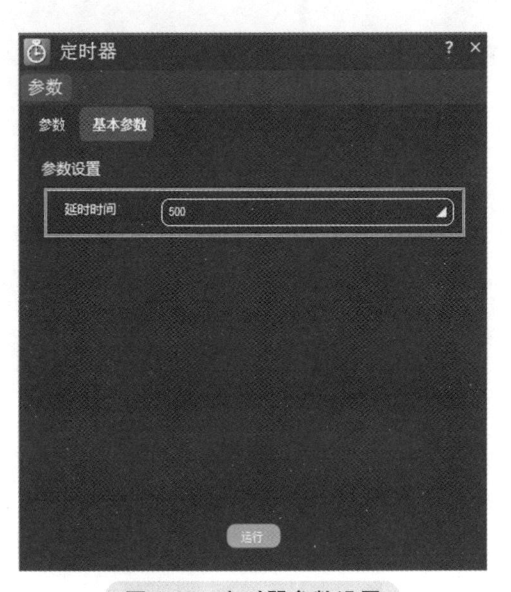

图 1-19　定时器参数设置

图 1-20　二维码检测结果

5）打开“形状匹配工具”界面，单击“工具绑定”右侧的小三角图标，单击“清除”按钮，并引用相机输出图像，如图 1-21 所示。单击“注册图像”按钮，用蓝色线框框选覆盖印刷品 1 的完整图像，同时用红色线框框选二维码进行屏蔽，如图 1-22 所示。然后依次单击“设置中心”→“创建模板”→“执行”按钮，执行结果如图 1-23 所示。

图 1-21　形状匹配工具界面

图 1-22　注册图像框选结果界面

图 1-23　形状匹配执行结果

6）打开“缺陷检测工具”界面，设置具体参数，“工具引用”设置为“定位”，“检查模式”选择“外侧”，“最大阈值”设置为 200，“最小阈值”设置为-100，具体参数设置如图 1-24 所示。

缺陷检测

7）单击“注册图像”按钮，用蓝色线框框选覆盖印刷品 2 的完整图像，同时用红色线框框选二维码进行屏蔽，注册结果如图 1-25 所示，执行结果如图 1-26 所示。

3. 印刷品 2 检测

1）继续添加工具组，并重命名为“印刷品 2”，然后添加 PLC 控制、光源控制、相机、定时器、二维码扫描、形状匹配以及缺陷检测工具等工具，完成光源参数、定时器参数设置。

2）打开二维码检测界面，执行结果如图 1-27 所示。

3）打开“形状匹配工具”界面，依次单击“注册图像”→“设置中心”→“创建模板”→“执行”按钮，执行结果如图 1-28 所示。

4）打开“缺陷检测工具”界面，单击“注册图像”按钮，执行结果如图 1-29 所示。

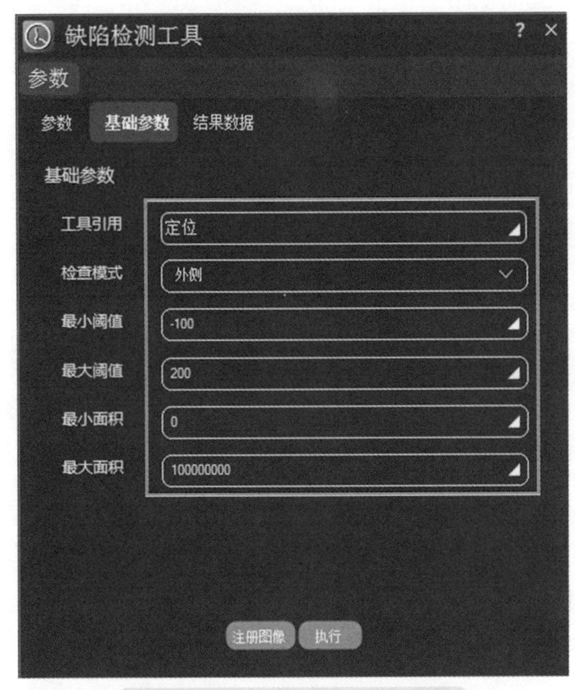

图 1-24 “缺陷检测工具”界面

图 1-25 印刷品 1 缺陷检测注册结果

图 1-26 印刷品 1 缺陷检测执行结果

图 1-27 印刷品 2 二维码检测结果

图 1-28 印刷品 2 形状匹配执行结果

图 1-29 印刷品 2 缺陷检测执行结果

4. 印刷品 3 检测

1）继续添加工具组，重命名为“印刷品 3”，添加 PLC 控制、光源控制、相机、定时器、二维码扫描、形状匹配以及缺陷检测工具，完成光源参数、定时器参数设置。

2）打开二维码检测界面，执行结果如图 1-30 所示。

3）打开“形状匹配工具”界面，依次单击“注册图像”→“设置中心”→“创建模板”→“执行”按钮，执行结果如图 1-31 所示。

4）打开“缺陷检测工具”界面，单击“注册图像”按钮，执行结果如图 1-32 所示。

图 1-30　印刷品 3 二维码检测结果

图 1-31　印刷品 3 形状匹配执行结果

图 1-32　印刷品 3 缺陷检测执行结果

5. 印刷品 4 检测

1）继续添加工具组，重命名为“印刷品 4”，添加 PLC 控制、光源控制、相机、定时器、二维码扫描、形状匹配以及缺陷检测工具，完成光源参数、定时器参数设置。

2）打开二维码检测界面，执行结果如图 1-33 所示。

3）打开“形状匹配工具”界面，依次单击“注册图像”→“设置中心”→“创建模板”→“执行”按钮，执行结果如图 1-34 所示。

4）打开“缺陷检测工具”界面，单击“注册图像”按钮，执行结果如图 1-35 所示。

图 1-33　印刷品 4 二维码检测结果

图 1-34　印刷品 4 形状匹配执行结果

图 1-35　印刷品 4 缺陷检测执行结果

6. 印刷品 5 检测

1）继续添加工具组，重命名为“印刷品 5”，添加 PLC 控制、光源控制、相机、定时器、二维码扫描、形状匹配以及缺陷检测工具，完成光源参数、定时器参数设置。

2）打开二维码检测界面，执行结果如图 1-36 所示。

3）打开形状匹配工具界面，依次单击“注册图像”→“设置中心”→“创建模板”→“执行”按钮，执行结果如图 1-37 所示。

4）打开“缺陷检测工具”界面，单击“注册图像”按钮，执行结果如图 1-38 所示。

图 1-36 印刷品 5 二维码检测结果

图 1-37 印刷品 5 形状匹配执行结果

图 1-38 印刷品 5 缺陷检测执行结果

7. 印刷品 6 检测

1）继续添加工具组，重命名为“印刷品 6”，添加 PLC 控制、光源控制、相机、定时器、二维码扫描、形状匹配以及缺陷检测工具，完成光源参数、定时器参数设置。

2）打开二维码检测界面，执行结果如图 1-39 所示。

3）打开“形状匹配工具”界面，依次单击“注册图像”→“设置中心”→“创建模板”→“执行”按钮，执行结果如图 1-40 所示。

4）打开“缺陷检测工具”界面，单击“注册图像”按钮，执行结果如图 1-41 所示。

图 1-39 印刷品 6 二维码检测结果

图 1-40 印刷品 6 形状匹配执行结果

图 1-41 印刷品 6 缺陷检测执行结果

六块印刷品的综合检测结果如图 1-42 所示。

图 1-42　六块印刷品的综合检测结果

（三）保存表格

添加工具组，并在工具组中添加“保存表格”工具，绑定二维码的识别结果、具体结果如图 1-43 所示。

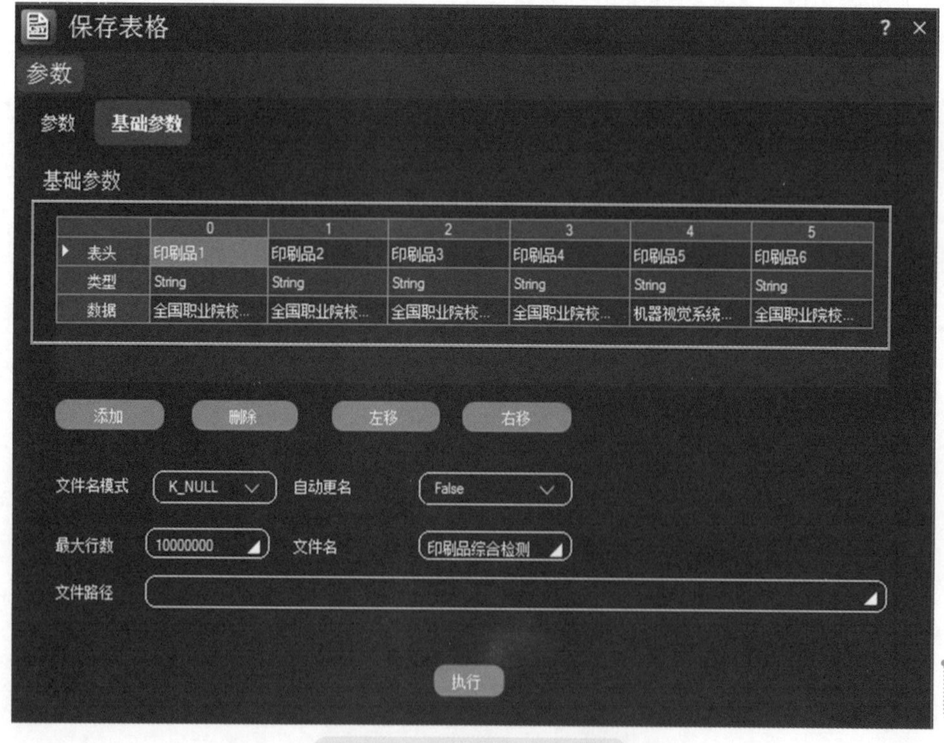

图 1-43　保存表格识别结果

数据保存及结果显示

五、思考与探索

1. 什么是机器视觉？
2. 机器视觉系统应用实训平台由哪些部分组成？
3. 缺陷检测工具的参数如何设置？
4. 模板匹配工具如何设置？
5. 根据项目实施完成以下内容：

任务考核表

完成时间		成绩评定	
选用相机型号			
选用镜头型号			
选用光源及参数			
主要选用工具			

综合检测结果图像粘贴处：

项目实施过程中存在的问题及解决方案：

项目评分表

类型	项目	单项分	自评得分	小组评分	教师评分
硬件选型、安装及调试（20分）	相机选型正确	2			
	镜头选型正确	2			
	光源选型正确	2			
	光源控制工具运行正常	2			
	视野合理、清晰	2			
	R 轴接线合理	2			
	R 轴气路运行正常	2			
	PLC 回零正确	2			
	PLC 定点移动正常	2			
	PLC 位置获取正确	2			
工具的配置（18分）	配置工具合理	15			
	光源频闪控制正常	3			
印刷品综合检测（52分）	印刷品 1 检测结果显示正常	7			
	印刷品 2 检测结果显示正常	7			
	印刷品 3 检测结果显示正常	7			
	印刷品 4 检测结果显示正常	7			
	印刷品 5 检测结果显示正常	7			
	印刷品 6 检测结果显示正常	7			
	综合检测结果显示正常	5			
	数据保存符合要求	5			
职业素养（10分）	穿戴合规、操作规范	4			
	工具摆放整齐	2			
	具有分工协作意识	2			
	具有节约环保理念	2			

6. 完成自定义二维码印刷图案（至少包含两种不同颜色或存在文字重影）综合检测并上传数据，完成以下内容：

完成时间		成绩评定	
相机、镜头、光源的选型计算报告			

选用相机型号	
选用镜头型号	
选用光源及参数	
主要选用工具	

程序流程图：

综合检测结果图像粘贴处：

六、岗课赛证要求

项目		要求
职业标准	××公司机器视觉系统运维岗位标准	标准1：能根据检测精度要求和检测范围大小，进行像素分辨率计算，选择合适像素的相机 标准2：能根据检测目标所需的视野、安装距离、放大倍率，计算镜头的焦距并选择合适焦距的镜头，完成视野调焦和镜头对焦 标准3：能设置合适的标定参数，完成相机标定 标准4：能完成缺陷检测和二维码识别的运行测试任务 标准5：能合理完成模板匹配工具的参数设置和运行测试任务 标准6：能实现界面布局及数据显示 标准7：能合理设置数据表格工具参数并生成PCB测量报表
职业技能竞赛	机器视觉系统应用技能大赛	赛点1：相机和镜头的选型、安装、接线和控制 赛点2：机器视觉软件PLC控制工具的运行测试 赛点3：设置标定参数并完成相机标定 赛点4：光源控制工具的运行测试 赛点5：模板匹配工具的运行测试 赛点6：检测类工具的运行测试 赛点7：识别类工具的运行测试 赛点8：设置数据表格工具参数并生成PCB测量报表 赛点9：界面布局及数据显示
1+X证书	“1+X”工业视觉系统运维职业技能等级证书	考点1：能够根据工作场景和检测要求，完成相机、镜头以及光源的选型并输出选型计算报告 考点2：通过模板匹配工具设置合适的参数创建模板并保存模板 考点3：能合理完成缺陷检测和二维码识别，并生成检测和识别结果 考点4：设置数据表格工具参数并生成PCB测量报表 考点5：能根据题目要求合理完成界面布局及数据显示

2

项目二　机械零件尺寸综合测量

知识目标	● 理解机器视觉在工业测量中的应用。 ● 熟练掌握工业相机、镜头、光源的工作原理。 ● 理解 PLC 控制运动平台的运动。 ● 熟知像素精度的原理和意义。
能力目标	■ 能够完成 XY 标定。 ■ 能够熟练完成相机、镜头、光源的选用和安装。 ■ 能够完成测量参数的设置。 ■ 会进行典型机械零件测量的编程。 ■ 会进行测量数据的绑定和显示。
素养目标	◆ 树立理论与实践相结合的学习意识。 ◆ 养成规范操作的岗位素养。 ◆ 提高责任意识、安全意识、协作意识。 ◆ 树立科技报国、科技强国的思想。
学习策略	观察机械零件的平面尺寸，对需要测量的尺寸进行记录、分类。按照实施流程先完成一块零件板的测量，总结实施过程中出现的错误，完全掌握后，完成另外三块板的测量。熟练掌握测量方法后，可对自备零件进行测量。

一、任务解析

本任务完成机械零件平面尺寸的综合测量。本任务需要机械零件 4 个，其规格为 70mm×50mm；平台料盘 1 套，其总尺寸长为 200mm、宽为 120mm；视野范围为 80mm×60mm（视野范围允许有一定的正向偏差，但不得超过 10mm），工作距离大于 200mm，但不得超过 250mm，使用黑白相机并要求单个像素精度低于 0.05mm/pix，4 个拍照位置，4 个机械零件分别测量一次，如图 2-1 所示。

（一）测量任务

机械零件初始时被随机放置在检测区域；检测区域中的机械零件不能互相重叠，不得超出检测区域范围。检测任务有圆直径、角度、线间距、点到线的距离、圆心距等多组测量项目。

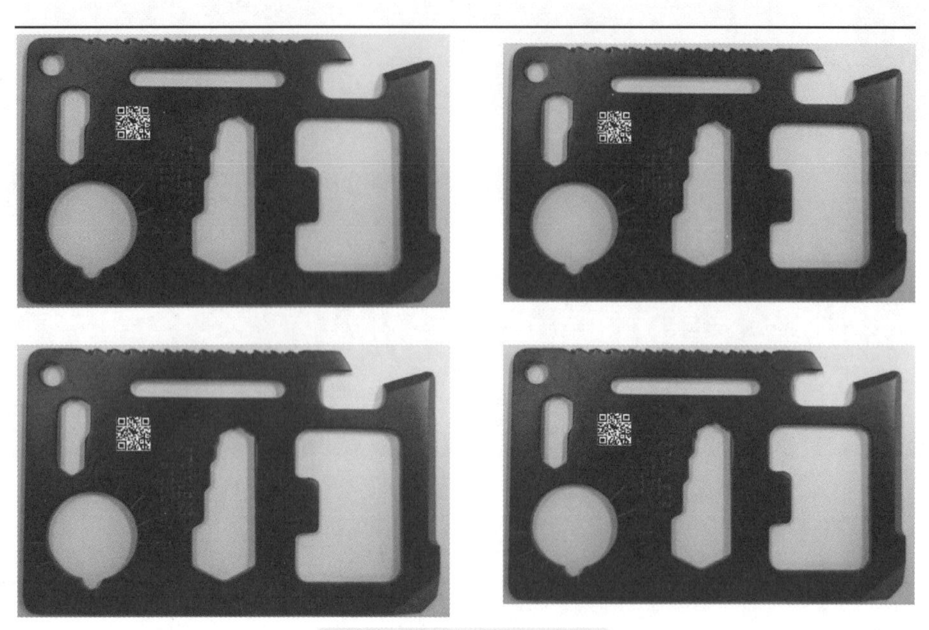

图 2-1　被测机械零件样品

1）大圆直径：标记 f（公差为±0. 5mm）。

2）大圆—中圆圆心距：标记 a（公差为±0. 5mm）。

3）小圆—小圆圆心距：标记 e（公差为±0. 5mm）。

4）点线距离：标记 b（公差为±0. 5mm）。

5）线边距离：标记 c（公差为±0. 5mm）。

6）角度：标记 d（公差为±0. 5°）。

测量尺寸标识如图 2-2 所示。

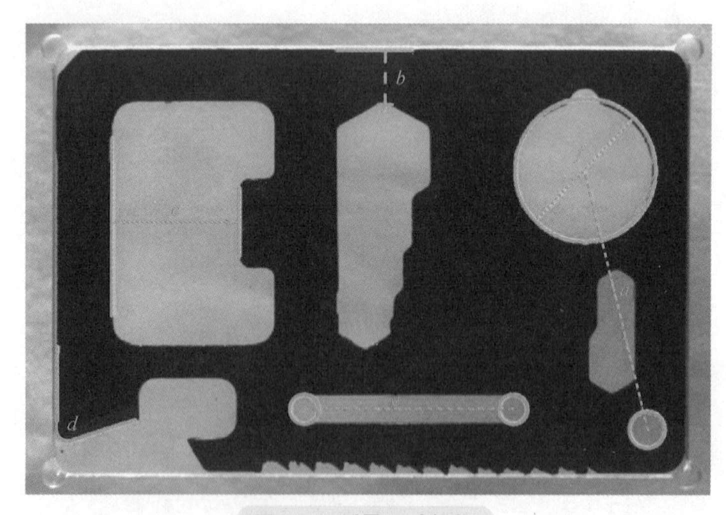

图 2-2　测量尺寸标识

在被测件正面贴有二维码，二维码的信息包括各类测量尺寸的标准值。第一个数据代表大圆直径 f 的标准值；第二个数据代表大圆—中圆圆心距 a 的标准值；第三个数据代表小圆—小圆圆心距 e 的标准值；第四个数据代表点线距离 b 的标准值；第五个数据代表线边距

离 c 的标准值；第六个数据代表角度 d 的标准值。

（二）分析任务

对测量数据进行分析统计并生成数据报表需要保存的数据，包括大圆直径平均值、大圆直径方差、大圆—中圆圆心距平均值、大圆—中圆圆心距方差、小圆—小圆圆心距平均值、小圆—小圆圆心距方差、点线距离平均值、点线距离方差、线边距离平均值、线边距离方差、线夹角平均值和线夹角方差。

依据二维码信息中的标准尺寸数据判断被测件是良品还是不良品。把测量得到的数据通过网络通信工具发送到客户端，并显示在指定的窗口位置上，数据包括大圆直径平均值、大圆直径方差、大圆—中圆圆心距平均值、大圆—中圆圆心距方差、小圆—小圆圆心距平均值、小圆—小圆圆心距方差、点线距离平均值、点线距离方差、线边距离平均值、线边距离方差、线夹角平均值和线夹角方差。

完成测量数据的显示任务，要求在显示区域划分 4 个窗口来显示 4 个工位工件所有的测量图像、测量数据文本以及合格判断等信息；同时，需要根据二维码存储的标准数据来判断上述测量的 6 组数据是否在标准值±5%的范围内，最后据此判断被测工件是否为良品；要求合格处以绿色线标注，不合格处以红色线标注，另外工件的最终测量结果也需要以绿色“OK”或红色“NG”的文本格式显示。机械零件测量显示要求如图 2-3 所示。

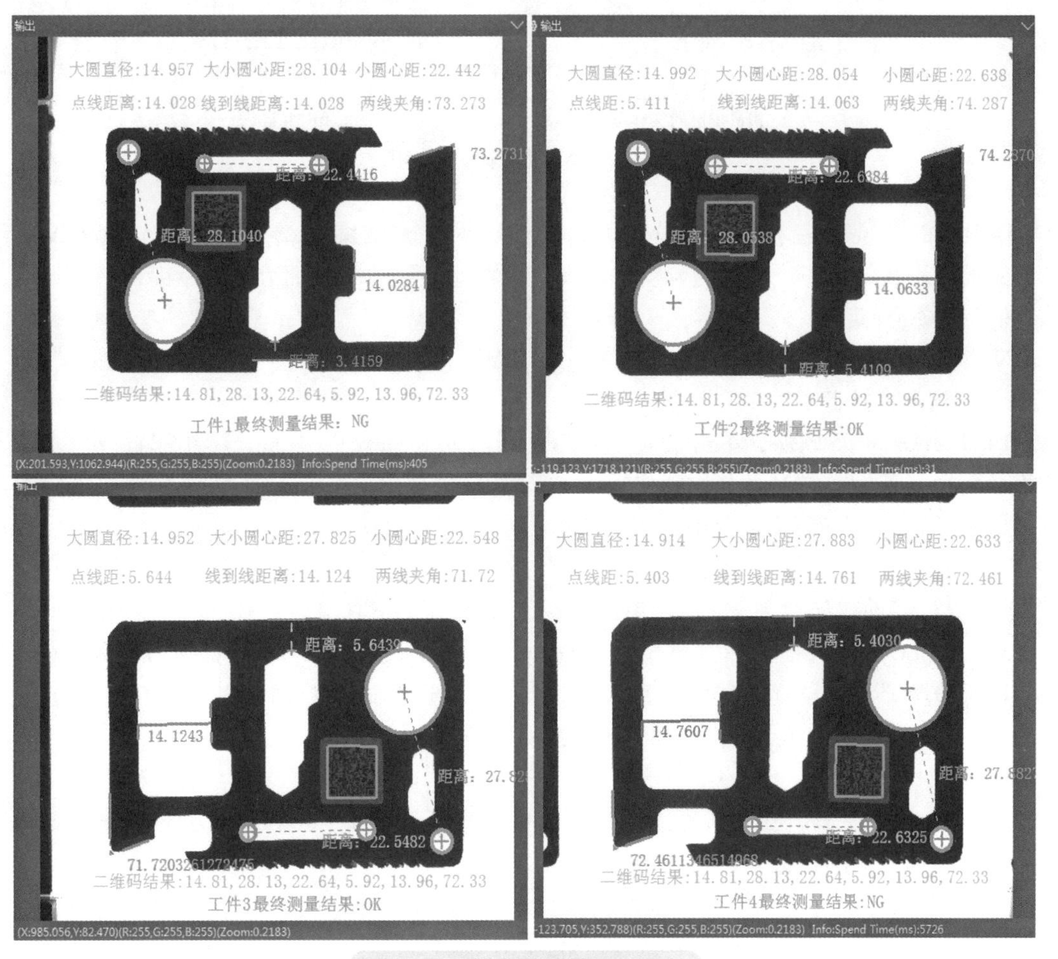

图 2-3　机械零件测量显示要求

二、知识链接

（一）像素精度原理

精度是指相机测量或采集图像时的精确度或准确度。对于工业相机，精度通常与图像质量、图像分辨率、测量误差等因素相关。相机的精度越高，能够提供越准确和可靠的图像数据，适用于更高精度的工业测量和检测应用。精度通常由相机的技术规格指标和制造质量决定。

工业相机的像素点是指相机所拥有的图像传感器中的单个图像元素，也称像素。每个像素点都能够记录图像中的一小部分信息，包括颜色、亮度等。像素精度是指一个像素在真实世界代表的距离，相机像素精度=拍摄视野/分辨率。

在测量需求的案例中，如果使用像素为 500 万（1in 的 CCD 面积上有 500 万个像素点）的相机，分辨率为 2448×2048，在视野中长的一边为 100mm，即可拍到 100mm 的物体，那么可以得到一个像素点与真实世界的距离比例为 100mm/2448，约为 0. 04mm，即像素精度为 0. 04mm。在图像中测得 A'、B'两点之间的距离为 300 个像素，那么 A、B 两点的实际距离就是像素距离×像素精度，即 300×0. 04mm＝12mm。像素精度计算示意图如图 2-4 所示。

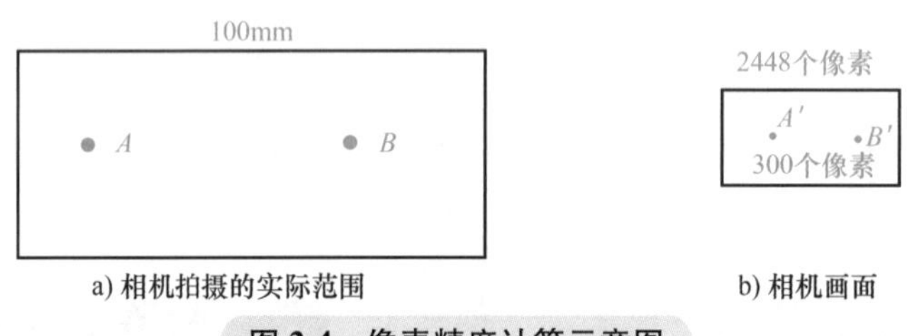

a) 相机拍摄的实际范围　　b) 相机画面

图 2-4　像素精度计算示意图

像素点的数量决定了相机的分辨率，即能够捕捉到的图像细节的数量和清晰度。通常，像素点的数量越多，相机的分辨率越高，能够捕捉到的图像细节也就越丰富。

（二）XY 标定

XY 标定的目的是实现像素距离与实际距离的转化。

1. 新建 XY 标定

1）打开 KImage 软件，单击“登录”按钮，进入 KImage 主界面。新建配置，单击左上角的“配置”按钮，在产品名称栏中输入“XY 标定”，单击“新建”按钮，拖拽新建工具组，重命名为“XY 标定”，双击进入工具组。

2）创建 PLC 工具，手动控制运动平台到拍照位（自定义），双击 PLC 工具，打开 PLC“参数设置”界面，如图 2-5 所示，单击“控制设置”→“获取位置”→“执行”按钮。

3）在 PLC 控制界面选择“轴位置”选项卡，如图 2-6 所示，即可看到当前 X、Y 轴位置。再次选择“参数设置”选项卡，如图 2-7 所示，选择运动控制，将“轴位置”选项卡中 X、Y 轴位置参数输入运动设置表格中的 X、Y 轴位置。

2. 采图

1）创建相机工具，在相机界面选择“基础参数”选项卡，如图 2-8 所示，在“相机选择”栏中选择对应的相机。

2）在相机界面选择“图像设置”选项卡，进入“图像设置”界面，如图 2-9 所示，设置好相机曝光时间及增益参数，以获得最好的采图效果，单击“执行”按钮进行采图。

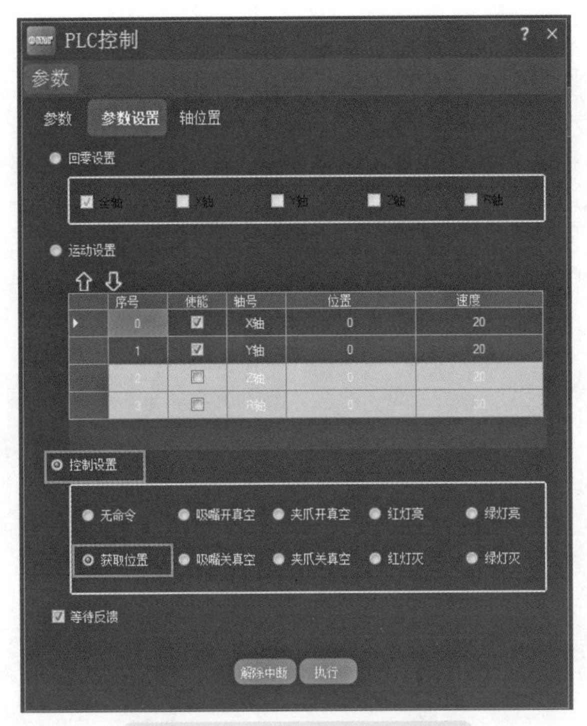

图 2-5　PLC“参数设置”界面

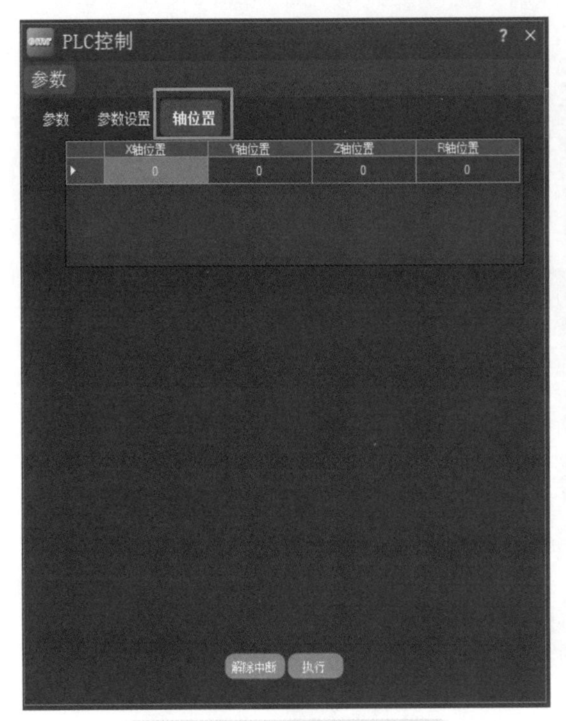

图 2-6　PLC“轴位置”界面

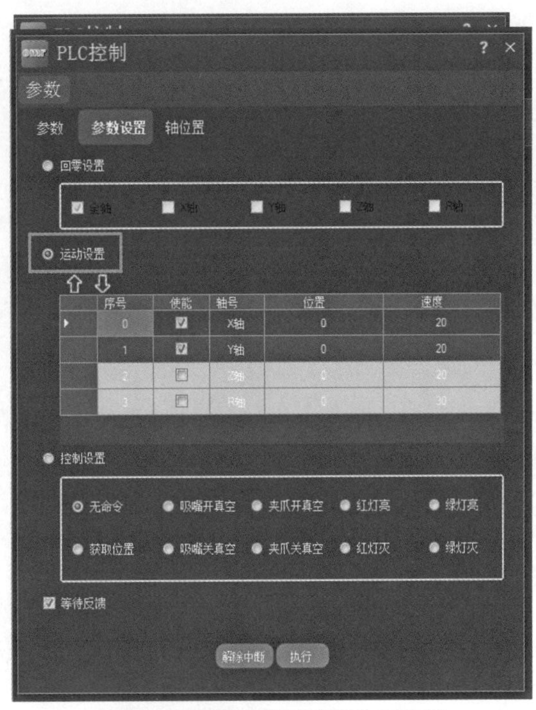

图 2-7　PLC“运动设置”界面

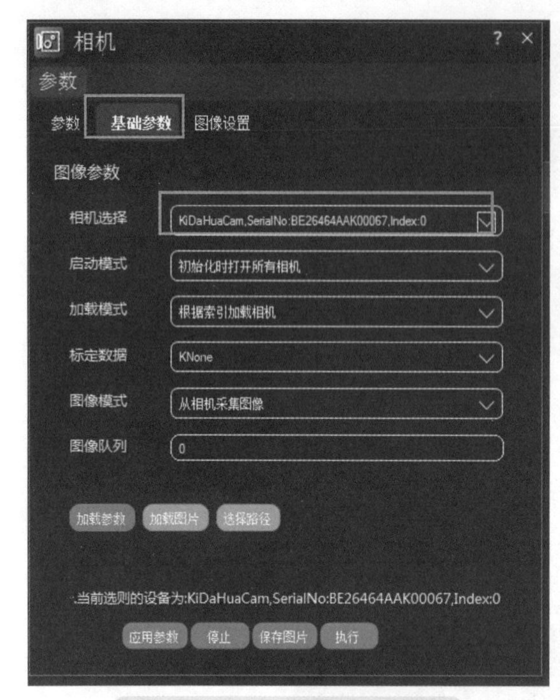

图 2-8　相机“基础参数”界面

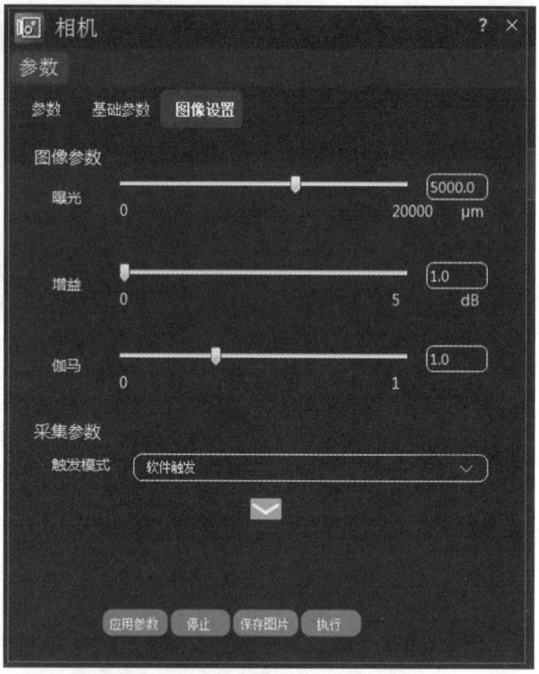

图 2-9　相机“图像设置”界面

3. 获取图像尺寸

1）创建找圆工具，双击“找圆”工具，弹出“找圆”参数界面，如图 2-10 所示。设置“搜索方向”为“由外到圆心”，“搜索极性”为“从白到黑”，单击“注册图像”按钮。

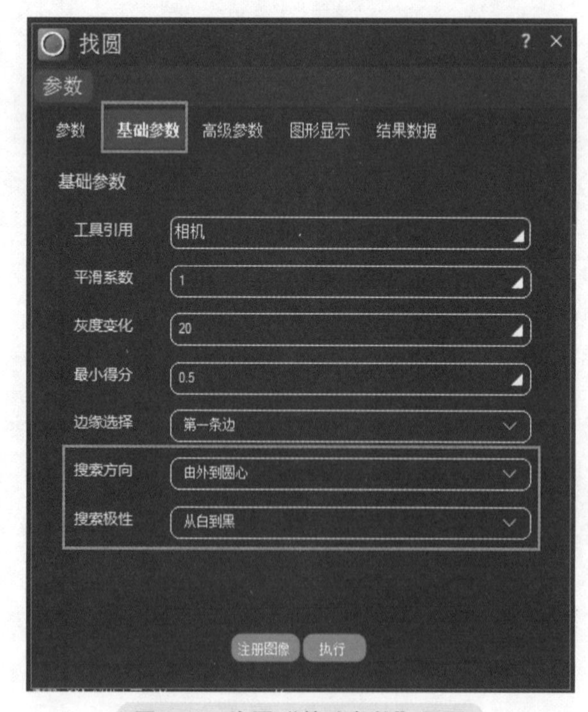

图 2-10　找圆“基础参数”界面

2）如图 2-11 所示，在显示窗口设置 ROI（Region of Interest，感兴趣区域）框选目标圆，单击“执行”按钮。标定板上的编号 1~3 分别指这三个区域的具体尺寸。

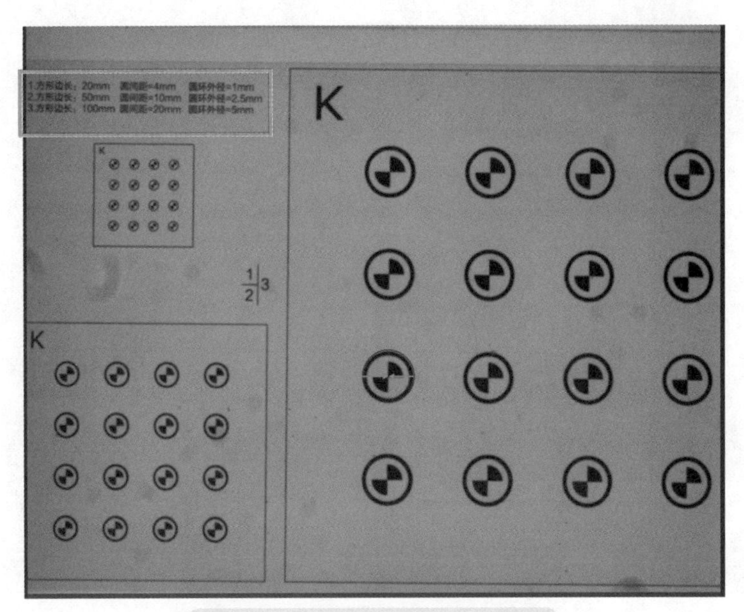

图 2-11　找圆工具 ROI 设置界面

4. 获取实际尺寸

每个区域的三个尺寸分别为方形边长、圆间距、圆环外径，标定板上的编号 1~3 分别指三个区域的具体尺寸，如图 2-12 所示。

1.方形边长：20mm	圆间距=4mm	圆环外径=1mm
2.方形边长：50mm	圆间距=10mm	圆环外径=2.5mm
3.方形边长：100mm	圆间距=20mm	圆环外径=5mm

图 2-12　标定板实际尺寸

5. 获得像素精度

在“找圆”界面中，选择“参数”→“输出参数”，复制圆半径。创建“XY 标定”工具，双击“XY 标定”工具，弹出“XY 标定”界面，将复制好的圆半径数据粘贴至“像素距离（像素）”栏。在“实际距离（毫米）”栏中，输入标定板右上角的实际圆半径，如图 2-13 所示。

“XY 标定”程序如图 2-14 所示。

三、核心素养

（一）机器视觉在机械零件测量中的应用

当前制造业面临着扩大生产规模、降低成本的挑战，为了应对这些挑战，工业 4.0 的智能制造机器视觉检测技术应运而生，成为制造业发展的重要驱动力。智能制造机器视觉检测是通过模拟人类视觉系统和集成信息技术，实现对产品外观和质量的自动检测，从而实现制造过程的智能化和自动化，来提高生产率和质量的。

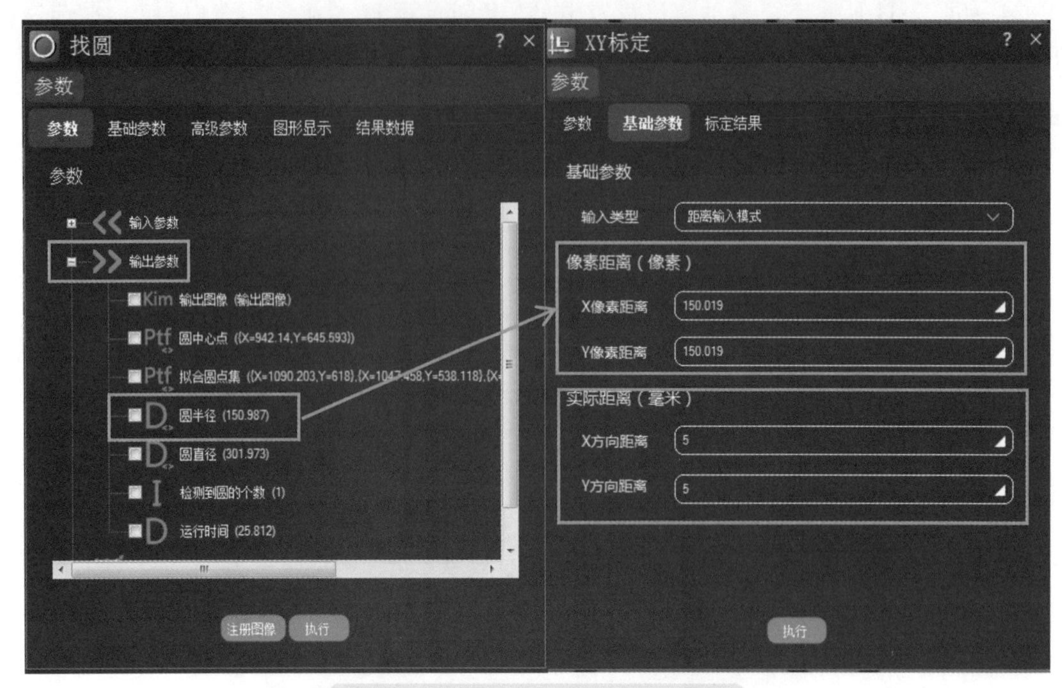

图 2-13 “找圆”和“XY 标定”界面

图 2-14 “XY 标定”程序

在智能制造领域，产品外观尺寸检测是一个非常重要的环节，一个产品在到达消费者手中之前，从最初的材料、零部件，到最后的成品，可能经过了数百道不同的外观尺寸检测过程。

在传统的自动化生产中，尺寸检测的典型方法是人工使用千分尺、游标卡尺、塞尺等工具，通过肉眼进行测量，但这样的方法测量精度低、速度慢，不能满足大规模自动化生产的要求。基于机器视觉的尺寸测量方法具有非接触性、实时性、灵活性和精确性等特点，可以有效地解决传统检测方法存在的问题。另外，基于机器视觉的尺寸测量方法不但可以获得尺寸参数，还可以根据测量结果及时给出反馈信息，修正加工参数，避免产生更多的次品，减少企业的损失。

在国内，机器视觉技术的发展已经逐渐进入成熟期。在深度学习和神经网络等人工智能技术不断进步、高精度传感器得到应用，以及集成化和模块化的趋势下，国内机器视觉技术将会迎来更快速的发展。未来，国内机器视觉技术将朝着更加智能化、高精度化、集成化和模块化的方向发展，为工业生产、医疗诊断、安防监控等领域带来更多的技术突破和应用创新。

智能制造机器视觉检测实现了制造过程的智能化和自动化，提高了生产率和产品质量。通过引入物联网技术，智能制造机器视觉检测系统实现了设备之间的实时通信和数据共享；通过深度学习，智能制造机器视觉检测系统可以对数据进行处理和分析，为工艺改进提供数据支持，自适应地控制和优化整个生产过程。

智能化、自动化、数字化、信息化是未来制造业的发展趋势，让制造业数字化升级从机器视觉检测开始。

（二）安全规范

1）在使用过程中，开机、关机程序等严格按照设备操作手册规定执行，不做强制开关行为。

2）上机前充分做好准备，熟悉各机器视觉组件和图形化编程软件平台，严格遵守光学或电气组件的相关操作要求，接线前一定要看清引脚定义和电压要求。

3）上机时要遵守试验室的规章制度，爱护试验设备。要熟悉与试验相关的系统软件的使用方法。

4）机器视觉检测对检测台的清洁度要求较高，必须对玻璃盘除尘，吹气或用棉布除尘，以保障产品检测精度。

5）定期维护视觉检测用计算机，清理系统垃圾，及时更新软件，确保计算机稳定运行。

6）按照设备使用规则移动镜头、光源等，以免影响检测精度。

7）必须使用专业的镜头清洁工具清洁镜头，不能用纸涂抹，也不能用棉布蘸水清洁。

8）每次断电后，必须检查设备，清理被检查产品，以免遗漏到检测设备上，这样可能对设备造成损害。

四、项目实施

机械零件尺寸综合测量实施思维导图如图 2-15 所示。

（一）硬件选型及安装

完整的机械零件平面尺寸综合测量操作，包括相机的选型与安装、工业镜头的选型与安装、光源的选型与安装和相关控制参数设置等硬件操作，以及 XY 标定、拍照、测量、数据图像显示等一系列软件操作。

1. 相机选型

根据任务要求，需要检测机械零件的平面尺寸，并扫描零件上的二维码，最后输出测量图像、测量数据文本等信息，同时要求单个像素精度低于 0.05mm/pix。为了满足上述测量及精度要求，选择 MV-G2448M 黑白 2D 相机 B，其参数见表 2-1。

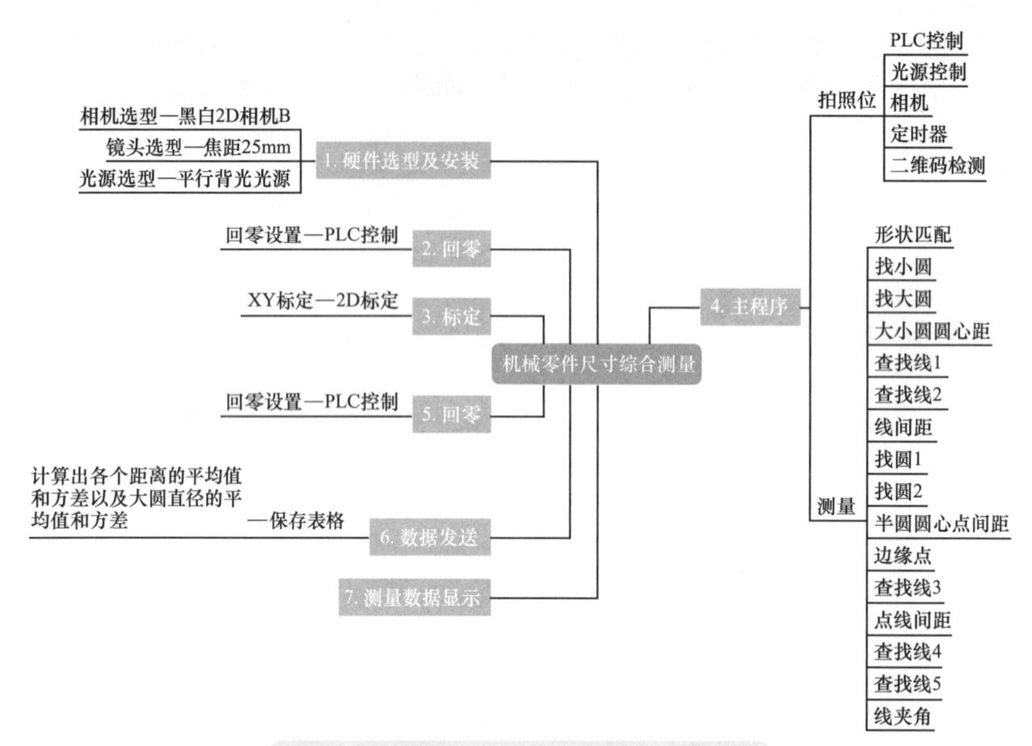

图 2-15　机械零件尺寸综合测量实施思维导图

表 2-1　黑白 2D 相机 B 的参数

参　　数	数　　值
像素	2448×2048
最大帧率/(f/s)	20
接口	GigE，POE
传感器类型	CMOS
颜色	黑白
快门	全局
靶面型号/(″)	2/3
像素位深/bit	12
像元/μm	3.45
宽动态范围/dB	70
增益	X1～X32
快门值	33.6μs～1s
尺寸/mm	29×29×42（不含镜头座和后壳接口）
供电方式/V	DC 6～26，POE
镜头接口	C-mount
工作温度/℃	-30～50
GPIO	6 芯 Hirose 接口：1 路光耦隔离输入，1 路光耦隔离输出
图像格式	黑白：Mono8/10/10p

2. 工业镜头计算与选型

（1）像长的计算　根据相机的选型，MV-G2448M 黑白 2D 相机的像元尺寸为 3.45μm，像素为 2448×2048，根据像长（L，单位为 mm）计算公式，可得

$$L=\text{像元尺寸}\times\text{像素（长、宽）}$$

$$L_1=3.45\mu m\times2448=8.45mm$$

$$L_2=3.45\mu m\times2048=7.07mm$$

即 MV-G2448M 黑白 2D 相机内部芯片的像长 L 的长度、宽度分别为 8.45mm、7.07mm。

（2）焦距的计算　在选择镜头搭建一套成像系统时，需要重点考虑像长 L、成像物体的长度 H、镜头焦距 f 以及物体至镜头的距离 D 之间的关系。物像之间的简化关系为

$$\frac{L}{H}=\frac{f}{D}$$

根据任务要求，机械零件平面尺寸综合测量的工作距离为 200~250mm，单个视野的尺寸为 80 mm×60 mm（允许正向偏差不超过 10mm），取工作距离的最大值 250mm 作为机械零件至镜头的距离 D，成像物体的长度 H 为 80mm、60mm，因此在焦距的计算中，需要分别对长度、宽度进行计算。

$$f_1=8.45mm\times250mm\div80mm=26.4mm$$

$$f_2=7.07mm\times250mm\div60mm=29.4mm$$

（3）工业镜头的选型　根据焦距计算公式，计算得出长边焦距 $f_1=26.4mm$，短边焦距 $f_2=29.4mm$，考虑到实际误差、工业镜头的焦距微调区间（±5%），以及任务要求中允许的 10mm 视野范围正向偏差，所选择的镜头焦距 f 应小于 26.4mm。根据设备提供的三种镜头，选择型号为 HN-P-2528-6M-C2/3、焦距为 25mm 的镜头。

3. 光源选型

根据任务要求，需要识别并测量四块机械零件的圆直径、圆心距、线间距、点线距和二维码，为了提高识别、测量的准确度和精度，需要将外界环境的影响降至最低，故选择安装平行背光光源和小号环形三色上光源，提供上下垂直的光照，使拍摄的图像更加清晰、精度更高。

4. 硬件安装接线

在合适的位置安装相机、镜头、光源、治具等，保证安装稳固，镜头与相机连接螺纹须拧紧；镜头调试好之后，用紧定螺钉锁紧对焦环及光圈环，记录硬件的安装参数等结果。

硬件选型安装

完成相机、光源、旋转轴、通信网络等的电路接线，完成气路的连接，须保证走线正确规范、整洁、牢固，物理接口选择正确。

（二）机器视觉程序编写

对机械零件平面尺寸综合测量完整的机器视觉程序应包括回零、XY 标定、1~4 号位机械零件测量以及测量数据显示等一系列软件操作，为了方便程序的编写和阅读，在视觉程序中设置了 1 个 XY 标定工具组和 4 个工位测量模块组以及数据发送工具组，机器视觉程序整体流程如图 2-16 所示。

1. 回零

添加“PLC 控制”工具组，单击“回零设置”按钮，依次单击“解除终断”→“执行”按钮，完成回零设置，如图 2-17 所示。

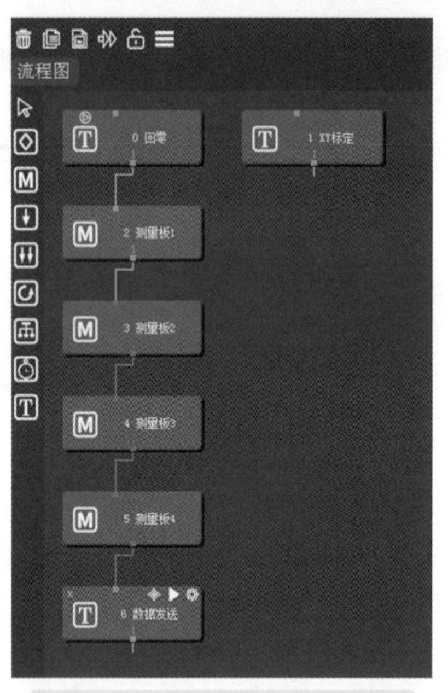

图 2-16　机器视觉程序整体流程

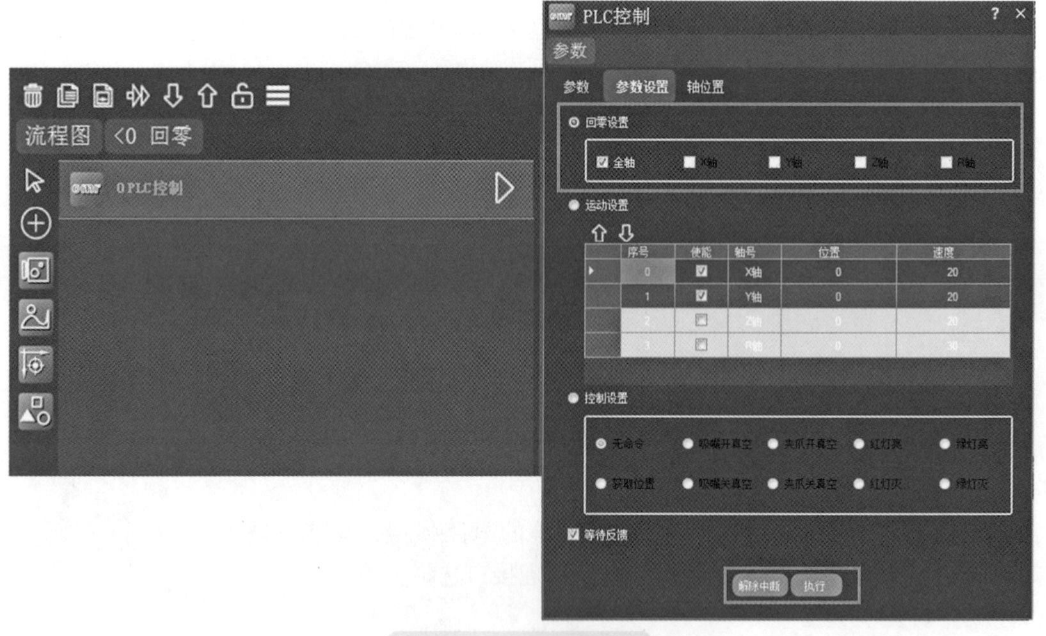

图 2-17　回零设置界面

2. XY 标定

"XY 标定"工具组用于实现标定图形的拍摄、仿射矩阵的变换以及像素坐标与世界坐标的转换等功能，按照操作顺序，需要依次用到拍照位的 PLC 控制、光源控制、相机、定时器、找圆、XY 标定等工具，机械零件平面尺寸综合测量"XY 标定"工具组的整体流程如图 2-18 所示。

图 2-18　“XY 标定”工具组的整体流程

（1）拍照位　向“XY 标定”工具组中添加 PLC 控制工具，并将该工具命名为“拍照位”，同时在运动平台上安装标定板 A，通过修改拍照位 PLC 控制工具中 X 轴、Y 轴的位置，移动运动平台，使其位于相机的正下方，使相机拍摄的图片能包含完整的标定板，“拍照位”PLC 控制界面如图 2-19 所示。

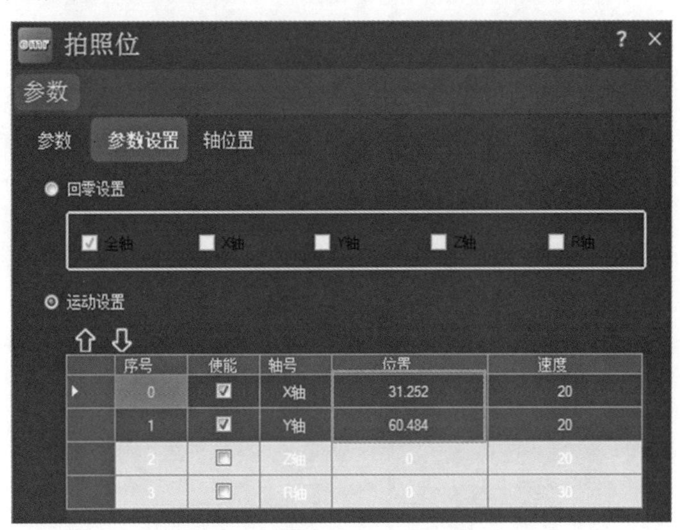

图 2-19　“拍照位”PLC 控制界面

（2）开启光源　相机拍照之前，需点亮一定亮度的背光光源，以提高拍摄图像的清晰程度，向“XY 标定”工具组中添加光源控制工具，并将该工具命名为“光源控制”。本例中背光光源连接的是通道 1，设置背光光源的亮度值为 10。

（3）相机　向“XY 标定”工具组中添加相机工具，并在相机的基础参数中选择“KiDaHuaCam. SerialNo：6M0CD67PAK00012. Index：0”型黑白 2D 相机，需要提前安装大华相机驱动软件。在相机的“图像设置”界面中设置合理的曝光值、增益值及伽马值，使黑白 2D 相机拍摄出来的图片质量最高。本例中设置相机的曝光值、增益值及伽马值分别为

3467.4μm、1.0dB 和 1.0，如图 2-20 所示。

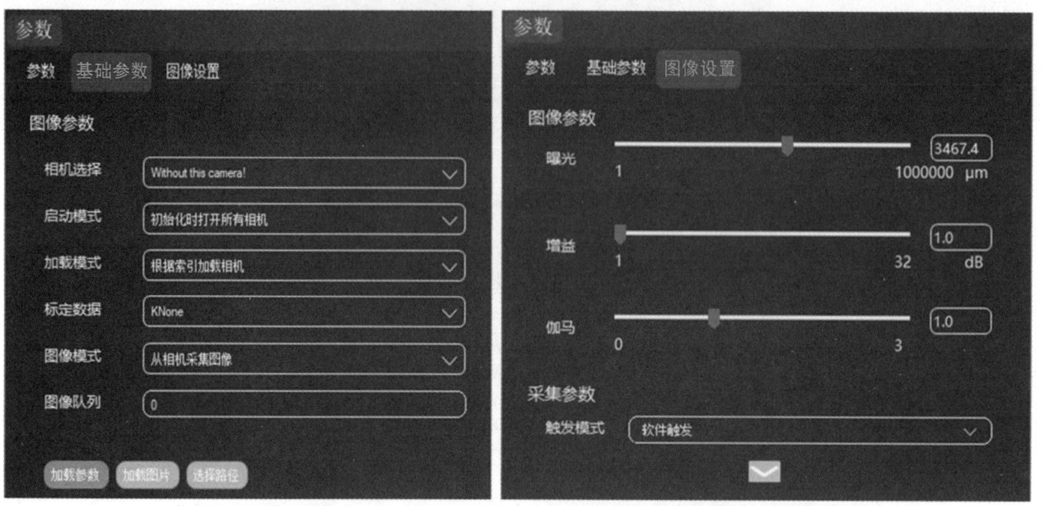

a)“基础参数”界面　　b)“图像设置”界面

图 2-20　相机“参数设置”界面

（4）定时器　添加“定时器”工具组，“延时时间”设置为 200～500，如图 2-21 所示。

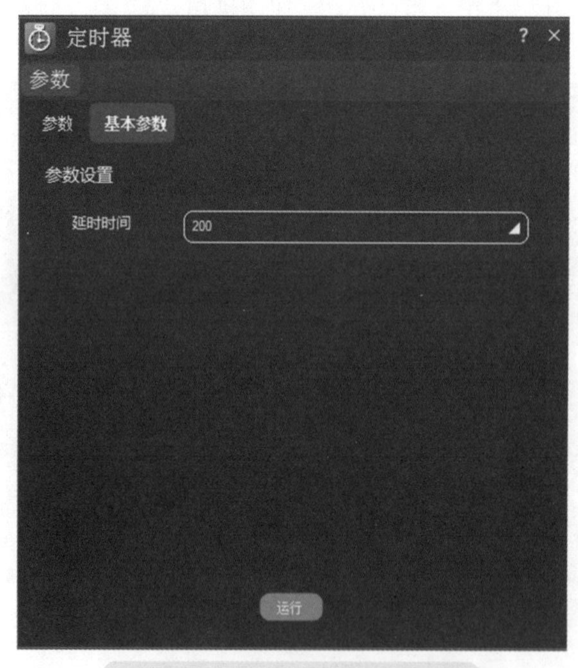

图 2-21　“定时器”参数设置界面

（5）关闭光源　向“XY 标定”工具组中添加光源控制工具，并将该工具命名为“光源控制”，即完成拍照后将光源的亮度值调为 0，以降低能源消耗。

（6）标定板找圆　向“XY 标定”工具组中添加找圆工具，并将该工具命名为“标定板找圆”。“搜索方向”设置为“由外到圆心”，“搜索极性”设置为“从白到黑”，然后单击“注册图像”按钮，在图像显示区域框选一个完整的大圆形。标定板找圆参数设置及输出界面如图 2-22 所示。

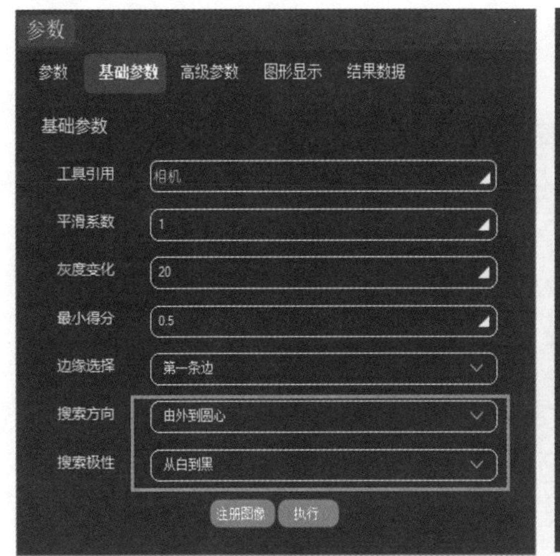

a)“基础参数”界面

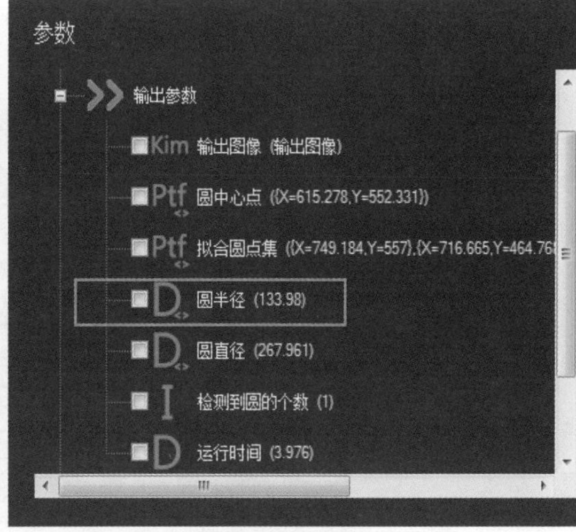

b)“输出参数”界面

图 2-22　标定板找圆参数设置及输出界面

（7）XY 标定　添加“XY 标定”工具，“XY 标定”工具的主要作用是根据输入的像素距离和实际距离计算得到像素当量。“XY 标定”工具的“输入类型”选择“距离输入模式”，“X 像素距离”“Y 像素距离”分别输入标定板找圆的半径像素值，实际距离输入标定板上给出的 5mm 半径值，半径值应与“标定板找圆”工具中框选的圆形对应，最后单击“执行”按钮完成 XY 标定。标定工具组不需要一直执行，仅需在项目配置阶段执行一次即可。完成 XY 标定后，取下标定板 A 并更换摆放机械零件的料盘，至此完成机械零件（标定板 A）平面尺寸综合测量的标定工作。XY 标定过程如图 2-23 所示。

参数　基础参数　标定结果

基础参数

输入类型　距离输入模式

像素距离（像素）

X像素距离　133.98

Y像素距离　133.98

实际距离（毫米）

X方向距离　5

Y方向距离　5

执行

图 2-23　XY 标定过程

3. 1号位测量模块——拍照工具组

1号位测量模块包括拍照、测量两个工具组，该模块用于完成1号位机械零件平面尺寸的综合测量。1号位测量模块如图2-24所示。

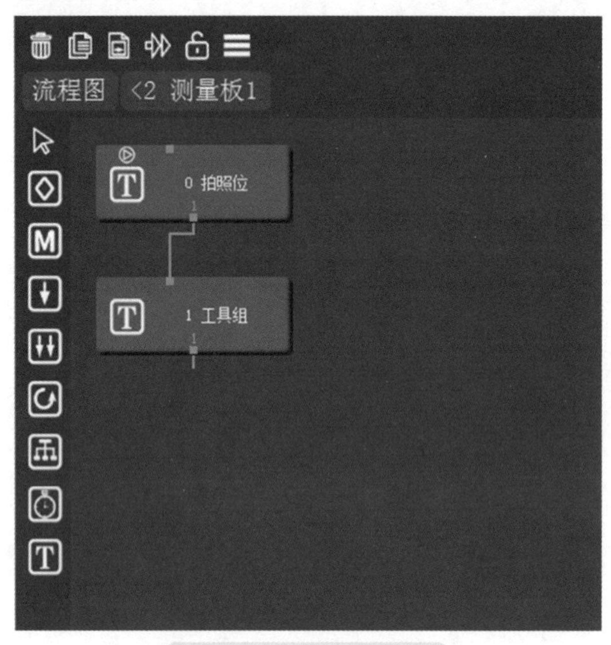

图2-24　1号位测量模块

1号位测量模块中的“拍照位”工具组包括拍照位PLC控制、开启光源、相机、定时器、关闭光源、二维码检测六个工具，其主要作用是控制拍照位和相机拍照，操作流程与设置方法与“XY标定”工具组的拍照控制类似。“拍照位”工具组的流程如图2-25所示。

图2-25　1号位测量“拍照位”工具组界面

（1）1号拍照位　向“拍照位”工具组中添加PLC控制工具，该工具的作用为1号拍照位，修改“PLC控制”工具中X轴、Y轴的位置，移动运动平台，使1号位垂直于相机的正下方，并在料盘的1号位上正向放置一块机械零件。

（2）开启光源　向“拍照位”工具组中添加光源控制工具，并将该工具命名为“光源控制”，相机拍照前控制背光光源开启，设置合理的光源亮度，使拍摄的图像清晰，本例中设置亮度值为10。

（3）相机　向“拍照位”工具组中添加相机工具，并在相机基础参数中选择“KiDaHuaCam. SerialNo：6M0CD67PAK00012. Index：0”型黑白2D相机，设置合理的曝光值，使相机拍摄出来的图片质量最高。本例中此处设置的相机曝光值为15848.9，设置相机的标定数据格式为“XY标定”，如图2-26所示。

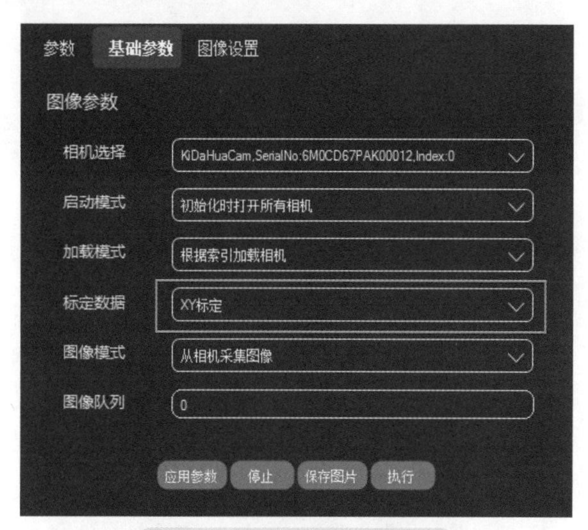

图2-26　相机参数设置界面

（4）定时器　向“拍照位”工具组中添加定时器工具，设置定时器的“延时时间”为1000，相机拍照完成后控制光源点亮1s。

（5）光源关闭　向“拍照位”工具组中添加光源控制工具，并将该工具命名为“光源控制”，即延时1s后关闭背光光源，以降低能源消耗。

（6）二维码检测　向“正向测量”工具组中添加二维码检测工具，用于检测工件上的二维码，并读取二维中存储的标准测量数据，将二维码检测的“工具引用”连接到相机，其他设置保持默认值。“二维码检测”工具组流程界面如图2-27所示。

4. 1号位测量模块——测量工具组

1号位测量模块中的测量工具组包括形状匹配以及15个尺寸测量工具，共16个工具，用于完成任务要求中的所有测量工作。测量工具组流程如图2-28所示。

（1）形状匹配　创建“形状匹配”工具，“工具绑定”设置为“相机”，依次单击“注册图像”→“设置中心”→“创建模版”→“执行”，如图2-29所示。

（2）找小圆　在测量工具组中添加找圆工具，命名为“找小圆”。“搜索方向”设置为“由外到圆心”，“搜索极性”设置为“从黑到白”，然后单击“注册图像”按钮，在图像显示区域框选完整的小圆，箭头方向从黑到白指向圆心，如图2-30所示。

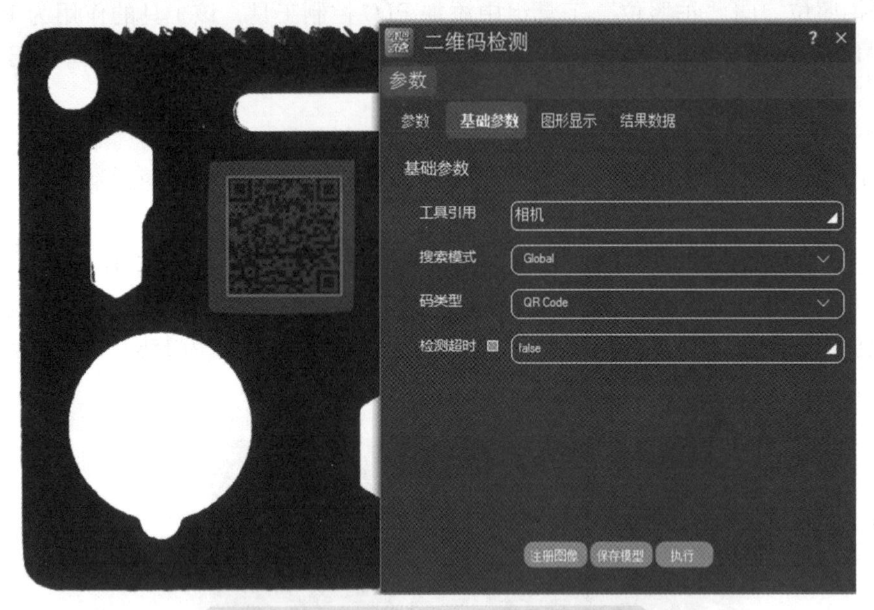

图 2-27 “二维码检测”工具组流程界面

拍照位程序

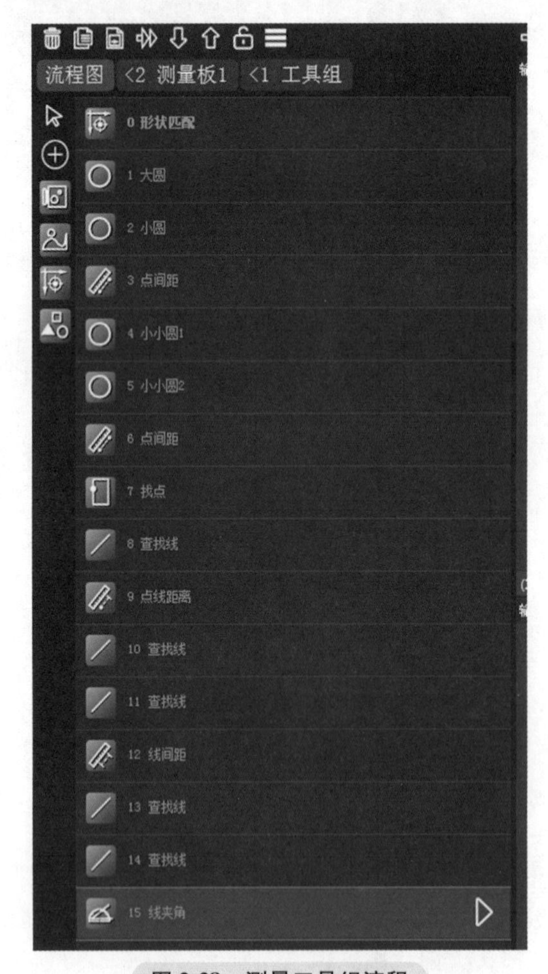

图 2-28 测量工具组流程

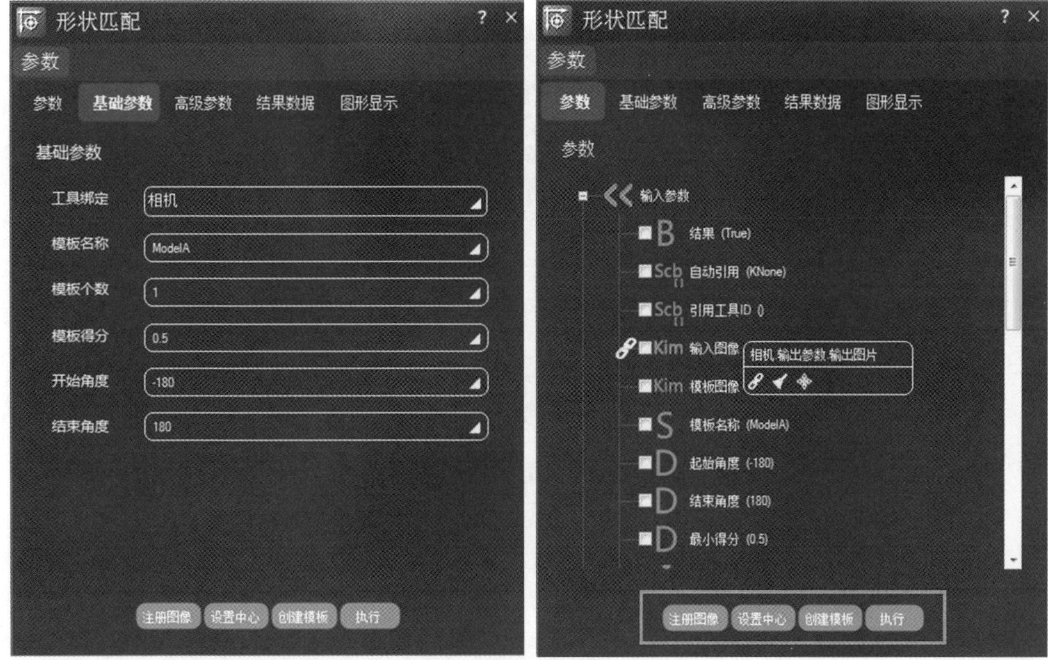

a)“基础参数”界面　　b)“参数”界面

图 2-29　“形状匹配”界面

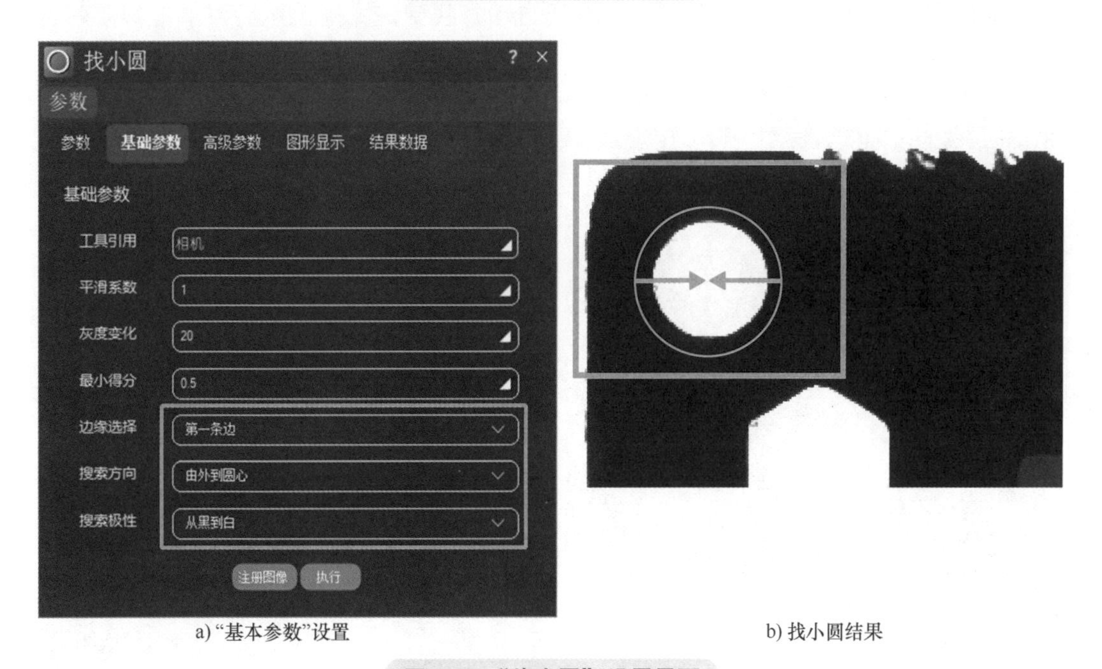

a)“基本参数”设置　　b) 找小圆结果

图 2-30　“找小圆”设置界面

（3）找大圆　在测量工具组中添加找圆工具，并将该工具命名为“找大圆”。“搜索方向”设置为“由圆心到外”，“搜索极性”设置为“从白到黑”，然后单击“注册图像”按钮，在图像显示区域框选完整的圆，由于是由圆心向外查找，故框选的范围应略小于实际的大圆，如图 2-31 所示。

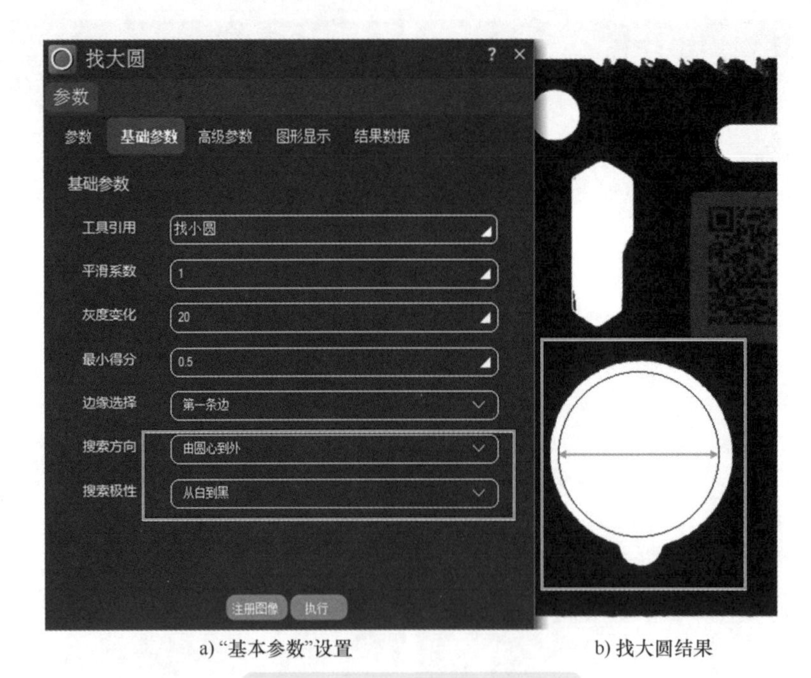

a)“基本参数”设置　　b) 找大圆结果

图 2-31　“找大圆”设置界面

找圆设置完成后单击“执行”按钮，系统自动查找到该大圆，然后再单击参数列表中“输出参数”→“圆半径”→“变量设置”按钮，在弹出的对话框中设置参数的判断类型为“区间”，并设置区间的最小值和最大值分别为 14.065 和 15.55，即二维码存储的标准大圆直径 14.81mm±5%的范围值，该变量设置用于判断输出的大圆直径尺寸是否合格，如图 2-32 所示。

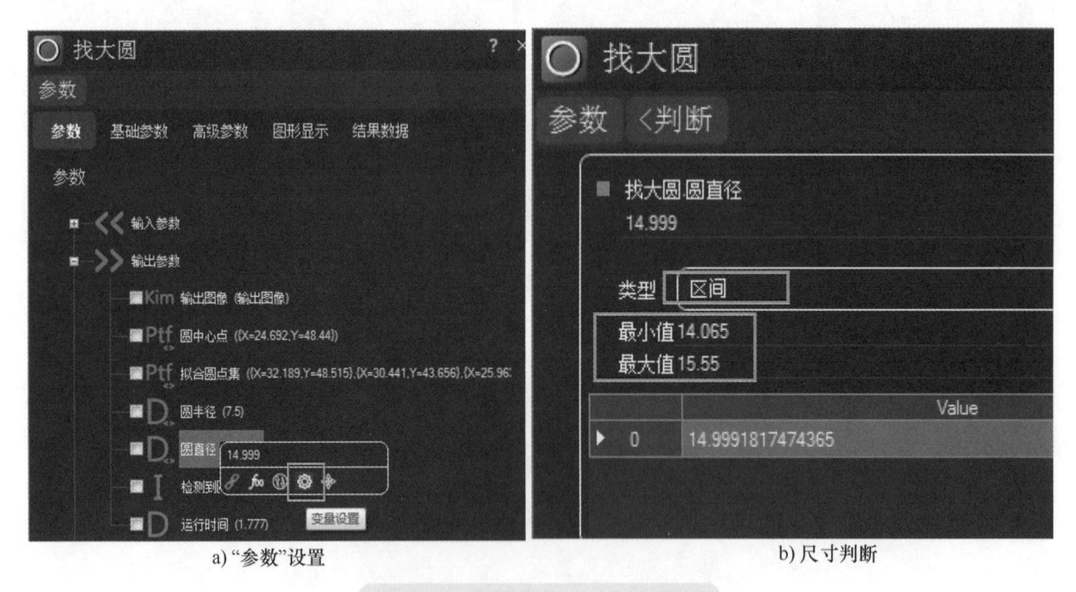

a)“参数”设置　　b) 尺寸判断

图 2-32　大圆直径尺寸判断界面

（4）大小圆圆心距　在测量工具组中添加点间距测量工具，并将该工具命名为“大小圆圆心距”，“大小圆圆心距”工具用于测量大圆圆心到通孔圆心的距离。“大小圆圆心距”界面中的“第一点”链接到变量引用中“1 号位综合测量．正向测量．找小圆．输出参数．

圆中心点”，“第二点”链接到变量引用中“1号位综合测量．正向测量．找大圆．输出参数．圆中心点”。“大小圆圆心距”的设置及输出界面如图2-33所示。

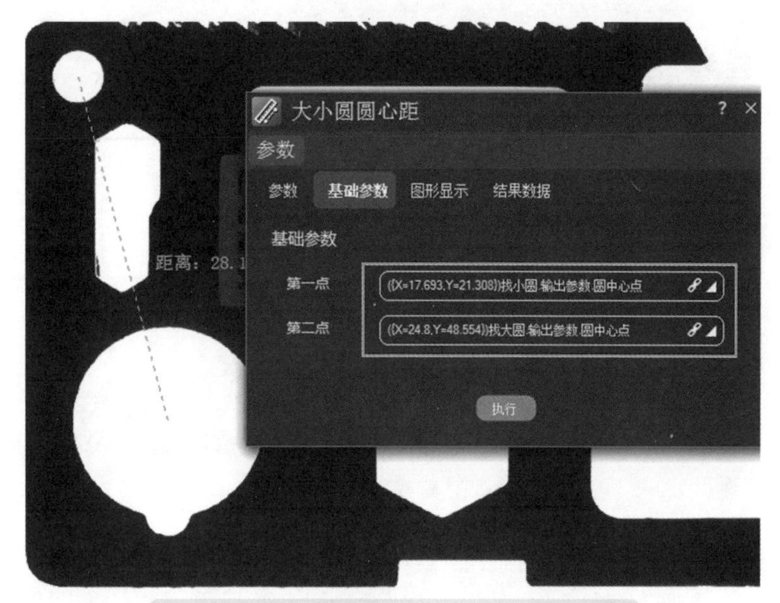

图2-33　“大小圆圆心距”的设置及输出界面

大小圆圆心距测量完成后，再单击参数列表中“输出参数”→“点到点距离”→“变量设置”按钮，在弹出的对话框中设置参数的判断类型为“区间”，并设置区间的最小值和最大值分别为26.7235和29.5365，即二维码存储的大小圆圆心距28.13mm±5%的范围值，该变量设置用于判断输出的大小圆圆心距尺寸是否合格，如图2-34所示。

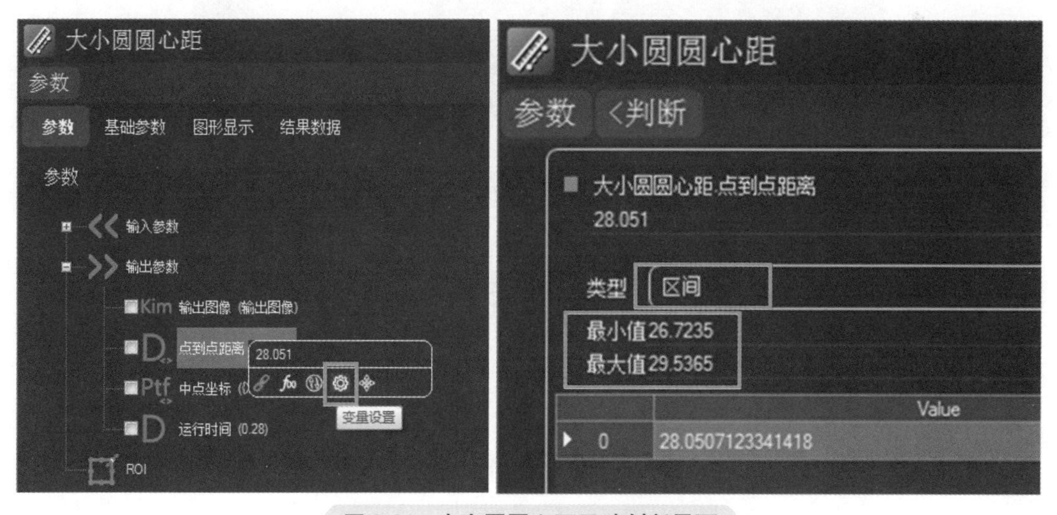

图2-34　大小圆圆心距尺寸判断界面

（5）查找线1　在测量工具组中添加找线工具，并命名为“查找线1”。“边缘选择”设置为“第一条边”，“搜索极性”设置为“从白到黑”，然后单击“注册图像”按钮，在图像显示区域框选凹形的短边，箭头方向从白到黑垂直于该边线，如图2-35所示。

图 2-35　查找线 1 设置界面

（6）查找线 2　在测量工具组中添加找线工具，并命名为“查找线 2”。“边缘选择”设置为“第一条边”，“搜索极性”设置为“从白到黑”，然后单击“注册图像”按钮，在图像显示区域框选凹形的长边，箭头方向从白到黑垂直于该长边，如图 2-36 所示。

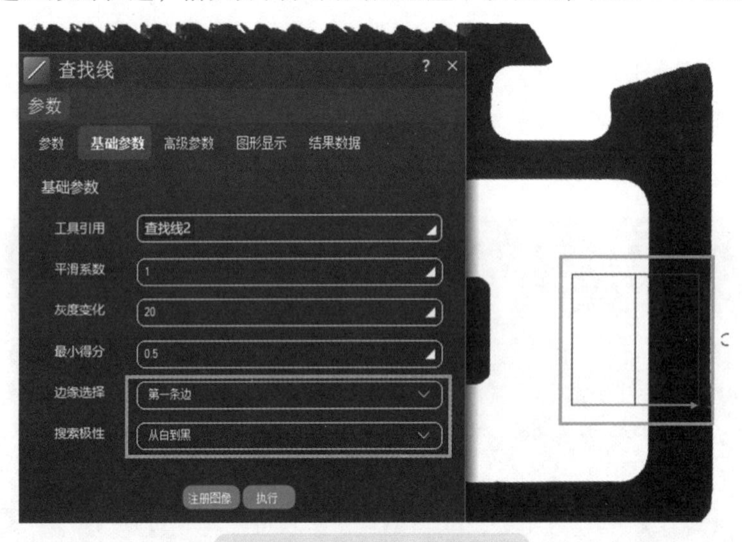

图 2-36　查找线 2 设置界面

（7）线间距　在测量工具组中添加“线间距”测量工具，用于测量凹形短边到长边的线间距。“线间距”的“直线一”链接到变量引用中“1 号位综合测量．正向测量．查找线 1. 输出参数．线坐标”，“直线二”链接到变量引用中“1 号位综合测量．正向测量．查找线 2. 输出参数．线坐标”，“线间距”的参数设置及输出如图 2-37 所示。

线间距测量完成后，单击参数列表中“输出参数”→“线到线距离”→“变量设置”按钮，在弹出的对话框中设置参数的判断类型为“区间”，并设置区间的最小值和最大值分别为 13. 262 和 14. 658，即二维码存储的标准线间距 13. 96mm±5%的范围值，该变量设置是用于判断输出的线间距尺寸是否合格，如图 2-38 所示。

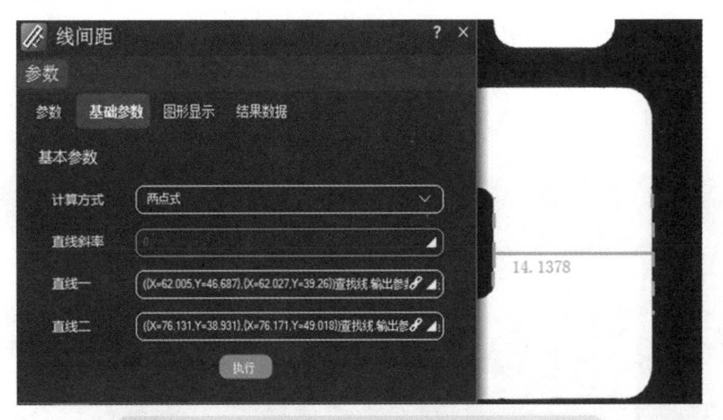

图 2-37　“线间距”的参数设置及输出界面

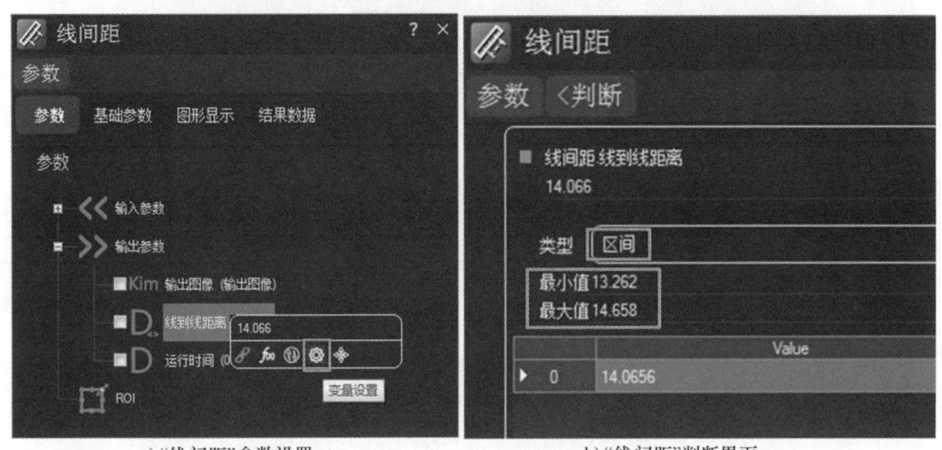

a) “线间距”参数设置　　b) “线间距”判断界面

图 2-38　线间距尺寸判断界面

（8）找圆 1　在测量工具组中添加找圆工具，并将该工具命名为“找圆 1”。“搜索方向”设置为“由圆心到外”，“搜索极性”设置为“从白到黑”，然后单击“注册图像”按钮，框选实际的左半圆，如图 2-39 所示。

图 2-39　找圆 1 设置界面

（9）找圆 2　在测量工具组中添加找圆工具，并将该工具命名为“找圆 2”。“搜索方向”设置为“由圆心到外”，“搜索极性”设置为“从白到黑”，然后单击“注册图像”按钮，框选实际的右半圆，如图 2-40 所示。

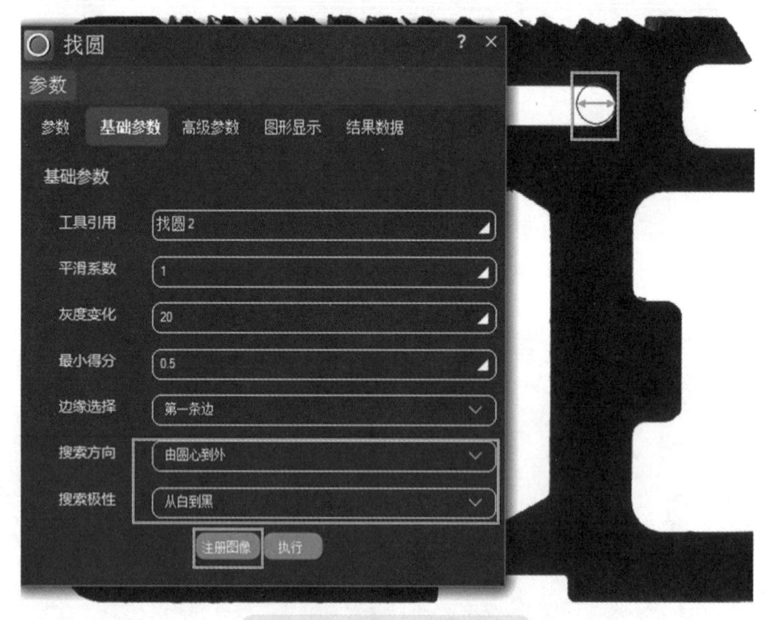

图 2-40　找圆 2 设置界面

（10）半圆圆心点间距　在测量工具组中添加点间距测量工具，并命名为“半圆圆心点间距”，用于测量两个半圆的圆心点间距。“点间距”的“第一点”链接到变量引用中“1 号位综合测量．正向测量．找圆 1. 输出参数．圆中心点”，“第二点”链接到变量引用中“1 号位综合测量．正向测量．找圆 2. 输出参数．圆中心点”，半圆圆心点间距参数设置及输出界面如图 2-41 所示。

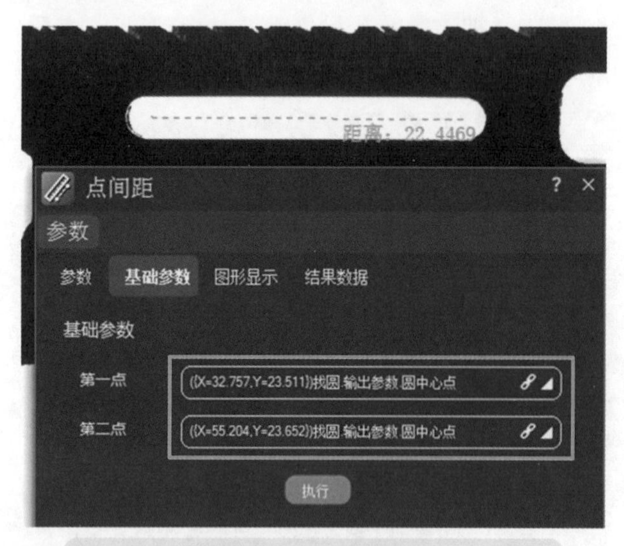

图 2-41　半圆圆心点间距参数设置及输出界面

半圆圆心点间距测量完成后，单击参数列表中“输出参数”→“点到点距离”→“变量设置”按钮，在弹出的对话框中设置参数的判断类型为“区间”，并设置区间的最小值和最大值分别为 21.508 和 23.772，即二维码存储的标准点间距 22.64mm±5%的范围值，该变量设置用于判断输出的点间距尺寸是否合格，如图 2-42 所示。

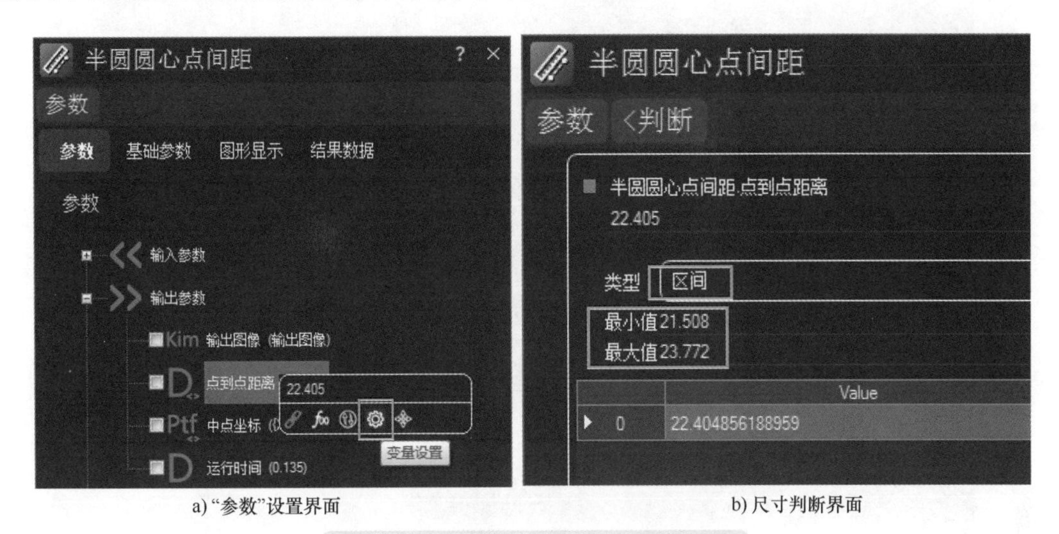

a)“参数”设置界面　　b) 尺寸判断界面

图 2-42　半圆圆心点间距尺寸判断界面

(11) 找点　在测量工具组中添加找点工具，“搜索方向”设置为“从白到黑”，“边缘选择”设置为“最后一个点”，“搜索阀值”设置为 20，然后单击“注册图像”按钮，框选实际的尖点，如图 2-43 所示。

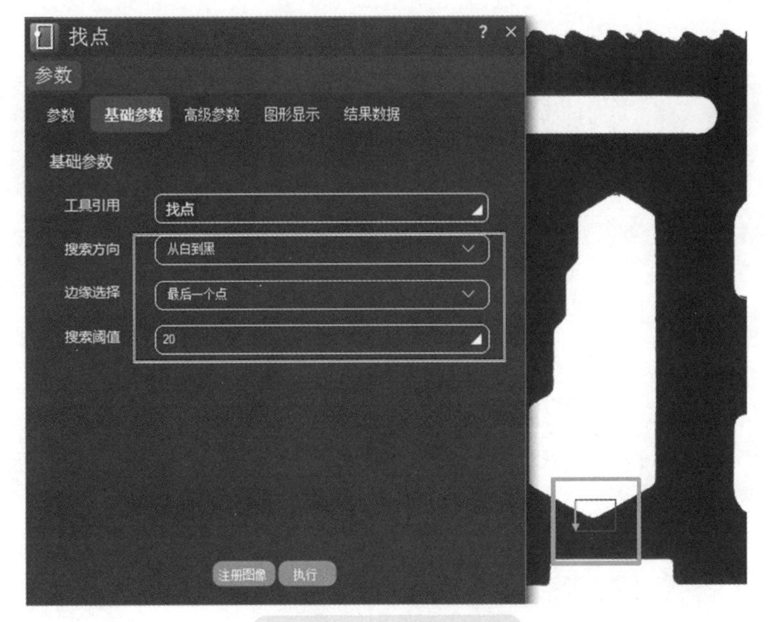

图 2-43　找点设置界面

(12) 查找线 3　在测量工具组中添加找线工具，并命名为“查找线 3”。“边缘选择”设置为“第一条边”，“搜索极性”设置为“从黑到白”，然后单击“注册图像”按钮，在图像显示区域框选工件的底边，箭头从黑到白垂直穿过该底边，“查找线 3”设置界面如图 2-44 所示。

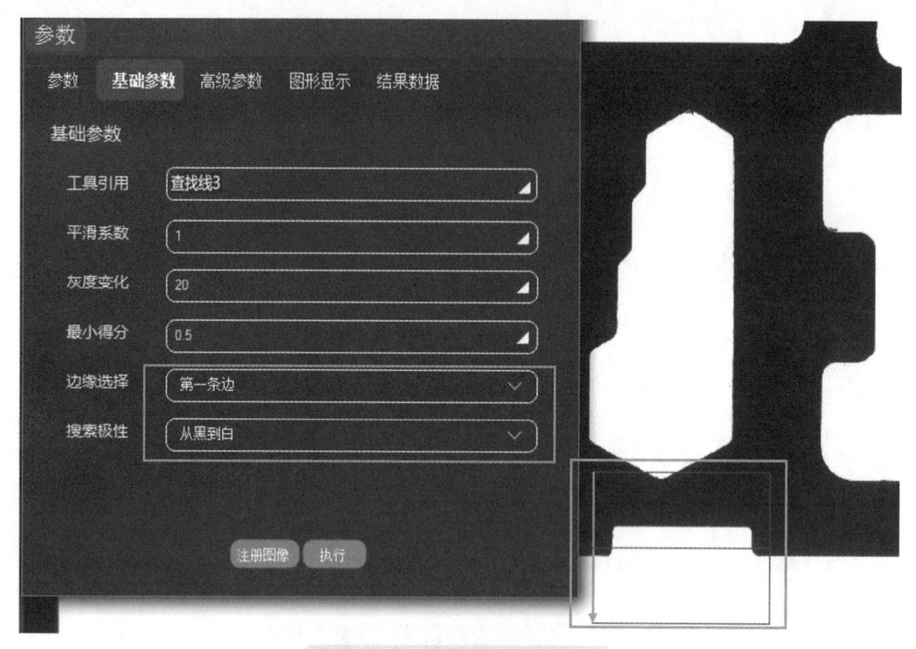

图 2-44　查找线 3 设置界面

（13）点线距离　在测量工具组中添加点线距离测量工具，用于测量尖点至底边的间距。“点线距离”的“端点坐标”链接到变量引用中“1 号位综合测量 . 正向测量 . 找点 . 输出参数 . 结果点”，“直线坐标”链接到变量引用中“1 号位综合测量 . 正向测量 . 查找线 3. 输出参数 . 线坐标”，如图 2-45 所示。

图 2-45　“点线距离”参数设置及输出界面

点线距离测量完成后，单击参数列表中“输出参数”→“距离”→“变量设置”按钮，在弹出的对话框中设置参数的判断类型为“区间”，并设置区间的最小值和最大值分别为5.3和6.5，即点线距离的合格范围值，该变量设置用于判断输出的点线距离尺寸是否合格，如图2-46所示。

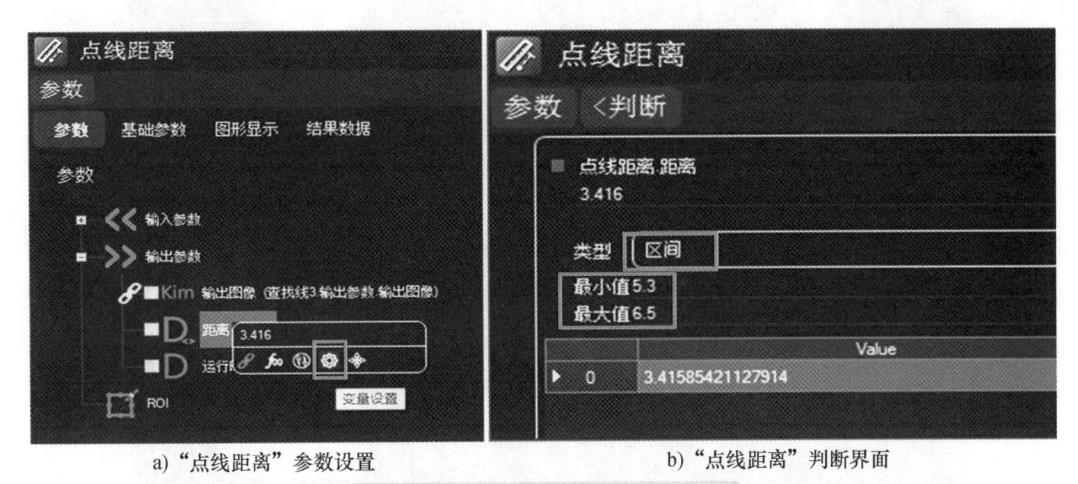

a)“点线距离”参数设置　　b)“点线距离”判断界面

图2-46　“点线距离”尺寸判断界面

由于本例中测得点线距离尺寸为3.41，不在合格范围5.3~6.5内，故系统自动判定点线距离数据不合格，该点线测量工具及测量显示输出颜色会自动标记为红色。点线距离不合格判断如图2-47所示。

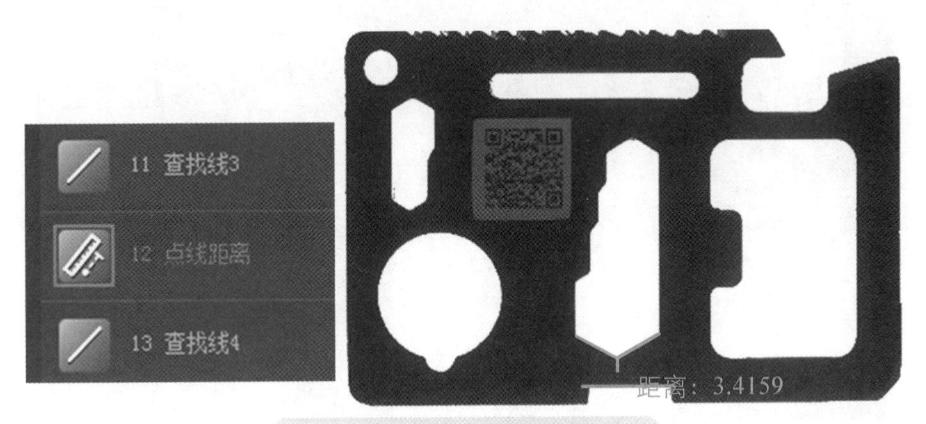

图2-47　点线距离不合格判断界面

（14）查找线4　在测量工具组中添加找线工具，并命名为“查找线4”。“边缘选择”设置为“第一条边”，“搜索极性”设置为“从黑到白”，然后单击“注册图像”按钮，在图像显示区域框选工件的斜边，箭头从黑到白垂直穿过该斜边，如图2-48所示。

（15）查找线5　在测量工具组中添加找线工具，并命名为“查找线5”。“边缘选择”设置为“第一条边”，“搜索极性”设置为“从黑到白”，然后单击“注册图像”按钮，在图像显示区域框选工件的边线，箭头从黑到白垂直穿过该边线，如图2-49所示。

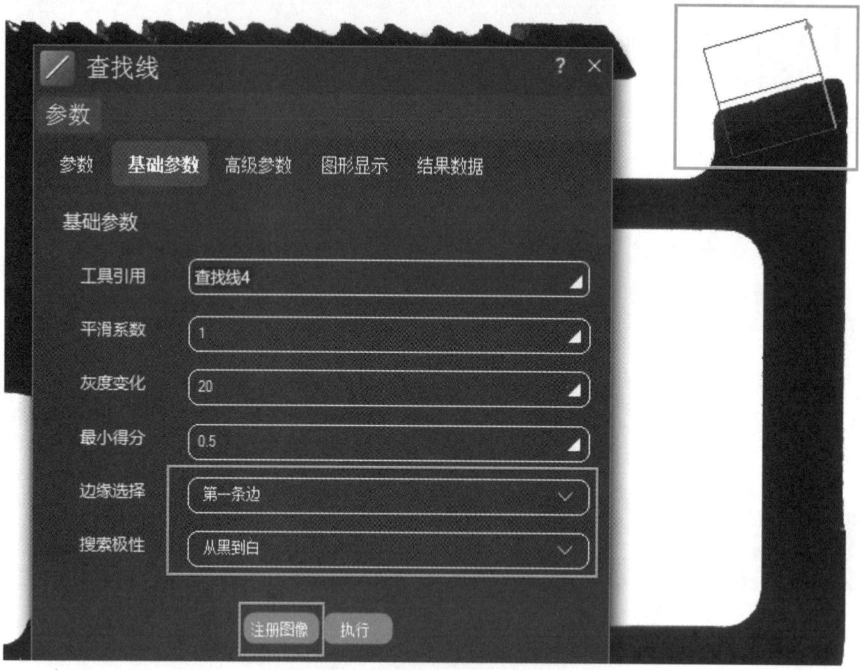

查找线 ? ×
参数
参数 基础参数 高级参数 图形显示 结果数据
基础参数
工具引用 查找线4
平滑系数 1
灰度变化 20
最小得分 0.5
边缘选择 第一条边
搜索极性 从黑到白
注册图像 执行

图 2-48 查找线 4 设置界面

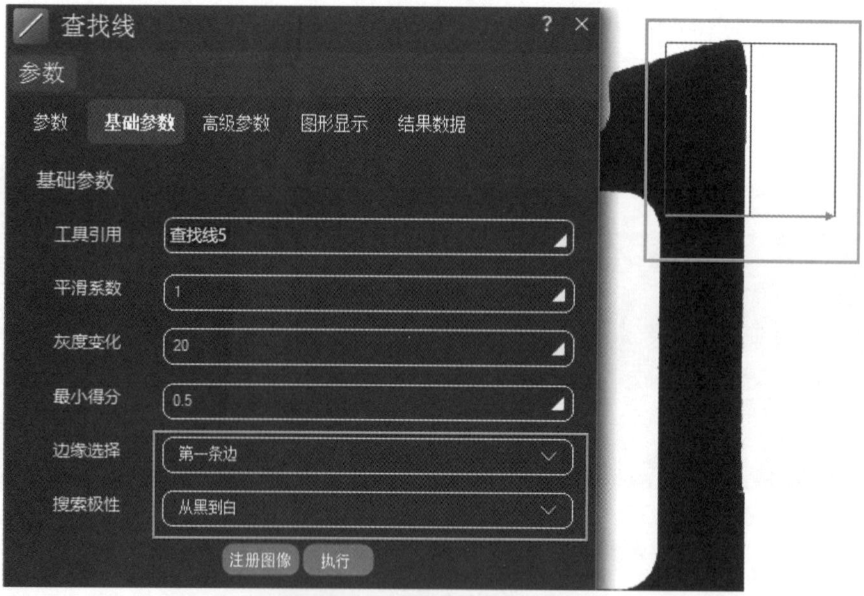

查找线 ? ×
参数
参数 基础参数 高级参数 图形显示 结果数据
基础参数
工具引用 查找线5
平滑系数 1
灰度变化 20
最小得分 0.5
边缘选择 第一条边
搜索极性 从黑到白
注册图像 执行

图 2-49 查找线 5 设置界面

(16) 线夹角 在测量工具组中添加线夹角测量工具，用于测量斜边与边线之间的夹角。“线夹角”工具的“直线一”链接到变量引用中“1 号位综合测量 . 正向测量 . 查找线 4. 输出参数 . 线坐标”，“直线二”链接到变量引用中“1 号位综合测量 . 正向测量 . 查找线 5. 输出参数 . 线坐标”。“线夹角”设置及输出界面如图 2-50 所示。

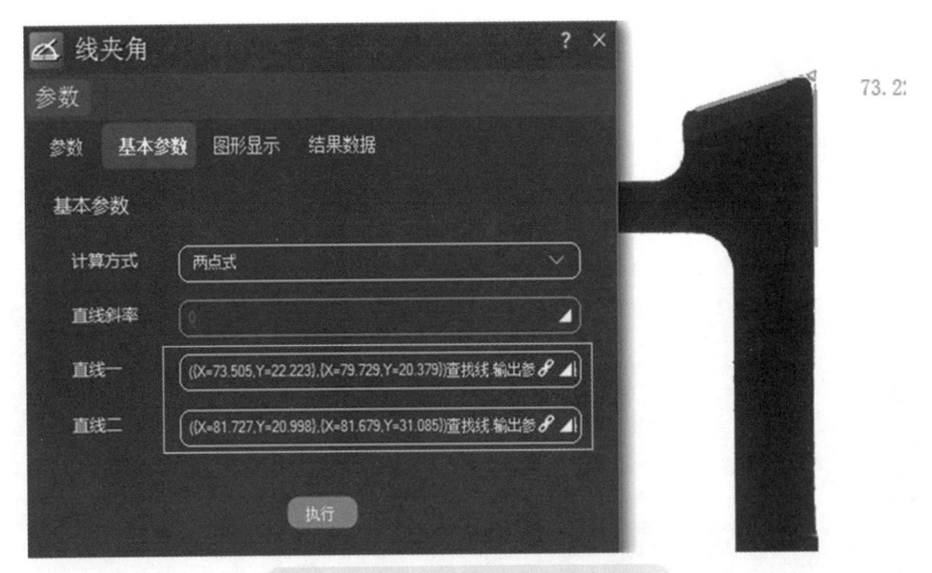

图 2-50　“线夹角”设置及输出界面

线夹角测量完成后，单击参数列表中“输出参数”→“两线夹角”→“变量设置”按钮，在弹出的对话框中设置参数的判断类型为“区间”，并设置区间的最小值和最大值分别为 68. 7135 和 75. 9465，即二维码存储的标准线夹角 72. 33°±5%的范围值，该变量设置用于判断输出的线夹角尺寸是否合格，如图 2-51 所示。

1 号位测量程序

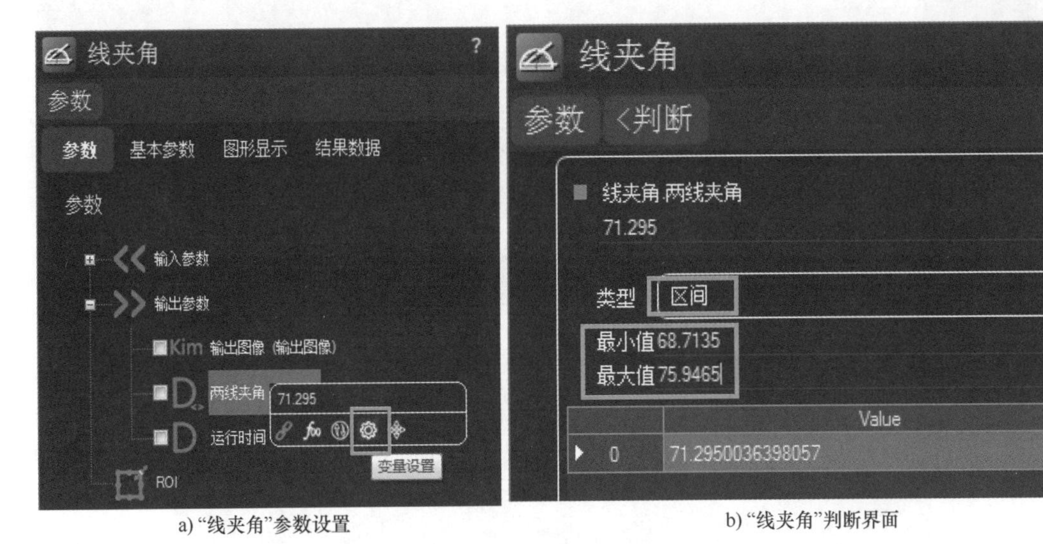

a) “线夹角”参数设置　　b) “线夹角”判断界面

图 2-51　线夹角尺寸判断判断界面

5. 2~4 号位综合测量模块

2~4 号位工件测量方法与 1 号位相同，也是先移动至 2~4 号工位并执行“拍照”工具组，然后由拍摄图片上的通孔判断工件的正反，最后根据判断结果执行正向测量或反向测量操作，具体操作可以参考 1 号位综合测量模块。

6. 数据发送

添加保存表格工具，双击进入“基础参数”界面，如图 2-52 所示。单击添加 0~11 共 12 列表格，在“表头”栏中对测量数据依次命名，命名顺序与测量顺序相对应。在“类型”栏中选择“Double”，单击“数据”栏中的小三角图标，单击出现的“f”，进入“计算器”设置界面，如图 2-53 所示。单击“+”图标，进入“变量集合”界面，如图 2-54 所示。单击流程图，选择测量板 1 工具，单击大圆，选择“输出参数 . 圆直径”再回到计算器界面，依次计算平均值和方差，如图 2-55 所示。其余数据与大圆计算方式相同。

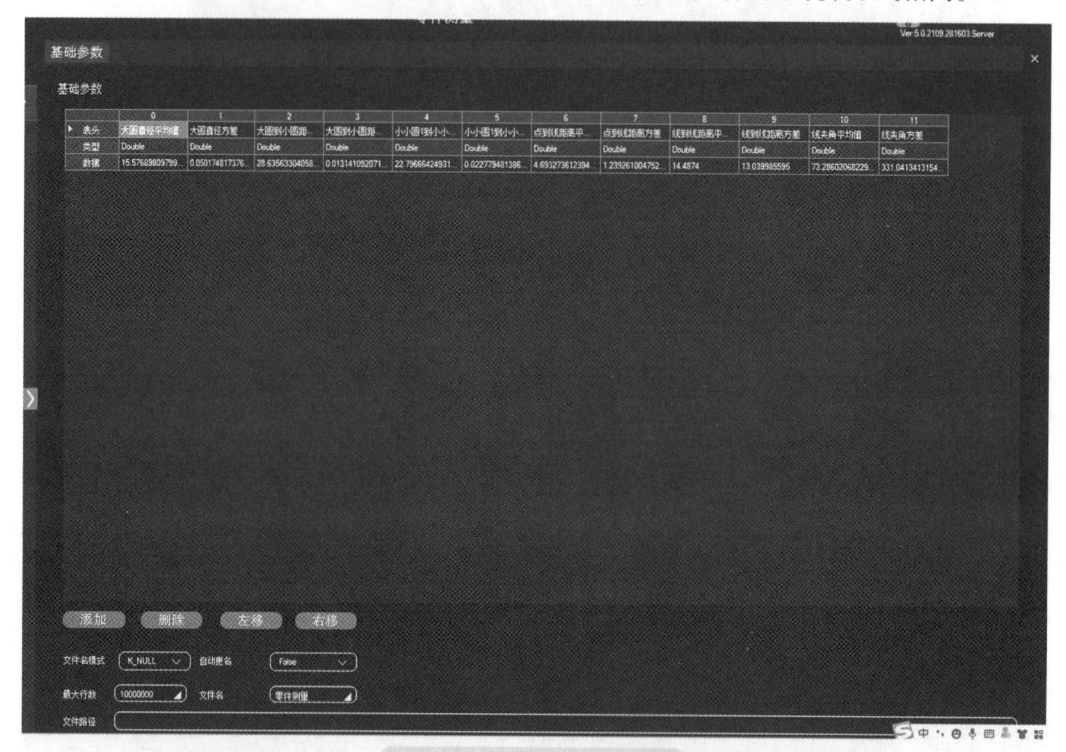

图 2-52 “基础参数”界面

图 2-53 “计算器”设置界面

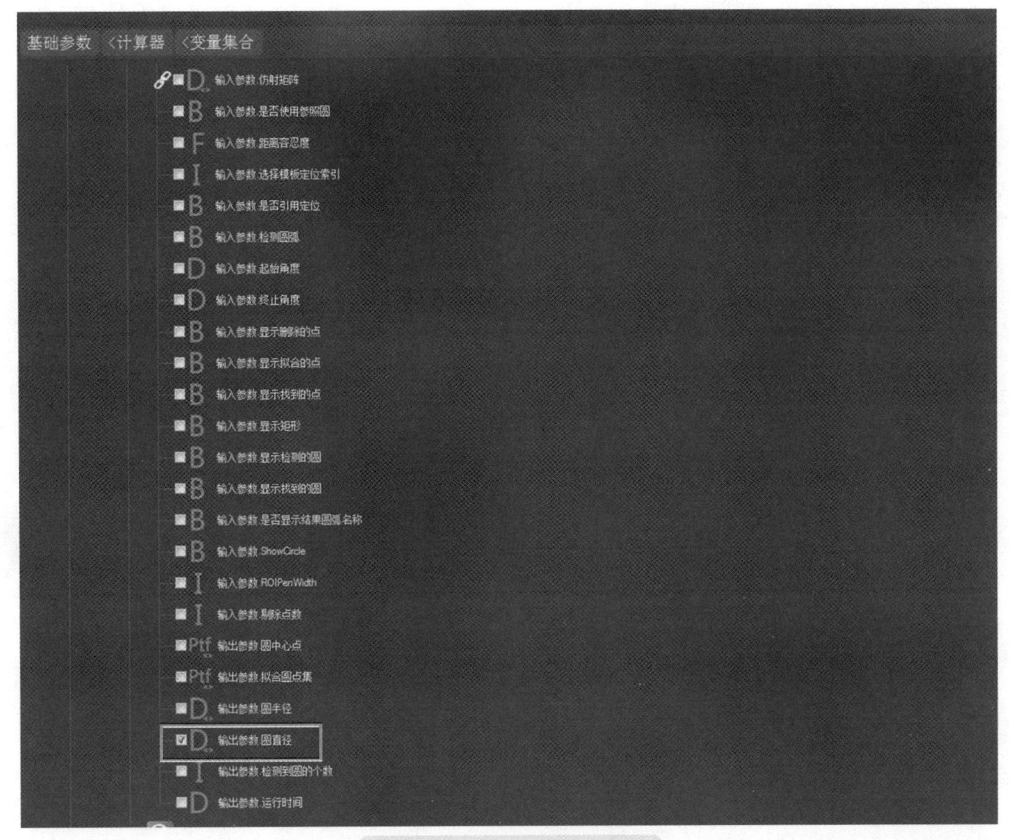

图 2-54 “变量集合”界面

图 2-55 “计算器”计算界面

7. 测量图像、测量数据文本的显示

根据任务要求，机械零件的平面尺寸检测完成后，需要在显示区划分四个窗口，用于显示四个工位工件的测量图像、测量数据文本以及最终判断结果等信息，单个机械零件显示要求如图 2-56 所示。要实现上述功能，需要按顺序完成窗口划分、测量图像及数据绑定、数

据文本显示设置、OK/NG 标签引用等操作，下面对测量图像和测量数据文本的显示进行具体讲解。

（1）窗口划分　单击显示控制区中的“添加”按钮，为显示区添加四个窗口，用于显示四个工位工件的测量图像和测量数据文本，如图 2-57 所示。

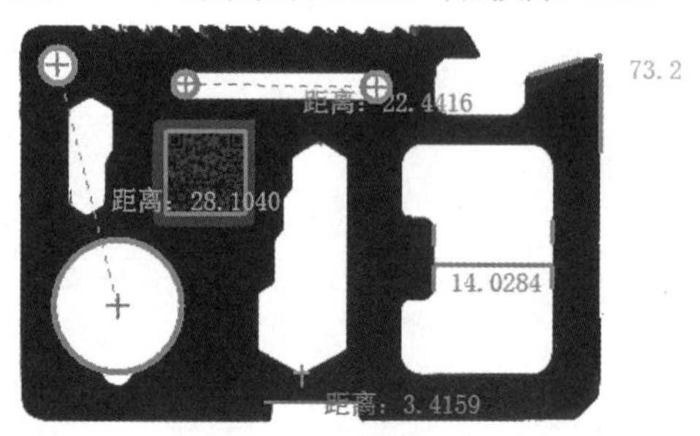

图 2-56　单个机械零件显示要求

图 2-57　窗口划分工具界面

（2）测量图像及数据绑定　在任意工位对应的窗口中右击，在弹出的窗口属性选项框中选择“自动绑定”，然后在“自动绑定”选项菜单中勾选“多项目（Multiple Items）”复选框，最后将要显示的工具依次拖入对应工位的窗口中。

以 1 号工位的显示窗口为例，需要在“自动绑定”中依次拖入正反测量工具组中的相机、找圆、找点、大小圆圆心距、线间距、半圆圆心点间距、点线距离、线夹角、二维码检测等工具，测量图像及数据绑定操作如图 2-58 所示。

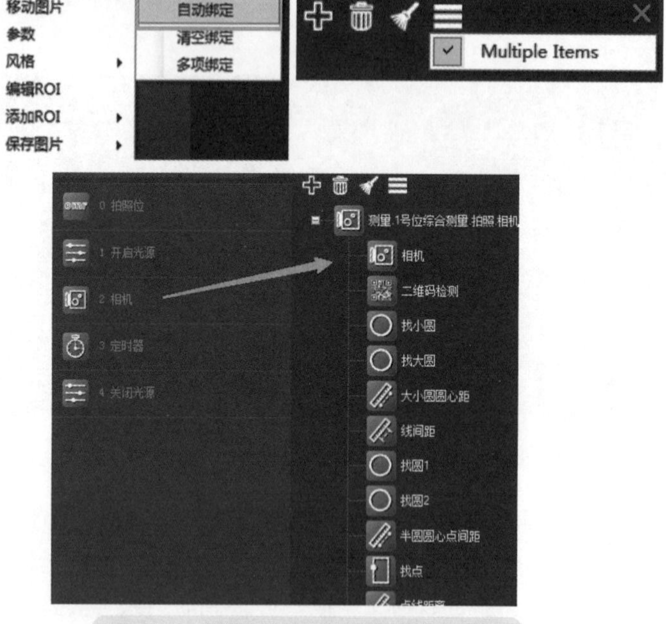

图 2-58　测量图像及数据绑定操作界面

（3）测量数据文本显示设置　根据任务要求，需要显示四个工件的数据文本，包括大圆直径、大小圆圆心距、半圆圆心点间距、点线距离、线间距、线夹角以及二维码检测等数据。要显示数据文本，需要将相应的数据输出拖入对应的显示窗口中，然后双击数据文本，即可在“格式化”输入框中修改显示数据文本的格式。

以显示 1 号位工件大圆直径的数据文本为例，需将“1 号位测量．找大圆．输出参数．圆直径”的数据拖入划分好的 1 号位显示窗口中，同时双击数据文本，将显示格式修改为“大圆直径：{0}”，然后修改文本的字体和颜色。数据文本显示设置界面如图 2-59 所示。

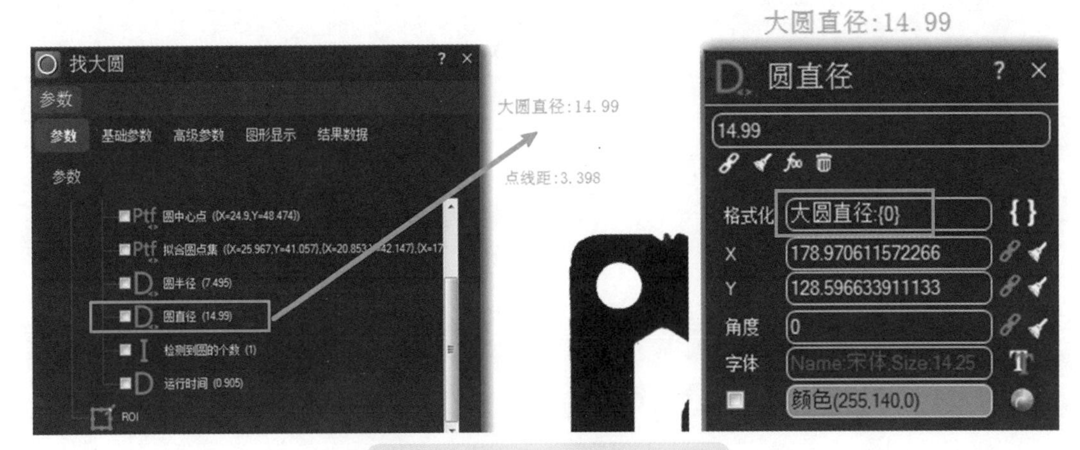

图 2-59　数据文本显示设置界面

（4）OK/NG 标签引用　任务要求每个工件的合格判断需以“OK/NG”的文本格式显示，同时要求判断合格时以绿色文本显示，不合格时以红色文本显示。以 1 号位工件为例，首先在 1 号位图像任意处右击添加 ROI 标签，再把数据显示类型设置为“OK/NG”，然后变量引用至“1 号位综合测量．参数．结果”，最后将标签的显示格式修改为“工件 1 最终测量结果判断：{0：NG：OK}”，并勾选“自适应颜色”复选框，即 1 号位测量模块中所有工具组的结果均为 Ture 时显示绿色“OK”文本，1 号位测量模块中有任意工具被判断为 False 时显示红色“NG 文本”。1 号位测量结果 OK/NG 标签的引用界面如图 2-60 所示。

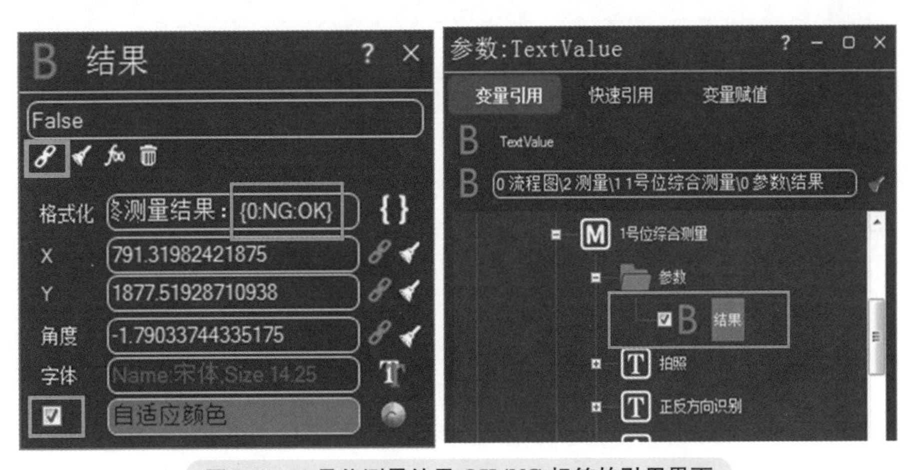

图 2-60　1 号位测量结果 OK/NG 标签的引用界面

数据发送及
结果显示程序

五、思考与探索

1. 测量圆的半径和直径所用的工具组是什么?
2. 测量点线距离使用的工具组是什么?
3. XY 标定的意义是什么?
4. 正反方向识别工具组的作用是什么?
5. 测量齿轮的平面尺寸，需要测量哪些种类的尺寸?
6. 根据项目实施完成以下内容：

任务考核表

<table>
<tr><td>完成时间</td><td colspan="2"></td><td>成绩评定</td><td></td></tr>
<tr><td colspan="2">选用相机型号</td><td colspan="3"></td></tr>
<tr><td colspan="2">选用镜头型号</td><td colspan="3"></td></tr>
<tr><td colspan="2">选用光源及参数</td><td colspan="3"></td></tr>
<tr><td colspan="2">主要选用工具</td><td colspan="3"></td></tr>
</table>

测量结果图像粘贴处：

项目实施过程中存在的问题及解决方案：

项目评分表

类型	项目	单项分	自评得分	小组评分	教师评分
上机实操（32分）	硬件控制完整	4			
	光源频闪正常	4			
	显示图像正常	4			
	图像清晰	4			
	视野合理、清晰	4			
	机台回零	4			
	运动控制正常	4			
	指示灯控制正常	4			
综合任务（58分）	正确创建配置	6			
	N点标定正确完成	7			
	标定过程正确	5			
	数据存储正确	15			
	数据精度满足要求	21			
	文件存储符合要求	4			
职业素养及安全意识（10分）	操作合规、穿戴得体	4			
	工具摆放整齐	2			
	精神素质良好	2			
	操作过程节约环保	2			

7. 完成自备齿轮的平面尺寸测量并上传数据，完成以下内容：

完成时间		成绩评定	
相机、镜头、光源的选型计算报告			

选用相机型号	
选用镜头型号	
选用光源及参数	
主要选用工具	

程序流程图：

测量结果图像粘贴处：

六、岗课赛证要求

项　　目		具体要求
职业标准	××公司机器视觉系统运维岗位标准	标准 1：能根据检测精度要求和检测范围大小，进行像素分辨率计算，选择合适像素的相机 标准 2：能根据检测目标所需的视野、安装距离、放大倍率，计算镜头的焦距并选择合适焦距的镜头，完成视野调焦和镜头对焦 标准 3：能根据设定的标准值和上下极限，找出产品上有问题的尺寸数据
职业技能竞赛	机器视觉系统应用技能大赛	赛点 1：相机和镜头的选型、安装、接线和控制 赛点 2：通过标定板，完成单幅视野的标定，并保存标定结果 赛点 3：求每个数据的平均值和方差，并根据设定的标准值和上下极限，找出有问题的尺寸数据
1+X 证书	“1+X”工业视觉系统运维职业技能等级证书	考点 1：能够根据工作场景和检测要求，完成相机、镜头的选型 考点 2：通过标定板，完成单幅视野的标定 考点 3：分析检测要求，正确测量尺寸

项目三　彩色图形创意造型摆拼

知识目标	● 理解颜色通道分离的原理。 ● 理解图像分割的意义及基本方法。 ● 理解 PLC 控制运动平台的运动方式。 ● 熟知机器视觉相机、镜头、光源的应用方式。
能力目标	■ 能够正确完成镜头的计算和选型。 ■ 能够熟练完成相机、镜头、光源的选用和安装。 ■ 能够完成 N 点标定。 ■ 能够熟练完成颜色的识别和定位的编程。 ■ 会应用 PLC 进行彩色图形的摆拼运动控制。
素养目标	◆ 培养认真、严谨、细致的学习和工作态度。 ◆ 养成吃苦耐劳、团结合作的工作态度和敬业精神。 ◆ 提高语言表达能力和沟通能力。 ◆ 养成崇尚科学、追求真理、锐意进取的良好品质。
学习策略	彩色图形创意造型摆拼任务涉及机器视觉应用中的重点内容“N 点标定”，可以先对标定操作进行反复练习，直至熟练掌握。本项目包含颜色识别及定位、控制摆拼两项任务，每项任务中都涉及七块彩色图形，任务内容相对来说比较烦琐，先熟练掌握一块板的识别及摆拼，完全掌握后再完成其余彩色图形的识别及摆拼。

一、任务解析

本任务需要完成七巧板的创意拼图，所需物料包括七巧板及料盘 1 套，大小为 83mm×83mm；平台料盘分为两个区域，分别为检测区和拼图区，料盘总尺寸长度为 260mm，宽度为 220mm，视野范围为 195mm×135mm（视野范围允许有一定的正向偏差，最大不得超过 20mm），工作距离为 370mm（视野范围允许有一定的正向偏差，最大不得超过 25mm）；必须使用彩色相机，检测区必须在光源范围内。

（一）检测任务

七巧板的初始位置为检测区的任意位置；检测区中七巧板小板的位置随机且不重叠，不超出检测区域范围。

检测任务为识别七巧板中每个小板的形状、位置及颜色，并记录形状、位置及颜色信息。摆拼形状时，定位到每个小板的坐标并保存到各自的 CSV 文件中。识别出每个小板的位置信息后，通过网口通信发送给另一台客户端计算机，在软件指定区域显示位置，客户端计算机上的软件配置名称为“数据接收”，客户端接收的数据显示如图 3-1 所示。

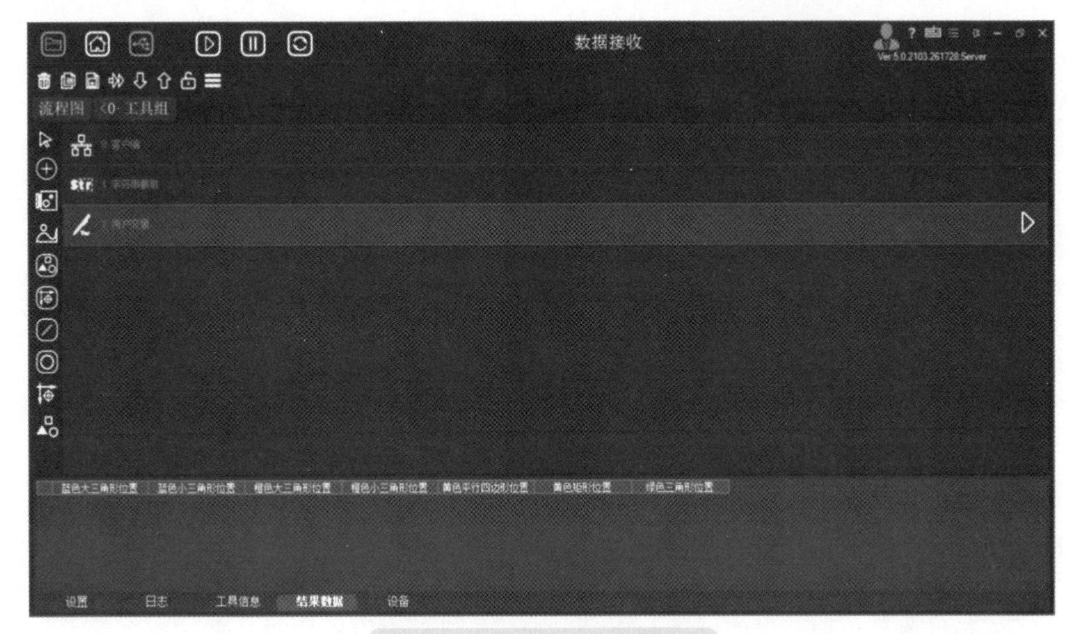

图 3-1　客户端接收的数据显示

（二）创意拼图

编写视觉和运动控制程序，控制运动吸嘴将七巧板从检测区吸起，按照图案放置到拼图区；将检测区中的七巧板按创意拼图所示的样式，拼出要求的图案，创意拼图如图 3-2 所示。

a) 检测区

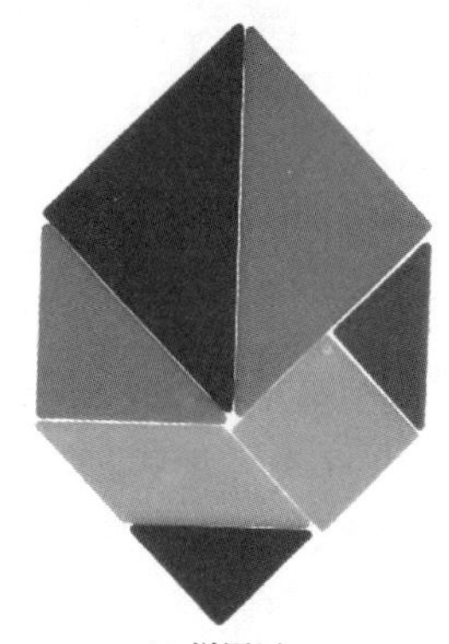
b) 拼图区

图 3-2　拼图任务示意图

二、知识链接

（一）通道分离原理

每一张彩色图片都可以由 RGB 三个通道组成，RGB 代表红、绿、蓝三个通道的颜色，这个系统几乎包括了人类视力所能感知的所有颜色，是目前运用最广的颜色系统之一。红（R）、绿（G）、蓝（B）三种颜色的强度值均是 0~255，则三种光混合在每个像素中可以组成 16777216（=256×256×256）种不同的颜色。256 阶的 RGB 色彩简称为 1600 万色或千万色，或称为 24 位色（2^{24}）。

在 RGB 彩色图像中，图像由三个图像分量组成，每个图像分量都是其原色图像，当输送至 RGB 监视器时，这三个图像在荧光屏上混合产生一幅合成的彩色图像。目前广泛采用的彩色信息表达方式都是在三基色按比例混合的配色方程基础上得到的，配色方程为

$$C = a\mathrm{R} + b\mathrm{G} + c\mathrm{B}$$

式中，C 为任意一种彩色光；a、b、c 为三基色 R、G、B 的权值。一幅彩色图像中的每个像素都可以用三基色空间（R、G、B）中的一个矢量［a，b，c］来表示。R、G、B 的比例关系确定了所配彩色光的色度（色调和饱和度），其数值确定了所配彩色光的光通量，aR、bG、cB 分别代表彩色 C 中三基色的光通量成分，又称彩色分量。

当观察一个彩色物体时，往往用色调、饱和度和亮度来描述它。根据肉眼的色彩视觉三要素及 HIS 中的色调（Hue）、饱和度（Saturation）和亮度（Intensity）提出 HIS 彩色模型。

（二）图像分割

图像分割是按照一定的规则把图像划分成若干个互不相交、具有一定性质的区域，把人们关注的部分从图像中提取出来，进一步加以研究分析和处理的过程。图像分割的结果可作为图像特征提取和识别等的基础，对图像分割的研究一直是数字图像处理技术研究中的热点和焦点。图像分割可使其后的图像分析、识别等高级处理阶段所要处理的数据量大大减少，同时又保留了有关图像结构特征的信息。图像分割在不同的领域也有其他名称，如目标轮廓技术、目标检测技术、阈值化技术、目标跟踪技术等，这些技术本身或其核心实际上就是图像分割技术。

图像分割的目的，是把图像空间分成一些有意义的区域，与图像中各种物体目标相对应。通过对分割结果进行描述，可以理解图像中包含的信息。图像分割主要有三种方法：基于边缘的图像分割、基于阈值的图像分割和基于区域的图像分割。

1. 基于边缘的图像分割方法

边缘总是以强度突变的形式出现，可以定义为图像局部特性的不连续性，如灰度的突变、纹理结构的突变等。边缘通常意味着一个区域的终结和另一个区域的开始，目前的边缘检测方法中，主要有一次微分、二次微分和模板操作等。这些边缘检测方法对于边缘灰度值过渡比较尖锐且噪声较小等不太复杂的图像可以取得较好的效果，但对于边缘复杂的图像，如边缘模糊、边缘丢失、边缘不连续等效果不太理想。噪声的存在使基于导数的边缘检测方法效果明显变差，在噪声较大的情况下所用的边缘检测算子通常都是先对图像进行适当的平滑操作，抑制噪声，然后求导数，或者对图像进行局部拟合，再用拟合光滑函数的导数代替直接的数值导数，如 Canny 算子等。在未来的研究中，用于提取初始边缘点的自适应阈值选取、用于图像层次分割的更大区域的选取以及如何确认重要边缘以去除假边缘将变得非常重要。

根据灰度变化的特点，常见的边缘可分为阶跃型、房顶型和凸缘型。图像的轮廓（边界）跟踪与边缘检测是密切相关的，因为轮廓跟踪实质上是沿着图像的外部边缘“走”一圈，然后分割出目标区域。

2. 基于阈值的图像分割方法

阈值分割是常见的直接对图像进行分割的算法，阈值根据图像像素灰度值的不同而定。对于单一目标图像，只需选取一个阈值，即可将图像分为目标和背景两大类，称为单阈值分割；如果目标图像复杂，则需要选取多个阈值，才能将图像中的目标区域和背景分割成多个，称为多阈值分割。此时，还需要区分检测结果中的图像目标，对各图像目标区域进行唯一的标识区分。阈值分割的显著优点是成本低廉、实现简单。在目标和背景区域的像素灰度值或其他特征存在明显差异的情况下，该算法能非常有效地实现图像的分割。基于阈值的图像分割方法的关键是如何取一个合适的阈值，目前常用的方法有：依据最大相关性原则选择阈值的方法、基于图像拓扑稳定状态的方法、灰度共生矩阵方法、最大熵法和峰谷值分析法等，更多的情况下，阈值的选择需要综合运用两种或两种以上的方法，这也是图像分割技术的一个发展趋势。

阈值法是一种较传统的图像分割算法。仅使用一个阈值进行分割的方法称为单阈值分割方法；如果图像中有多个灰度值不同的区域，那么可以选择一系列阈值以将每个像素分到合适的类别中去，这种用多个阈值进行分割的方法称为多阈值分割方法，如图 3-3 所示。

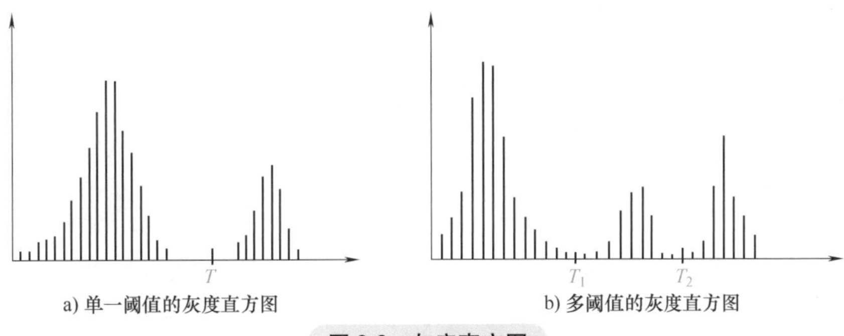

图 3-3　灰度直方图

假定物体和背景分别处于不同灰度级，图像被零均值高斯噪声污染，图像的灰度分布曲线近似用两个正态分布概率密度函数分别代表目标和背景的直方图，利用这两个函数的合成曲线拟合整体图像的直方图，图像的直方图将会出现两个分离的峰值，如图 3-4 所示，然后依据最小误差理论，针对直方图的两个峰间的波谷所对应的灰度值求出分割的阈值。

该方法适用于具有良好双峰性质的图像，但需要用到数值逼近等进行计算，算法十分复杂，而且多数图像的直方图是离散的、不规则的。

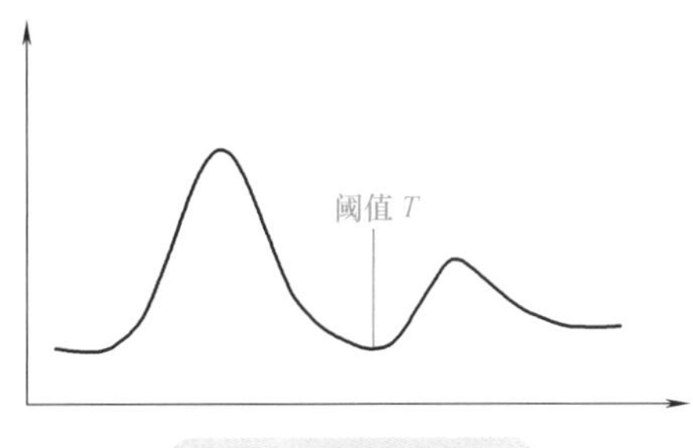

图 3-4　双峰直方图

3. 基于区域的图像分割方法

区域增长法和分裂合并法是基于区域信息的图像分割的主要方法。区域增长有两种方式：一种是先将图像分割成很多一致性较强的小区域，再按一定的规则将小区域融合成大区域，达到分割图像的目的；另一种是给定图像中要分割目标的一个种子区域，在种子区域的基础上，将周围的像素点以一定的规则加入其中，最终达到目标与背景分离的目的。分裂合并法对图像的分割是按区域生长法沿相反方向进行的，无须设置种子点，其基本思想是给定相似测度和同质测度。从整幅图像开始，如果区域不满足同质测度，则分裂成任意大小的不重叠子区域；如果两个邻域的子区域满足相似测度，则将其合并。

区域生长是区域分割最基本的方法。所谓区域生长，就是根据事先定义的准则将像素或子区域聚合成更大区域的过程。

（三）坐标系

机器视觉系统涉及四种坐标系：世界坐标系、相机坐标系、像素坐标系以及图像坐标系。坐标系的转换对图像恢复和信息重构有着重要意义。

世界坐标系（X_W，Y_W，Z_W）是客观三维世界的绝对坐标系，也称客观坐标系。因为相机安放在三维空间中，所以需要世界坐标系这个基准坐标系来描述数码相机的位置，并且用它来描述安放在此三维环境中的其他任何物体的位置。

相机坐标系（X_C，Y_C，Z_C）以相机的光心为坐标原点，X 轴和 Y 轴分别平行于图像坐标系的 X 轴和 Y 轴，相机的光轴为 Z 轴。

像素坐标系（u，v）是以像素单位来描述一个点的，单位只是一个计数单位。以图像左上角的像素点为坐标原点，建立以像素为单位的平面直角坐标系，即像素坐标系。

图像坐标系（x，y）是连续图像坐标或空间坐标，以图片对角线交点作为基准原点建立的坐标系。

像素坐标系和图像坐标系都在成像平面上，只是各自的原点和度量单位不一样，如图 3-5 所示。图像坐标系的原点为相机光轴与成像平面的交点，通常情况下是成像平面的中点。图像坐标系的单位是 m 或者 mm，属于物理单位；而像素坐标系的单位是 pixel，平常描述一个像素点都是几行几列。

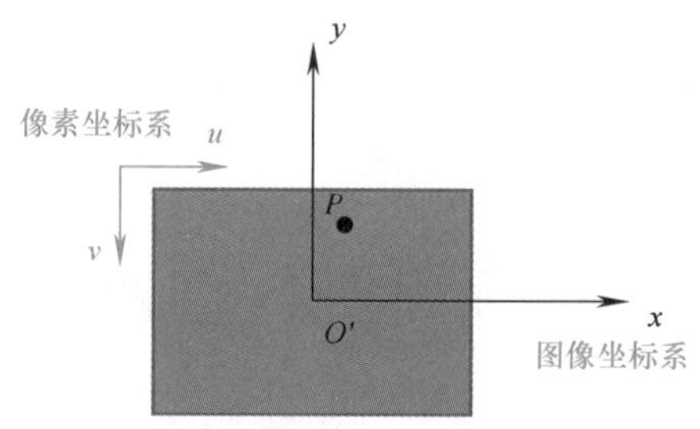

图 3-5　像素坐标系与图像坐标系

（四）N 点标定

N 点标定用于实现像素坐标系与世界坐标系的转换。

1. 设置拍照位

1）创建 PLC 工具，手动控制运动平台到拍照位（自定义），双击 PLC 工具，打开 PLC“参数”界面，如图 3-6 所示，单击“参数设置”选项卡，选择“控制设置”→“获取位置”，单击“执行”按钮。

2）单击“轴位置”选项卡，打开“轴位置”界面，如图 3-7 所示，即可看到当前位置 X 轴、Y 轴的位置参数。

3）重新打开“参数设置”选项卡，选择“运动设置”，如图 3-8 所示，将“轴位置”选项卡中的 X 轴、Y 轴位置参数输入“运动设置”表格中的 X 轴、Y 轴位置。

2. 采图

1）创建“光源控制”工具，单击“基础参数”选项卡，设置光源亮度，如图 3-9 所示。“光源控制”工具中的四个参数从上到下与光源的四个硬件接口 CH1 ~ CH4 是一一对应关系，以光源实际插入通道接口为准。例如，在光源硬件接口中标识 CH1 处接线，通过拖拽“光源控制”工具中最上方参数滑块调节光源亮度，依此类推。

2）创建“相机”工具，单击“基础参数”选项卡，如图 3-10 所示，在“相机选择”栏中选择相应的相机。

3）单击“图像设置”选项卡，进入“图像设置”界面，如图 3-11 所示。设置好相机曝光时间及增益参数，以获得最好的采图效果，点击“执行”按钮进行采图。

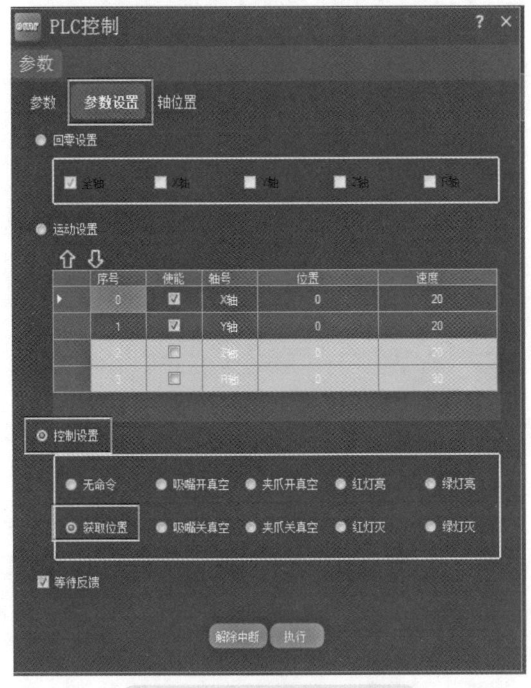

图 3-6 “参数设置”界面

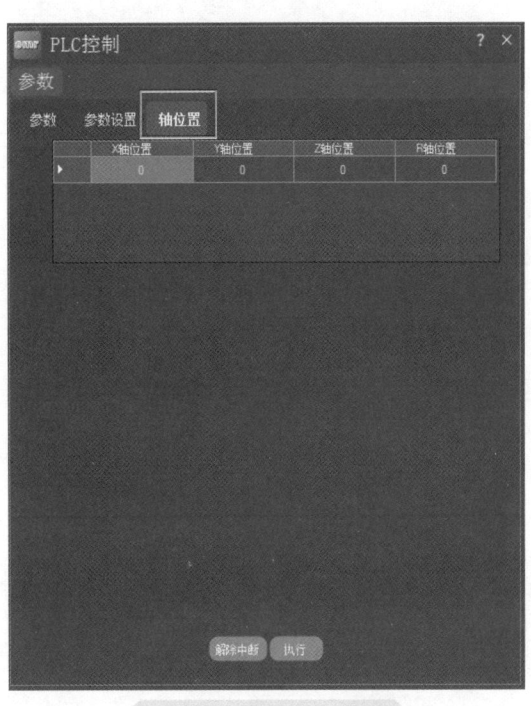

图 3-7 “轴位置”界面

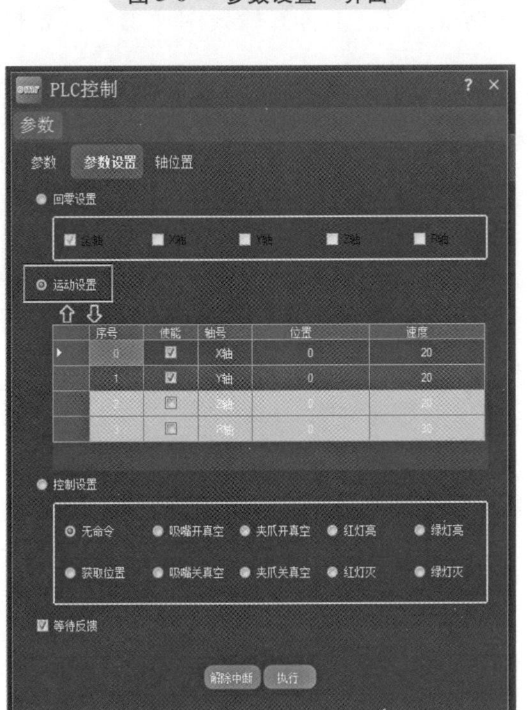

图 3-8 “运动设置”界面

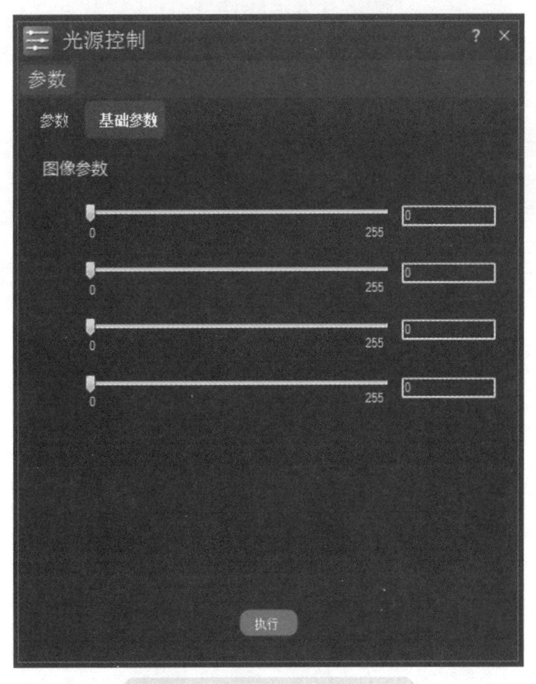

图 3-9 “光源控制”界面

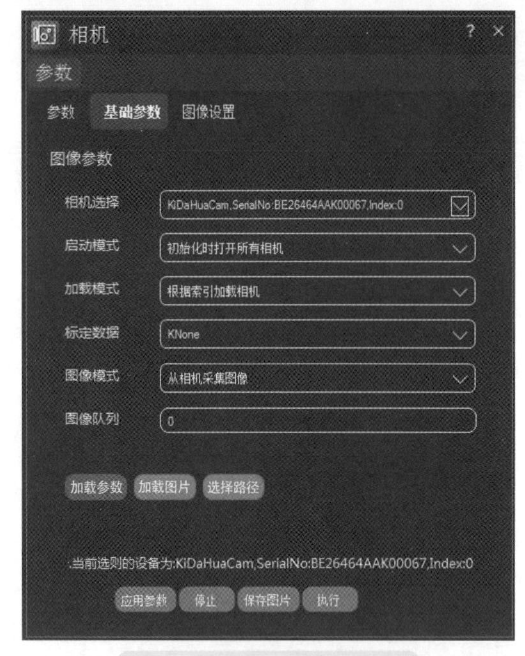

图 3-10 “基础参数”界面

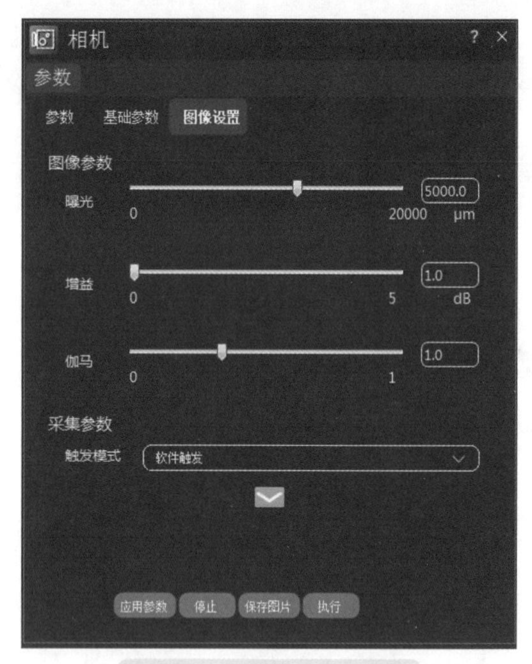

图 3-11 “图像设置”界面

3. 获得像素坐标点

1）创建并双击“查找特征点”工具，进入参数设置界面，单击“参数”选项卡，如图 3-12所示。打开“输入参数”界面后，单击“输入图像”，打开输入图像参数设置界面，单击左侧的添加引用图标。

2）单击“变量引用”选项卡，打开“N 点标定”工具组前的“+”号，打开相机前的“+”号，选择相机的输出参数，引用相机输出图片，如图 3-13 所示。

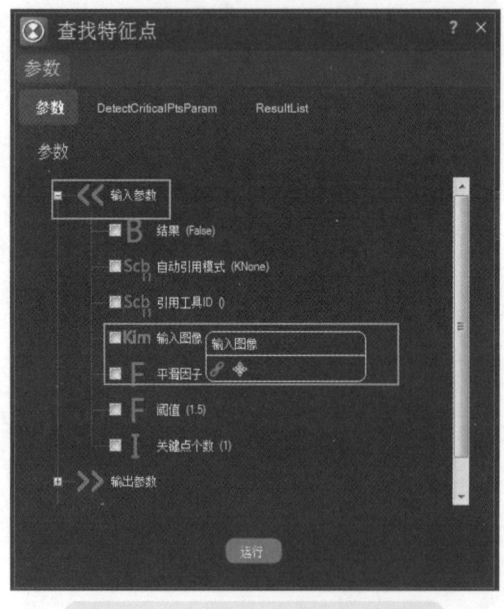

图 3-12 查找特征点参数设置界面

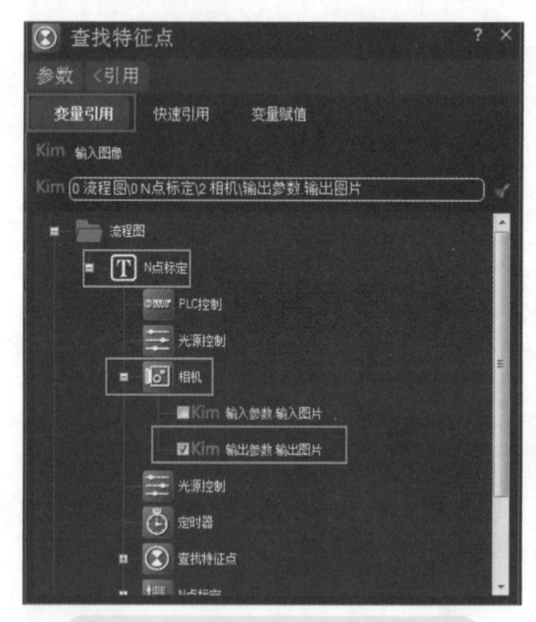

图 3-13 相机输出图像引用设置界面

3）设置查找特征点 ROI（蓝色方框默认在图像左上角）。如图 3-14 所示，单击“执行”按钮，特征点识别结果会显示在显示窗口中，记下特征点顺序，“N 点标定”工具中输入的世界坐标顺序与特征点识别顺序相同。

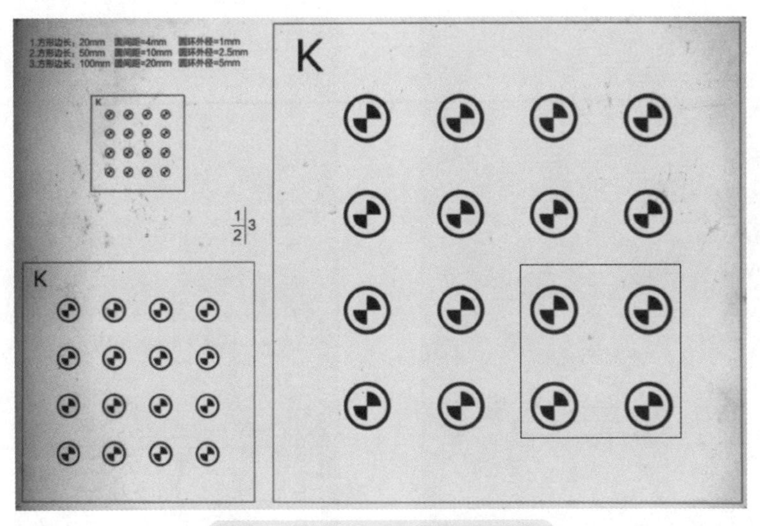

图 3-14　查找特征点 ROI 设置

4）创建“N 点标定”工具，双击进入“参数”界面，如图 3-15 所示，单击“像素坐标”栏中右侧的小三角图标，单击第一个添加引用图标。如图 3-16 所示，单击“N 点标定”工具组前的“+”图标，单击“查找特征点”工具前的“+”图标，选择“输出参数 . 关键点”。单击“参数”选项卡，返回参数设置界面，如图 3-17 所示。在图 3-18 所示界面中，单击“多点更新”按钮，即可获得四个像素坐标。

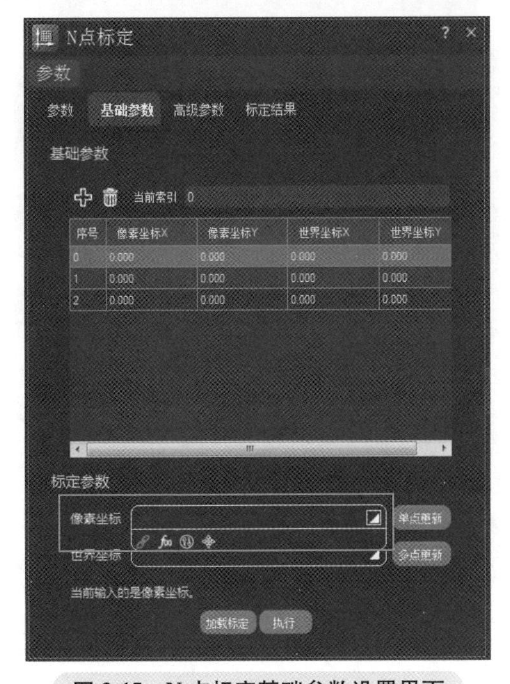

图 3-15　N 点标定基础参数设置界面

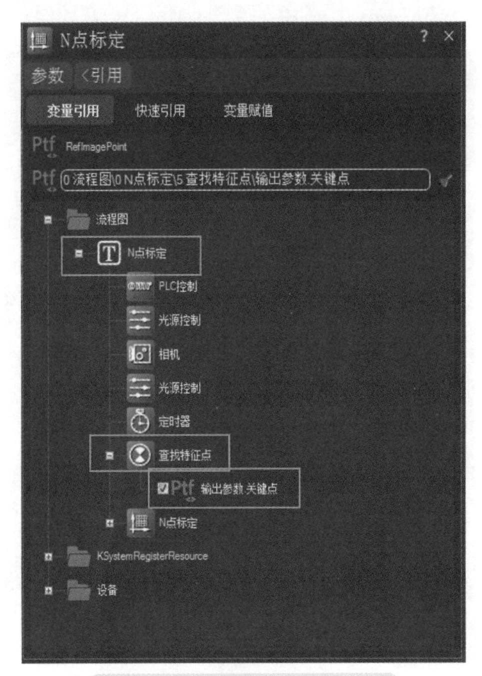

图 3-16　参数引用设置界面

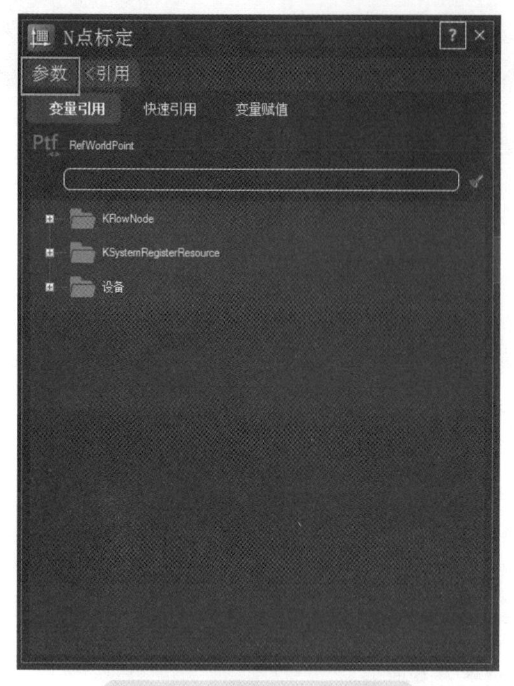

图 3-17　返回参数设置界面

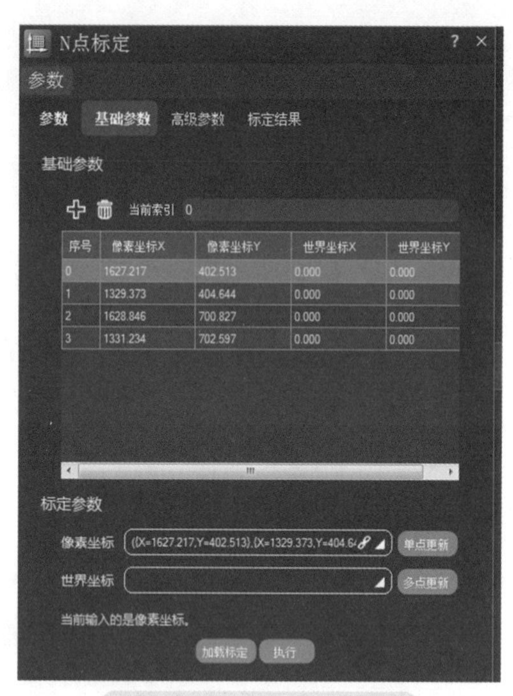

图 3-18　更新像素坐标界面

4. 获得世界坐标点

手动控制吸盘到标定板 Mark 点（即标定板上黑白相间的圆）正上方，创建“PLC 控制”工具，打开“参数设置”界面，如图 3-19 所示。选择“控制设置”→“获取位置”，单击“执行”按钮，即可在“轴位置”界面查看当前位置的 X 轴、Y 轴坐标，如图 3-20 所示，该点为当前 Mark 点的世界坐标。

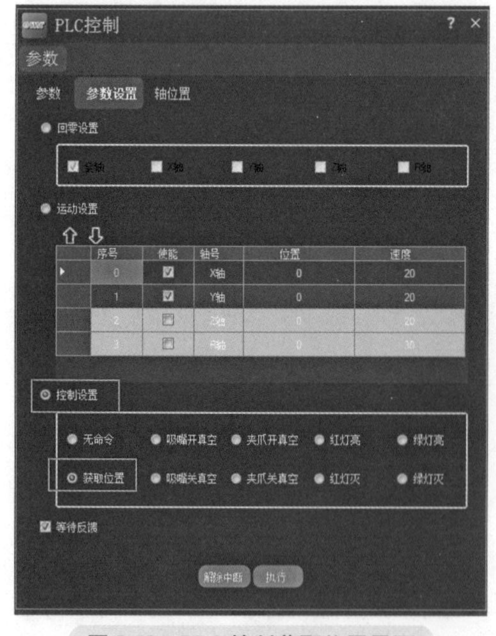

图 3-19　PLC 控制获取位置界面

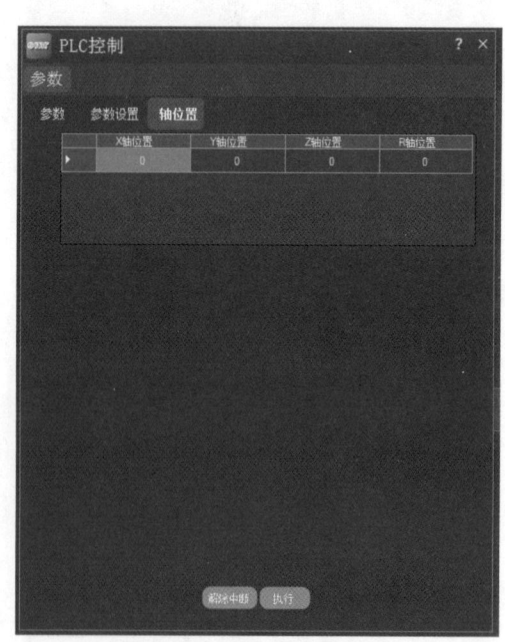

图 3-20　当前位置显示界面

5. 获得仿射矩阵

依次获得各个点的世界坐标，并将点坐标输入“世界坐标”栏中，世界坐标与特征点识别像素坐标逐一对应，如图 3-21 所示，单击“执行”按钮，即可生成 N 点标定的仿射矩阵。

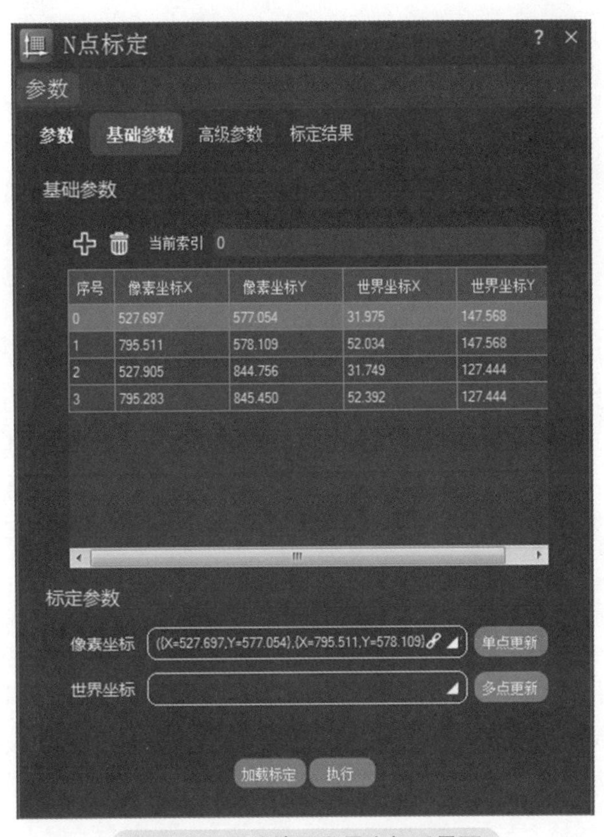

图 3-21　手动填写世界坐标系界面

N 点标定程序如图 3-22 所示。

图 3-22　N 点标定程序

三、核心素养

（一）我国成像技术及成像处理环节的发展现状

机器视觉作为一种应用于工业和非工业领域的硬件与软件组合，能够捕获并处理图像，为设备执行其功能提供精准的操作指导。机器视觉产业链上游为核心软硬件，包括工业相机、镜头、光源、图像采集卡和图像处理软件等；中游为集成系统与智能视觉装备；下游应用领域包括医疗、汽车、安防、食品包装及智慧交通等。

机器视觉产业链上游的光源、镜头、工业相机和视觉控制系统等部件共同协作，使机器具备视觉感知能力。其中，光源、镜头、工业相机等硬件部分负责成像，视觉控制系统负责对成像结果进行处理、分析和输出。

1. 光源

光源是国产化程度较高的上游硬件之一，其作用主要是增强物体检测部分与非检测部分的对比度，同时需要根据具体应用场景进行不同程度的非标设计。除了照明功能，国产光源也注重拓展功能的实现，包括克服环境光干扰、保证图像稳定性的能力，以及用于测量或作为参照物的工具性能。另外，以结构光为代表的高端光源逐步获得了更大的市场份额，逐步渗透至更加复杂的工业制造环节。

2. 镜头

随着国内相关技术的逐渐成熟，国产厂商加速进入工业镜头领域，在分辨率、对比度、景深以及像差等指标上，有着更高的要求，基本能够满足机器视觉系统的需要。随着下游应用场景的不断丰富，机器视觉逐渐渗透至更复杂的工业制造环节，对于高分辨率、广域镜头和定制化工业镜头等高性能镜头的需求日益高涨。国内镜头领域虽起步较晚，但也涌现出众多优秀的镜头厂商并加速布局。

3. 工业相机

工业相机是工业视觉系统的核心零部件，其本质功能是将光信号转变成电信号，是机器视觉产业链上游零部件中技术壁垒最高、技术迭代最迅速的部件，其市场规模大于镜头与光源。近年来，我国逐步推出自主研发的工业相机，要求产品具备较高的传输力、抗干扰力以及稳定的成像能力，还以集成度高、分辨率与帧率提升容易等优势作为工业相机的主要技术方案，以检测简易化、处理高速化及智能化的特点，解决更高难度的工业制造场景中的复杂问题。

4. 算法软件

在整个机器视觉系统中，算法软件的开发难度较大。随着机器视觉系统在下游行业应用领域的不断拓展，国内机器视觉企业加速算法软件的自主研发。为了满足不同应用场景的视觉需求，国内企业利用标准化技术、通用型平台，使软件算法更加完善。

目前，国内厂商不断拓展机器视觉产品的应用功能，机器视觉相关产品也加速进入下游各应用领域，并以其优势和广泛的应用场景，成为工业领域中不可或缺的一部分。未来的机器视觉技术将在光源、镜头、工业相机、算法等软硬件方面取得更大的突破，为人类的生产和生活带来更多的便利和创新。

（二）机器视觉在颜色识别中的应用

近年来，彩色机器视觉系统的质量有了明显提升，原因之一在于提高了相机成像器的分辨率。图像传感器事实上无法“看见”色彩，因此彩色相机必须使用滤波阵列和其他技术，以可生成彩色成像信息的方式来捕捉光线。但这个过程通常会降低图像的有效分辨率。过去，大部分相机的分辨率都低于两百万像素，标准单传感器彩色相机因其分辨率损失而不适合处理很多任务。现在，分辨率在五百万像素或以上的相机并不少见，分辨率损失产生的影响越来越小，机器视觉设计人员可以更轻松地使用彩色相机来满足他们的要求。

在传感器技术得到提升的同时，软件库和相机固件也能更好地满足彩色成像要求。在机器视觉中使用彩色成像让大量应用获益匪浅，大部分彩色成像应用可分为三大类：颜色检验、颜色分级、颜色检测和匹配。

1. 颜色检验

彩色成像可提供附加数据，利用这些数据可优化检测流程，尤其是要将缺陷分类或者检查彩色产品的形状时，彩色成像的应用至关重要。以彩色编码电线的检查为例，如果想检查每根电线是否与电路板上的相应连接器相连，机器视觉系统就必须能够读取电线的颜色并确定其与连接器是否正确匹配。通过应用彩色成像，可以实现在黑白模式下无法进行的检验任务。

2. 颜色分级

机器视觉中的彩色成像还可用于根据颜色分隔物体。这意味着，彩色成像可用于根据颜色分类或归类物体。由此，彩色成像还可用于对特定物体进行分级。例如，可以根据颜色将樱桃、苹果和其他水果分类，以此表明水果的成熟度。按颜色分类是食品行业中的常见应用，同时也被用于许多工业应用场景。

3. 颜色检测和匹配

颜色检测的目的是告诉相机它在看什么颜色。在使用来自机器视觉系统彩色相机的数据应用中，主机首先需要将颜色值连接到每个像素、像素区域、像素团的直方图，一旦应用分配了颜色值，便可将其与某种目标颜色或一系列目标颜色值进行比较。这个匹配过程可用于确保印刷材料符合预定义的企业颜色，或者确保例如汽车的侧视镜与车门颜色匹配，或者用于其他多种应用。精确的颜色匹配有助于确保汽车、包装、木地板等产品的一致性。

（三）安全规范

1）在使用过程中，开机、关机程序等严格按照设备操作手册规定执行，不做强制开关行为。

2）必须使用专业的相机、镜头清洁工具，如擦镜纸、清洁液和吹气球，避免使用普通纸巾或衣物等会刮伤镜片的材料。

3）使用相机和镜头时要小心操作，避免相机和镜头受到碰撞或直接摔落、造成镜头内部零部件的损坏。

4）擦拭相机和镜头时，用擦镜纸蘸取少量清洁液，以圆周运动方式轻轻地擦拭镜片，避免使用过多的液体，以免其进入镜头内部。擦拭相机和镜头时要保持手部干净，避免指纹上的油脂留在镜片上。

5）在不使用相机和镜头时，应安装镜头盖，将其放回工具箱，避免灰尘、污垢和指纹等附着在镜片上。

四、项目实施

彩色图像创意造型摆拼项目实施思维导图如图 3-23 所示。

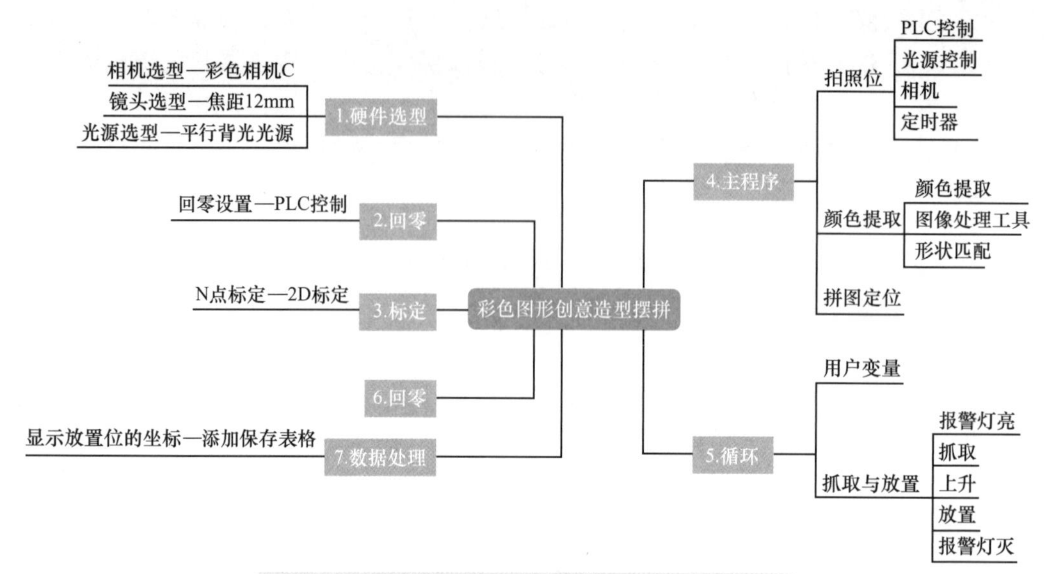

图 3-23　彩色图像创意造型摆拼项目实施思维导图

（一）硬件选型及安装

完整的彩色图形创意造型摆拼操作包括相机的选型与安装、镜头的选型与安装、光源的选型与安装和相关控制参数设置等硬件操作，以及 N 点标定、拍照、测量、数据图像显示等一系列软件操作。

1. 相机选型

根据任务要求，需要识别彩色板的颜色并进行定位和搬运，因此选用彩色相机 C。

2. 工业镜头计算与选型

（1）像长的计算　根据相机的选型，彩色相机 C 的像元尺寸为 2. 2μm，像素为 2592×1944，根据像长计算公式可得

$$L = 像元尺寸 \times 像素（长、宽）$$

$$L_1 = 2.2\mu m \times 2592 = 5.70mm$$

$$L_2 = 2.2\mu m \times 1944 = 4.28mm$$

即彩色相机 C 内部芯片像长 L 的长度、宽度分别为 5. 70mm、4. 28mm。

（2）焦距的计算　在选择镜头搭建一套成像系统时，需要重点考虑像长 L、成像物体的长度 H、镜头焦距 f 以及物体至镜头的距离 D 之间的关系，物像之间的简化关系为

$$\frac{L}{H} = \frac{f}{D}$$

根据任务要求，彩色图形创意造型摆拼工作距离为 370mm（视野范围允许有一定的正向偏差，最大不得超过 25mm），取工作距离的最大值 395mm 作为彩色图形至镜头的距离 D，成像物体的长度 H 为 195mm、135mm，因此在焦距的计算中，需要分别对长度、宽度进行计算：

$$f_1 = 5.70mm \times 395mm \div 195mm = 11.55mm$$

$$f_2 = 4.28mm \times 395mm \div 135mm = 12.52mm$$

（3）工业镜头的选型　根据焦距计算公式，计算得出长边焦距 f = 11. 55mm，短边焦距

f=12.52mm，考虑到实际误差、工业镜头的焦距微调区间（±5%），以及任务要求中允许的10mm视野范围正向偏差，所选择镜头的焦距f应小于12.52mm。根据设备提供的三种镜头，选择焦距为12mm的镜头，镜头参数见表3-1。

表3-1　焦距12mm镜头参数

型号	HN-P-1228-6M-C2/3
靶面型号/（″）	2/3
支持像元尺寸/μm	最小2.4
焦距/mm	12±5%
光学总长/mm	55±0.2
法兰距/mm	17.526±0.2
光圈范围（F数）	F2.8～F16
视场角（H×V）/（°）	39.00×29.92（47.50）
像质光学畸变（%）	±1.2
TV畸变（%）	0.51
聚焦范围/m	0.1～∞
前螺纹	M27×P0.5-7H
接口	C口
尺寸（D×L）/mm	ϕ33.0×41.2（不含螺纹）

3. 光源选型

根据任务要求，需要识别七巧板中每个小板的形状、位置及颜色，并记载形状、位置及颜色信息。为了提高识别、定位的准确度和精度，需要将外界环境的影响降至最低，故选择安装平行背光光源，提供上下垂直的光照，使拍摄的图像更加清晰、精度更高。

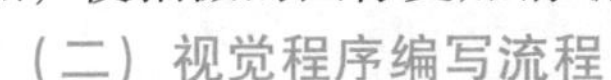

（二）视觉程序编写流程

完整的彩色图形创意造型摆拼视觉程序包括回零、N点标定、彩色图形识别和摆拼主程序，以及数据显示等一系列软件操作，机器视觉程序整体流程如图3-24所示。

1. 回零

添加“PLC控制”工具组，单击“回零设置”，依次单击“解除终断”→“执行”按钮，完成回零设置，如图3-25所示。

2. N点标定

引导吸嘴吸起七巧板拼图，需要建立图像坐标系和吸嘴运动坐标系之间的手眼标定关系，两个坐标系之间存在仿射变换关系，可以通过至少三组点来求解它们之间的仿射变换矩阵。考虑到精度和试验用时，本项目取四组点进行标定。具体的N点标定可以按照前面知识链接中的标定流程完成。

（三）搭建七巧板定位建模与拼图主程序

1. 拍照位

添加“拍照位”工具组，包括拍照位PLC控制、开启光源、相机、定时器及关闭光源五个工具，主要作用是控制拍照位和相机拍照，操作流程和设置方法与“N点标定”工具组的拍照控制类似，“拍照位”工具组的流程如图3-26所示。

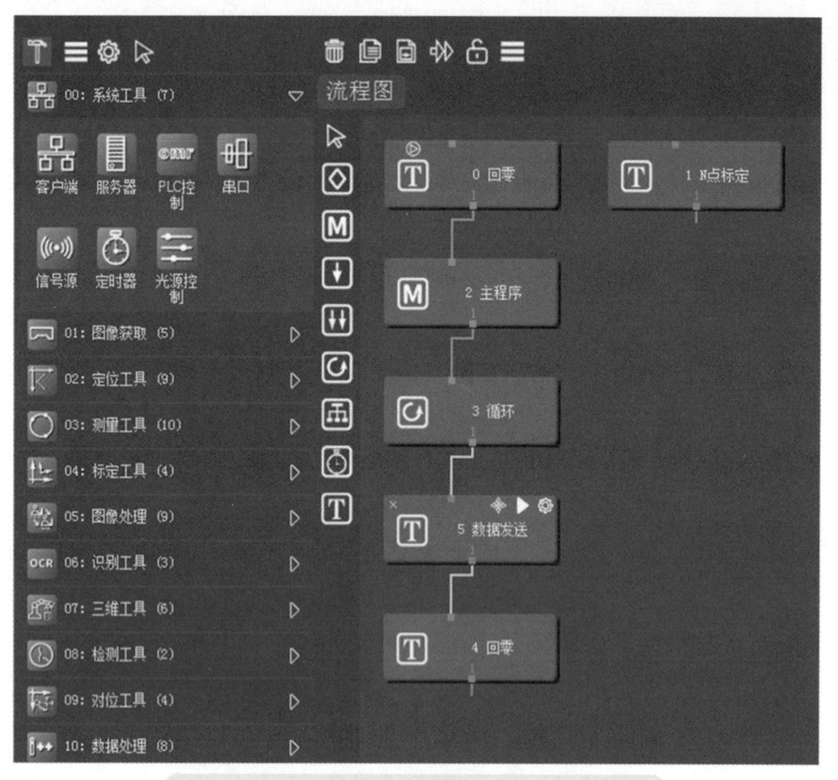

图 3-24　彩色图形创意造型摆拼程序整体流程

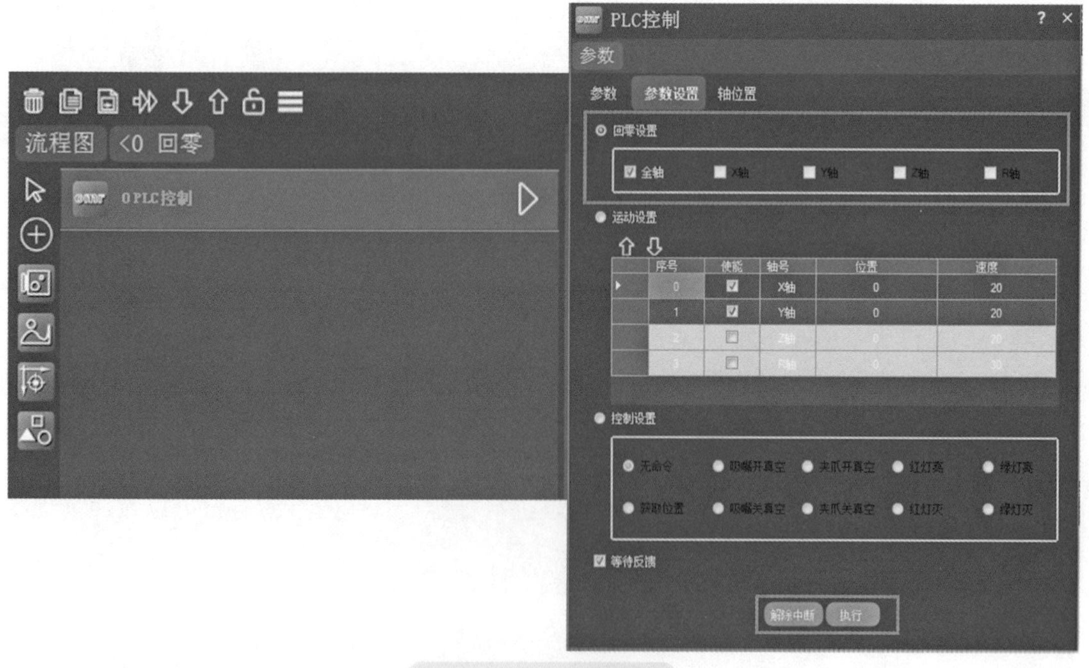

图 3-25　回零设置界面

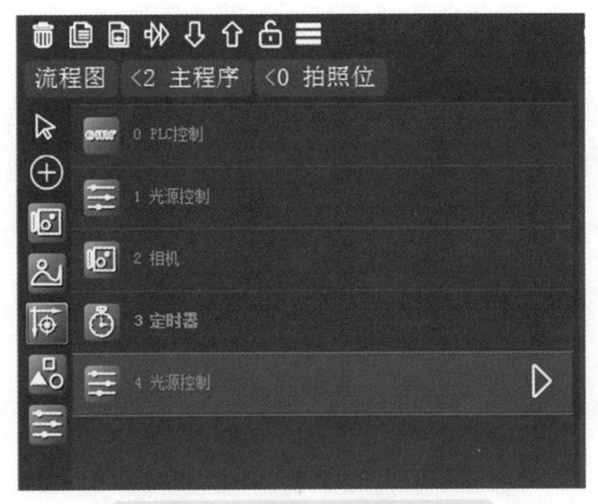

图 3-26 “拍照位”工具组的流程

2. 颜色提取

彩色图形创意造型摆拼利用七巧板完成，七巧板包含蓝色、绿色、黄色和红色四种颜色，其中包括大、小蓝色三角形各一块，大、小红色三角形各一块，黄色平行四边形、正方形各一块，绿色三角形一块。

七巧板的摆拼首先需对七巧板图像的四种颜色进行三通道值颜色提取，然后依次对七块七巧板进行形状匹配，以实现对不同颜色和形状七巧板的初步定位。由于七巧板色块的颜色提取、形状匹配的方法类似，因此下面重点以蓝色块为例，对七巧板识别及定位操作进行讲解。

（1）蓝色提取　蓝色提取工具组中添加了颜色提取、图像处理工具以及形状匹配（两个）四个工具，蓝色块识别及定位的流程如图 3-27 所示。

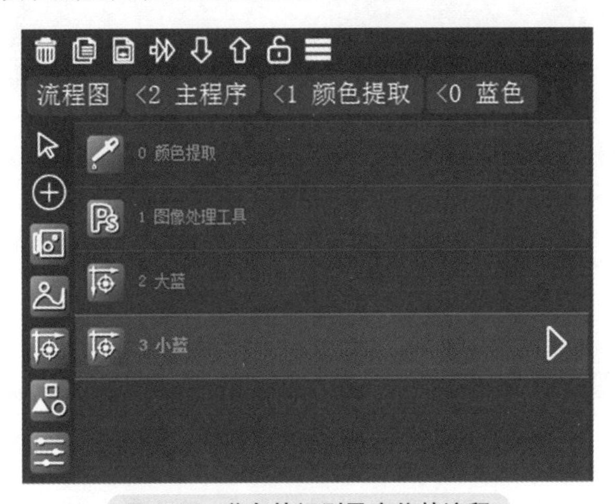

图 3-27 蓝色块识别及定位的流程

1）向蓝色块识别及定位工具组中添加颜色提取工具，在该工具中将“颜色空间”设置为“rgb”，即红、绿、蓝三通道值颜色提取；“输出模式”选择“二值图”，输入图像连接到拍照工具组中的“相机．输出参数．输出图片”。“蓝色提取”工具的设置如图 3-28 所示。

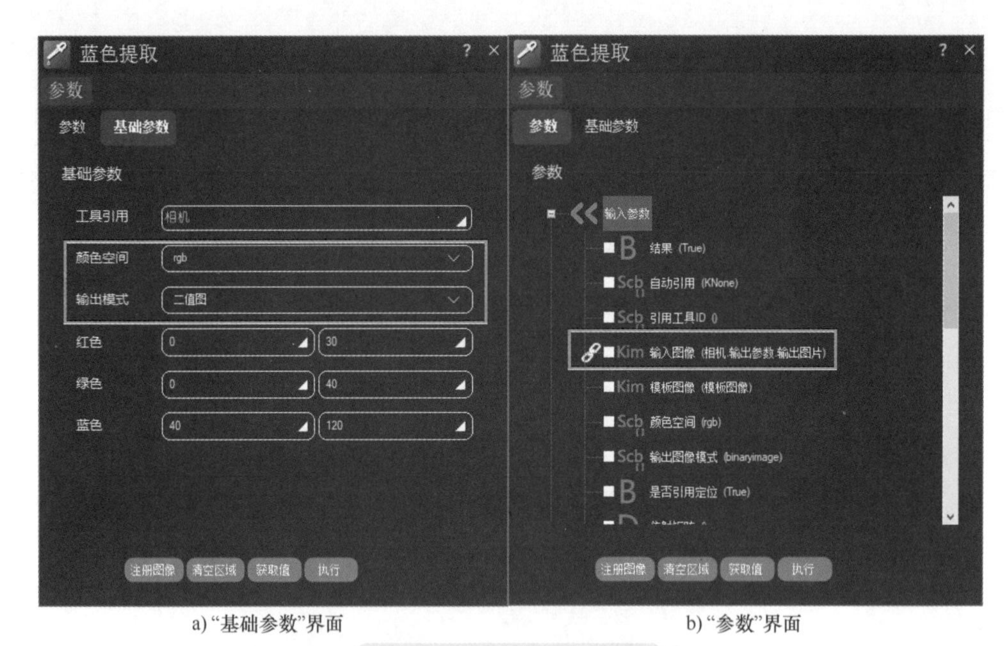

a)“基础参数”界面　　　b)“参数”界面

图 3-28 “蓝色提取”界面

2）设置完成后，右侧的图片显示区域会显示出相机拍摄的原图片，同时在图片下方会显示红色（R）、绿色（G）、蓝色（B）的通道值，移动光标，RGB 通道值会根据光标指向颜色的变化而相应改变，如图 3-29 所示。

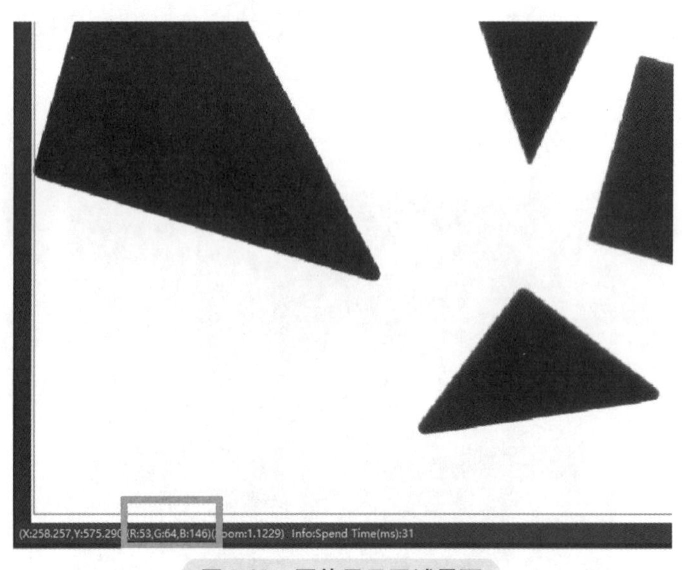

图 3-29 图片显示区域界面

3）移动光标，查询蓝色三角形块的 RGB 值，并将 RGB 三通道值的变化范围对应输入“蓝色提取”工具中“红色”“绿色”和“蓝色”的通道区间中，RGB 区间应包含蓝色块所有通道值的范围，用于排除其他颜色。注意：不同的光照环境下，通道值的范围也可能不同，在本例的光照环境下设置的红色、绿色、蓝色通道范围分别为 0~30、0~40 和 40~120。范围设置完成后，单击“执行”按钮，再根据显示的二值图进行 RGB 范围的微调，直至输出的二值图中仅包含蓝色三角形绝大部分边缘轮廓。“蓝色提取”工具的 RGB 设置及输出如图 3-30 所示。

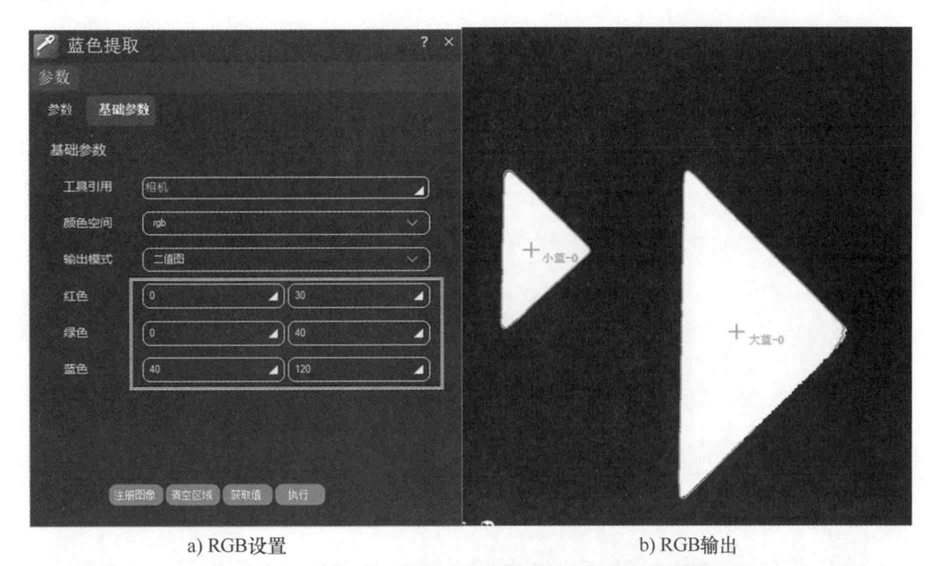

a) RGB设置　　b) RGB输出

图 3-30　“蓝色提取”工具的 RGB 设置及输出界面

4）上述颜色提取操作后输出的三角形轮廓并不完整，需要添加“图像处理工具”对该二值图进行常规的图像处理，用于消除“蓝色提取”工具输出的二值图区域外的噪声小白点。

向蓝色块识别与定位工具组中添加一个“图像处理工具”，将该工具的输入图像链接至“蓝色提取．输出参数．输出图像”，“识别模式”选择“闭运算”。图像处理工具的设置如图 3-31 所示。

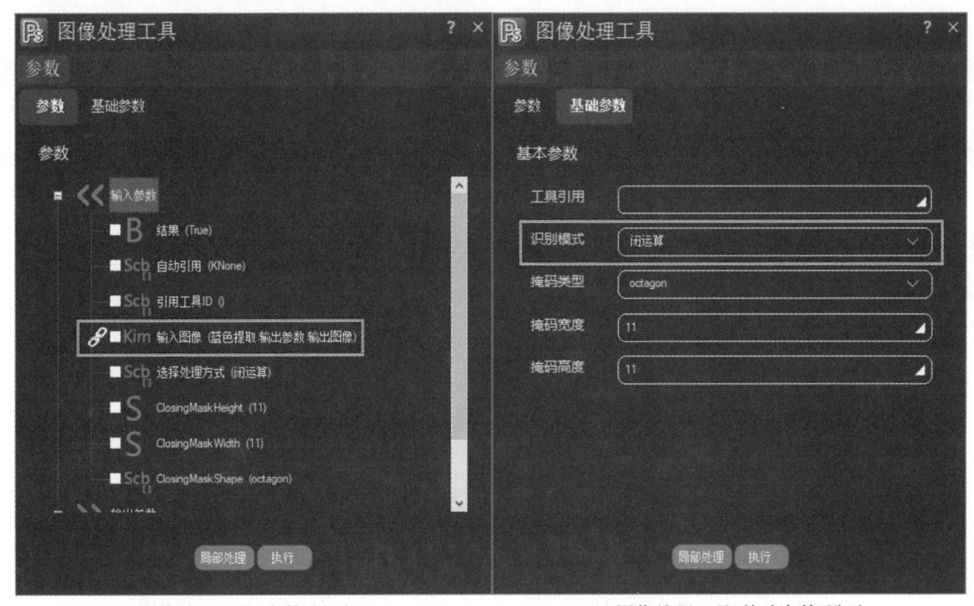

a) 图像处理工具“参数”界面　　b) 图像处理工具“基础参数”界面

图 3-31　“图像处理工具”的设置

5）图像处理完成后，需要利用形状匹配工具对蓝色三角形块进行识别和粗定位。向蓝色块识别与定位工具组中添加一个形状匹配工具，并将该形状匹配的输入图像链接至“图像处理工具 . 输出参数 . 输出图像”，同时创建名称为“大蓝”的形状匹配模板，“模板个数”设置为 1 个，“模板得分”调整至 0.2，然后单击“注册图像”按钮。此时在右侧的图片显示区域会显示出图像处理后的图片，在图片中删除默认的矩形模板区域，并单击多边形按钮添加一个三角形的模板区域，同时拖动该模板直至完全框住三角形块，如图 3-32 所示。

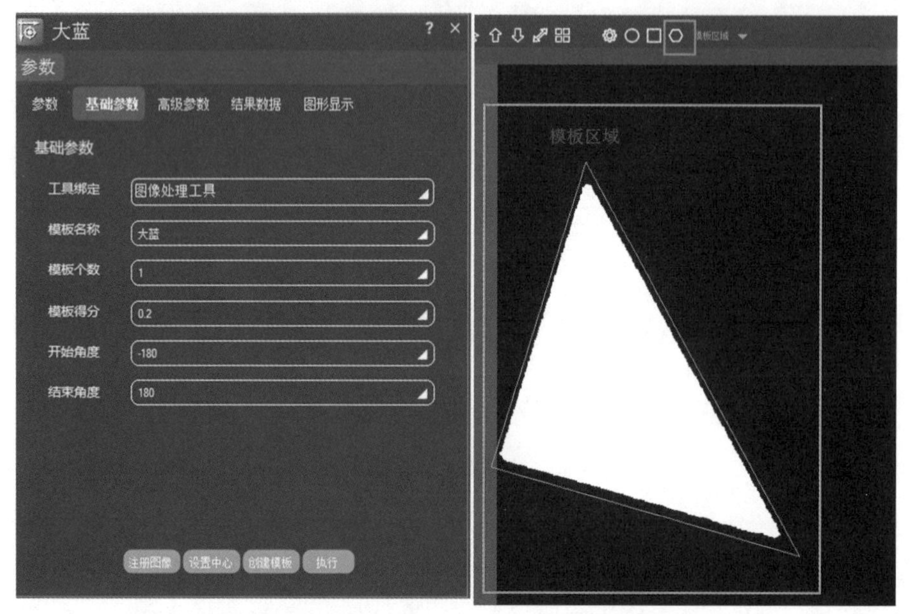

a) 创建“大蓝”形状匹配模板　　b) 图像处理后的图片

图 3-32　图像处理工具设置界面

6）依次单击“设置中心”→“创建模板”→“执行”按钮，形状匹配工具会自动定位到框选住的三角形中心，在设置中心操作中也能对该中心点进行手动调整。此次操作完成的是蓝色大三角形的形状识别与匹配，蓝色图形有大、小两个三角形，需要再对蓝色小三角形进行一次形状匹配。

（2）红色提取　红色块识别及定位涉及两个大小不同的三角形块，其操作方法与蓝色块识别及定位类似，也是先对图像进行颜色提取，然后对输出的二值图进行图像处理，再分别对两个三角形块进行形状匹配，最终实现红色大三角形和小三角形的识别与定位。红色块识别及定位的流程如图 2-33 所示。

1）在红色块识别及定位工具组中加入颜色提取工具，并将该工具命名为“红色提取”，与“蓝色提取”类似，需链接输入图像至“相机 . 输出参数 . 输出图片”，“输出模式”设置为“二值图”。将红色大三角形和小三角形物块的三通道范围值一并提取，并对应输入“颜色提取”工具中的 RGB 范围区间中，然后进行 RGB 区间的微调，直至二值图中仅包含一大一小两个三角形的绝大部分轮廓，如图 3-34 所示。

2）在红色块识别及定位工具组中加入图像处理工具，并将图像处理工具的输入图像链接至“红色提取 . 输出参数 . 输出图像”，“识别模式”选择“闭运算”，用于消除“红色提取”的二值图区域外的噪声小白点。

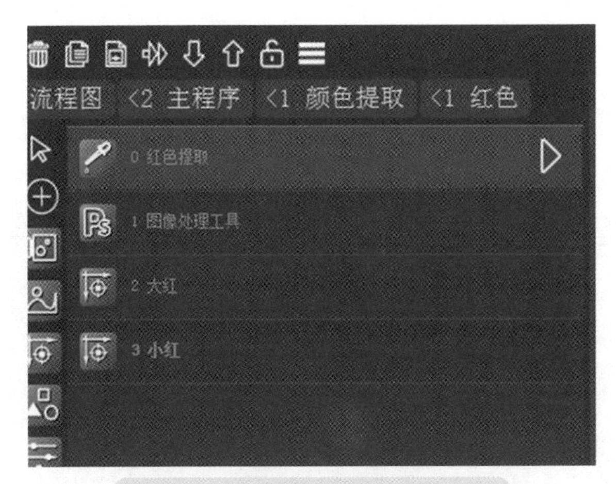

图 3-33　红色块识别及定位的流程

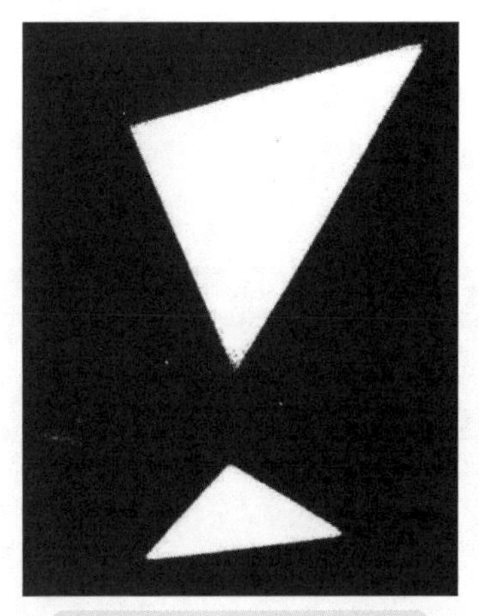

图 3-34　二值图显示界面

3）在红色块识别及定位工具组中加入形状匹配工具，并将该工具命名为“大红”，将红色形状匹配的输入图像链接至“图像处理工具．输出参数．输出图像”，“模板个数”设置为1个，“模板得分”调整至0.1，然后单击“注册图像”按钮，并拖动该模板直至完全框住大三角形块。然后，依次单击“设置中心”→“创建模板”→“执行”按钮，形状匹配工具会自动找到框选住的大三角形中心，即完成红色大三角形的形状匹配，如图3-35所示。

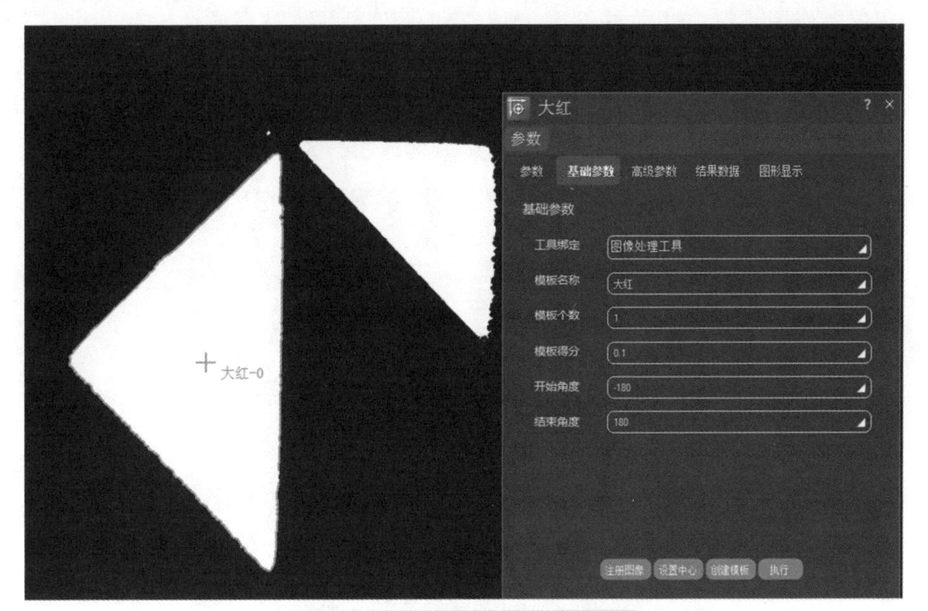

图 3-35　红色形状匹配显示界面

4）此次操作完成的是红色大三角形的形状识别与匹配，红色图形有大、小两个三角形，需要再对红色小三角形进行一次形状匹配。

（3）黄色块识别及定位　黄色块识别及定位涉及一个平行四边形和一个正方形，其操作方法是先对图像进行黄色提取，然后对输出的二值图进行图像处理，再分别对图形块进行形状匹配，最终实现黄色平行四边形和黄色正方形的识别与定位。黄色块识别及定位的流程如图3-36所示，其颜色提取及形状匹配和前面的操作相同。

（4）绿色块识别及定位　绿色块识别及定位涉及一个绿色的三角形块，其操作方法也是先对图像进行颜色提取，然后对输出的二值图进行图像处理，再对两个色块进行形状匹配，最终实现绿色三角形的识别和定位。绿色块识别及定位的流程如图3-37所示，其颜色提取及形状匹配和前面的操作相同。

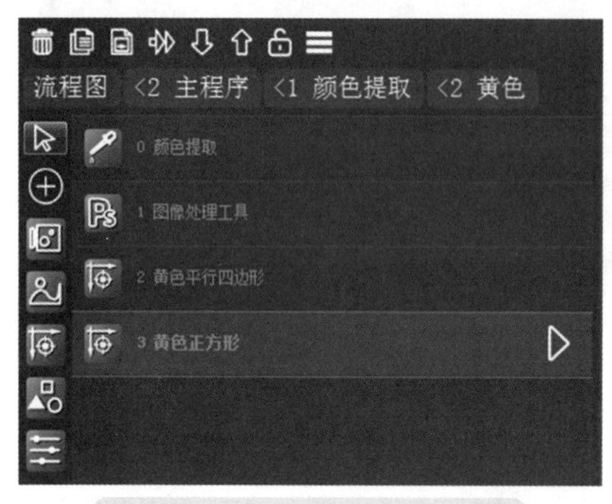

图3-36　黄色块识别及定位的流程

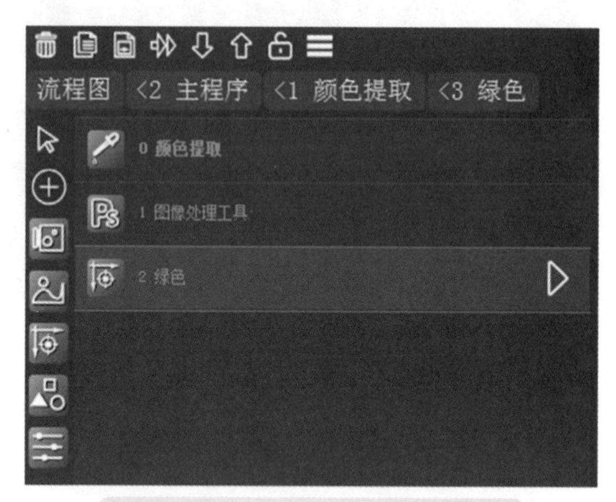

图3-37　绿色块识别及定位的流程

3. 拼图定位

拼图定位的作用是定位摆放好的图形位置和角度，再针对当前位置和角度进行相应计算，最后对需要移动的距离、转动的角度等结果进行输出。由于拼图定位是正方形摆拼中最为核心的操作，其设置也是最为烦琐的，故在正方形摆拼模块中单独添加一个“拼图定位”工具组，在工具组中仅添加“拼图定位”一个工具，如图3-38所示。

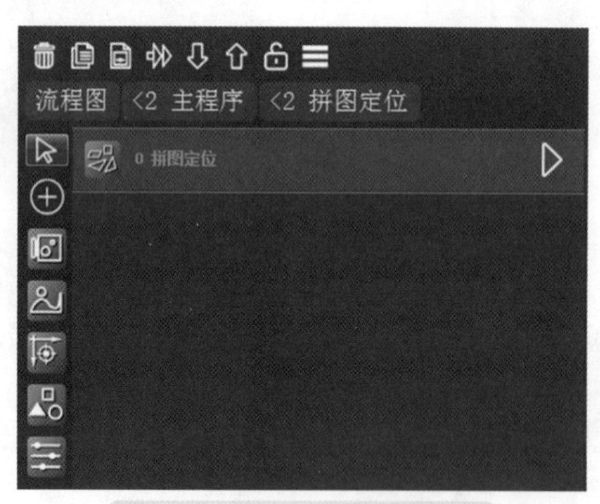

图3-38　“拼图定位”工具组界面

下面将从变量添加，位置、角度、形态类型连接，基准位修改五个步骤出发，介绍“拼图定位”工具的操作与配置方法。

（1）变量添加　在“拼图定位”工具的“输入参数”中双击“位置”“角度”“形态类型”，分别为位置、角度、形态类型每种状态添加七个变量，即编号0~6，这七个变量用于保存每块七巧板当前的位置、角度及形态等状态，拼图定位变量的添加如图3-39所示。

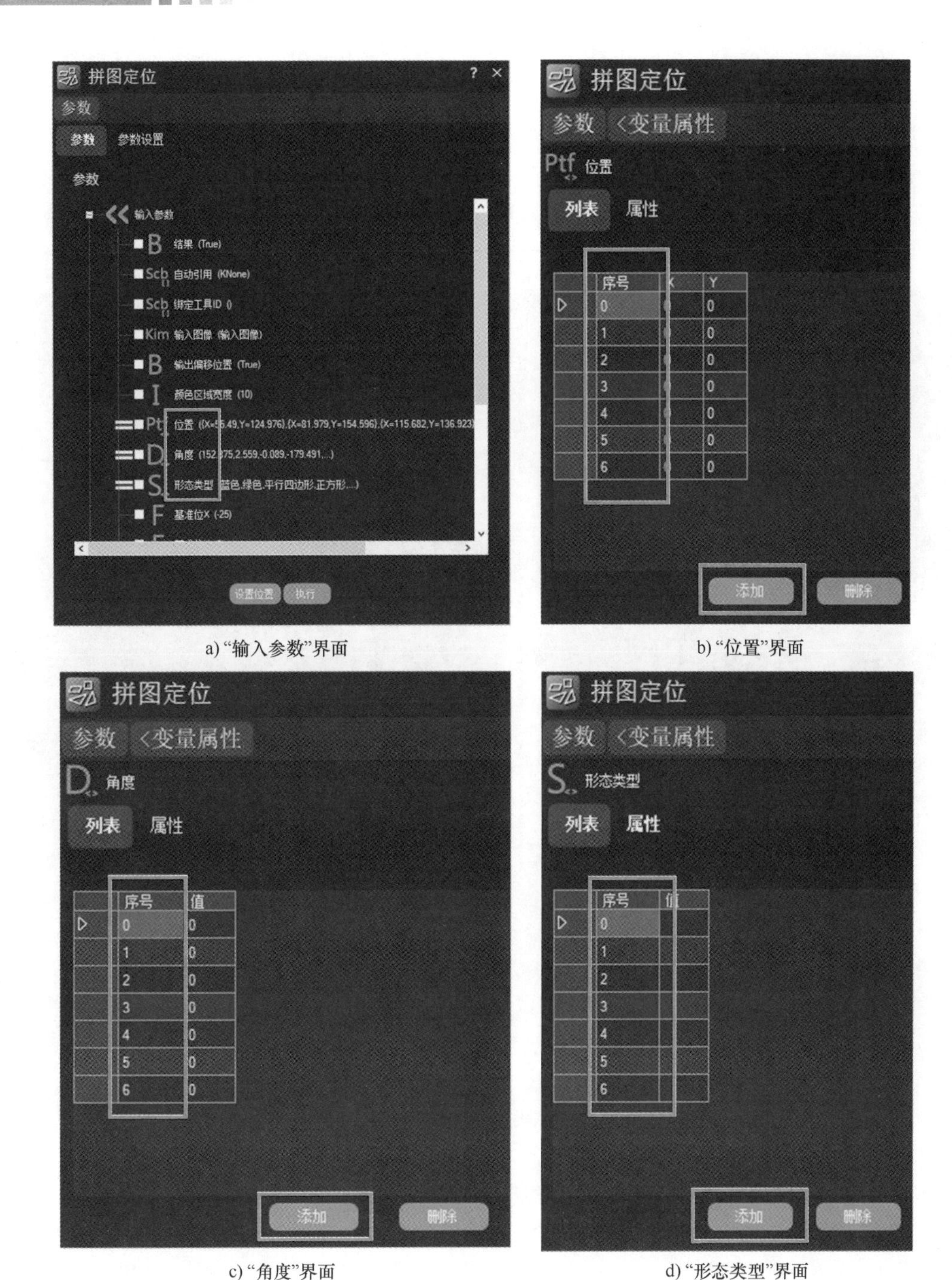

a)“输入参数”界面 b)“位置”界面

c)“角度”界面 d)“形态类型”界面

图 3-39 拼图定位变量的添加界面

（2）位置连接 变量添加完成后，需要依次连接“位置 . 0” ~ “位置 . 6”至变量赋值中“大蓝色形状匹配的输出参数 . 检测点”“小蓝色形状匹配的输出参数 . 检测点”“大红色形状匹配的输出参数 . 检测点”“小红色形状匹配的输出参数 . 检测点”“黄色平行四边形形状匹配的输出参数 . 检测点”“黄色正方形形状匹配的输出参数 . 检测点”“绿色形状匹配的输出参数 . 检测点”，用于设置拼图定位输入的初始位置。拼图定位“位置 . 0”的变量连接如图 3-40 所示。

（3）角度连接　位置连接完成后，需要依次连接“角度.0”~“角度.6”至变量赋值的“大蓝色形状匹配的输出参数．目标角度”“小蓝色形状匹配的输出参数．目标角度”“大红色形状匹配的输出参数．目标角度”“小红色形状匹配的输出参数．目标角度”“黄色平行四边形形状匹配的输出参数．目标角度”“黄色正方形形状匹配的输出参数．目标角度”“绿色形状匹配的输出参数．目标角度”，用于设置拼图定位输入的初始角度。拼图定位“角度.0”的变量连接如图3-41所示。

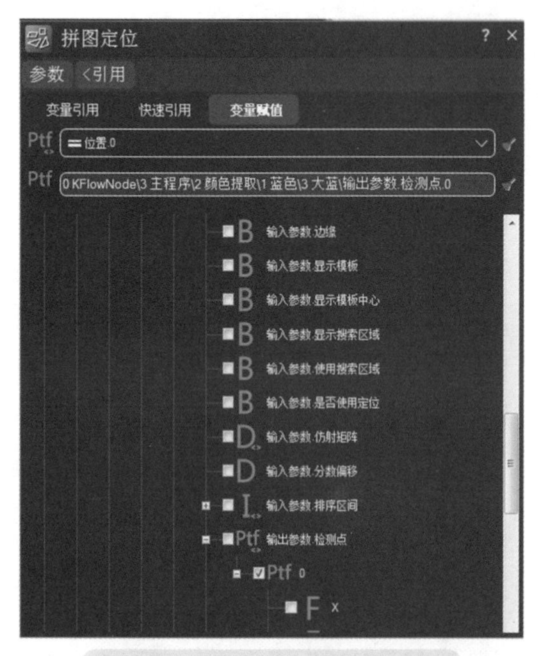

图3-40　“位置.0”变量连接界面

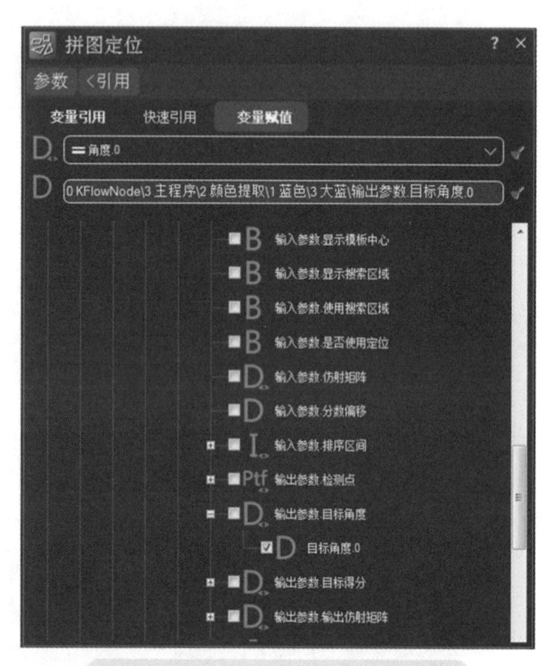

图3-41　“角度.0”变量连接界面

（4）形态类型连接　角度连接完成后，需要依次连接“形态类型.0”~“形态类型.6”至变量赋值的“大蓝色形状匹配的输入参数．模板名称”“小蓝色形状匹配的输入参数．模板名称”“大红色形状匹配的输入参数．模板名称”“小红色形状匹配的输入参数．模板名称”“黄色平行四边形形状匹配的输入参数．模板名称”“黄色正方形形状匹配的输入参数．模板名称”“绿色形状匹配的输入参数．模板名称”，用于设置拼图定位输入的形态类型。拼图定位“形态类型.0”的变量连接界面如图3-42所示。

（5）基准位修改　形态类型连接完成后，需要将拼图定位输入参数“基准位X”的值修改为100，修改基准位的目的是设置偏移，即设置摆放的目标位相对于设置的基准位向正方向移动100mm。将拼图定位输入参数“基准位Y”的值修改为20，修改基准位的目的是设置偏移，即设置摆放的目标位相对于设置的基准位向正方向移动20mm。由于七巧板的摆拼空间略大于相机的视野空间，因此偏移基准位的目的是设置合理的摆放目标位，拼图定位基准位的修改如图3-43所示。

（6）设置目标形态　基准位修改完成后，需要在摆拼板上手动摆放需要拼成的正方形基准目标形态。注意：基准目标形态是偏移之前的位置和形态，且七巧板摆放不要超出相机视野范围，否则软件将无法识别。然后，依次手动执行拍照工具组、蓝色块识别及定位工具组、红色块识别及定位工具组、黄色块识别及定位工具组、绿色块识别及定位工具组，以更新拼图定位中七块七巧板的当前位置和角度，再单击“拼图定位”界面中的“设置位置”

和“执行”按钮，即完成目标形态设置操作。拼图定位目标形态的设置如图 3-44 所示。

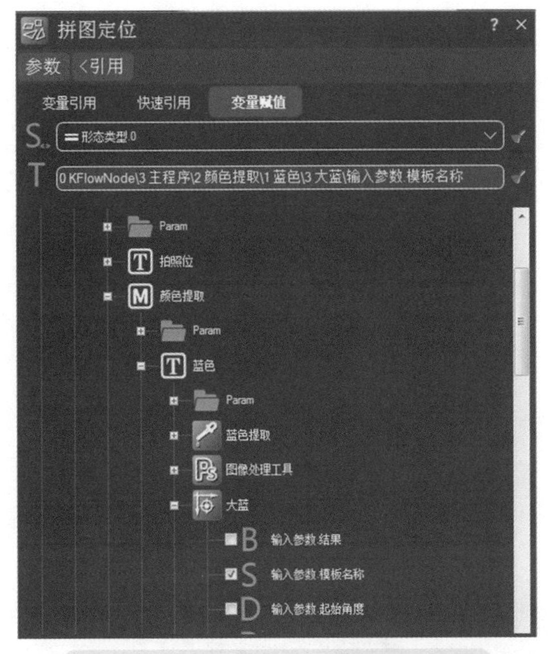

图 3-42　“形态类型 . 0”变量连接界面

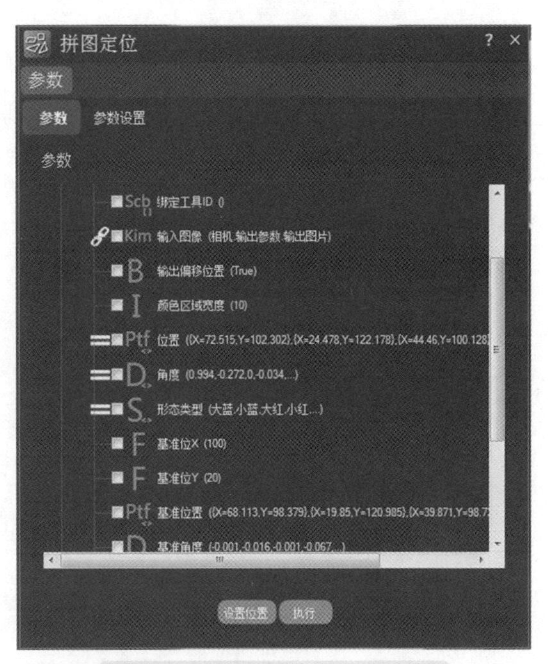

图 3-43　拼图定位基准位的修改

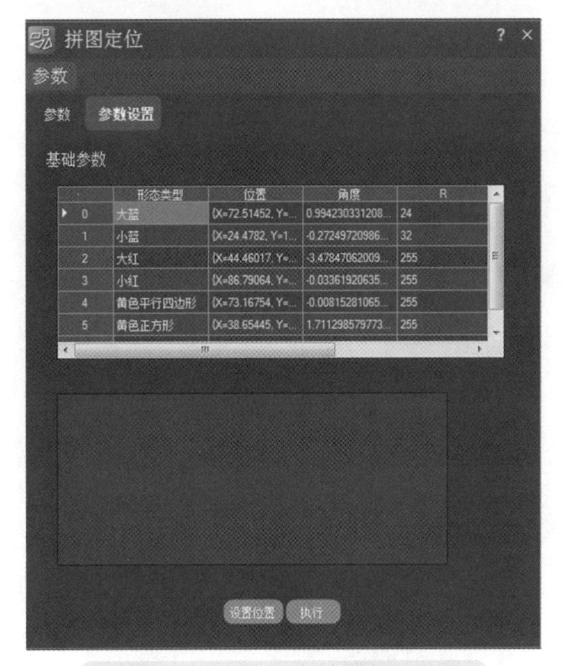

图 3-44　拼图定位目标形态设置界面

（四）循环

添加循环工具，单击右上角的“设置”按钮，进入循环参数设置界面，如图 3-45 所示，设置“循环 . 跳出条件”为 True，设置“循环 . For 循环结束”为 7。

在循环工具中，添加两个工具组，分别命名为用户变量、抓取与放置，如图 3-46 所示。

图 3-45 拼图定位目标形态设置界面

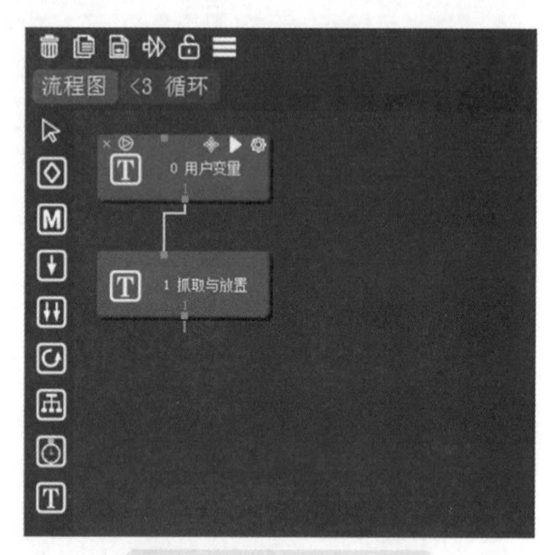

图 3-46 循环操作流程图

1. 用户变量

1）添加“用户变量”工具，进入“用户变量”界面，双击输出参数，进入“编辑输出参数”界面，如图 3-47 所示，选择“PointFList”，命名为“抓取位”。

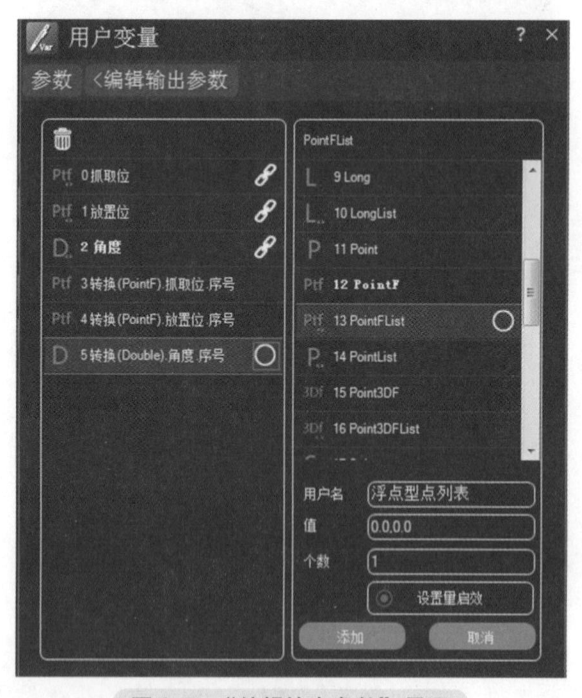

图 3-47 “编辑输出参数”界面

2）回到“用户变量”的“参数”界面，选择输出参数，选择“抓取位”，进入“变量属性”界面，如图 3-48 所示，添加七行数据。

3）重复以上操作，选择“PointFList”，命名为“放置位”，同样添加七行数据。选择“DoubleList”，命名为“角度”，如图 3-49 所示，添加七行数据。

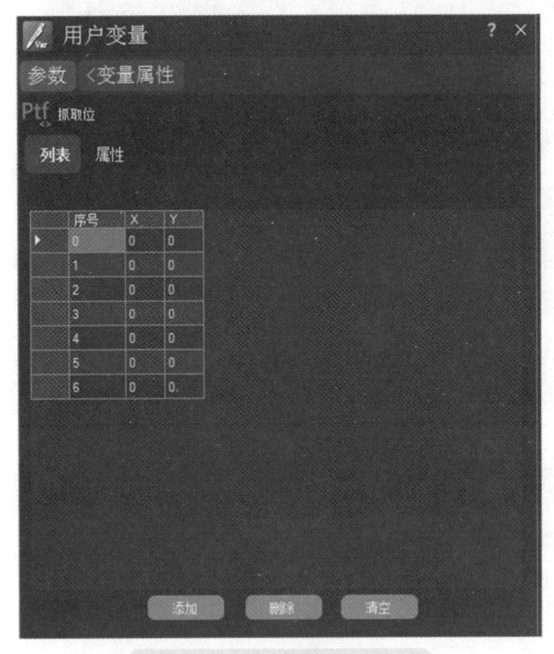

图 3-48　“变量属性”界面

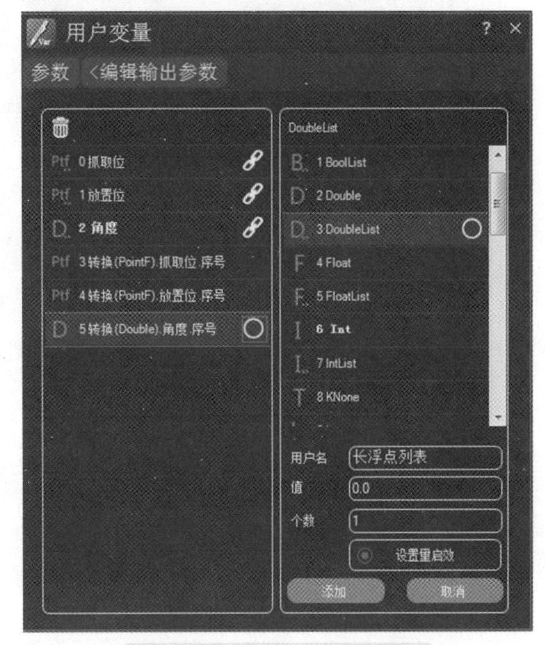

图 3-49　选择“DoubleList”

4）回到“参数”界面，选择“输出参数”，在“抓取位”中添加引用，引用“主程序”中“拼图定位”下的“输入参数．位置”，如图 3-50 所示。

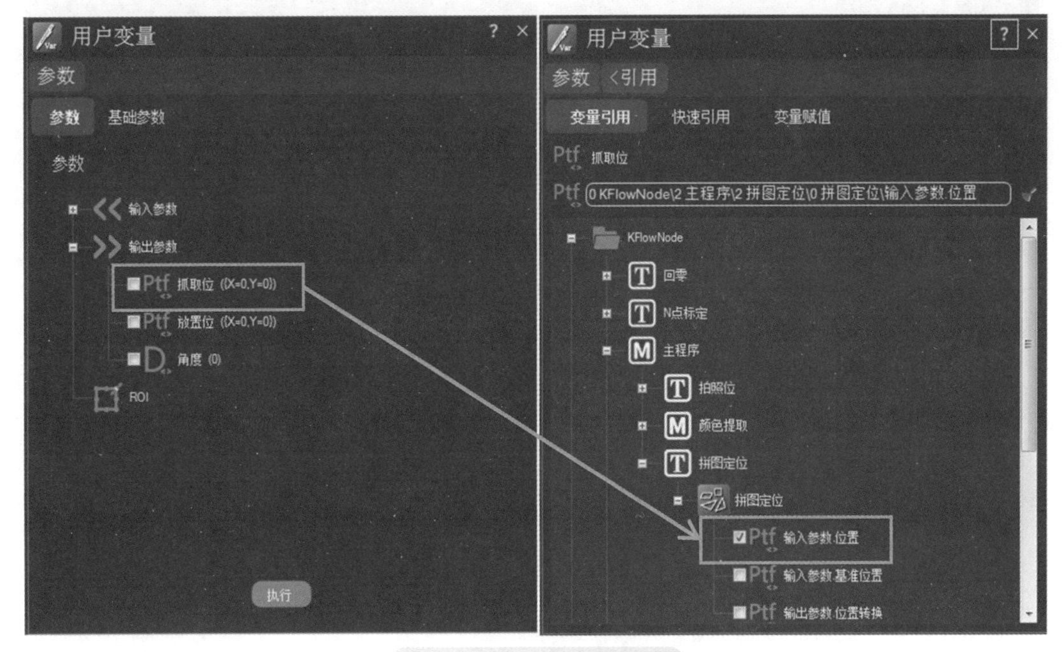

图 3-50　抓取位引用界面

5）在“参数”界面，选择“输出参数”，在“放置位”中添加引用，引用“主程序”中“拼图定位”下的“输出参数．位置转换”，如图3-51所示。

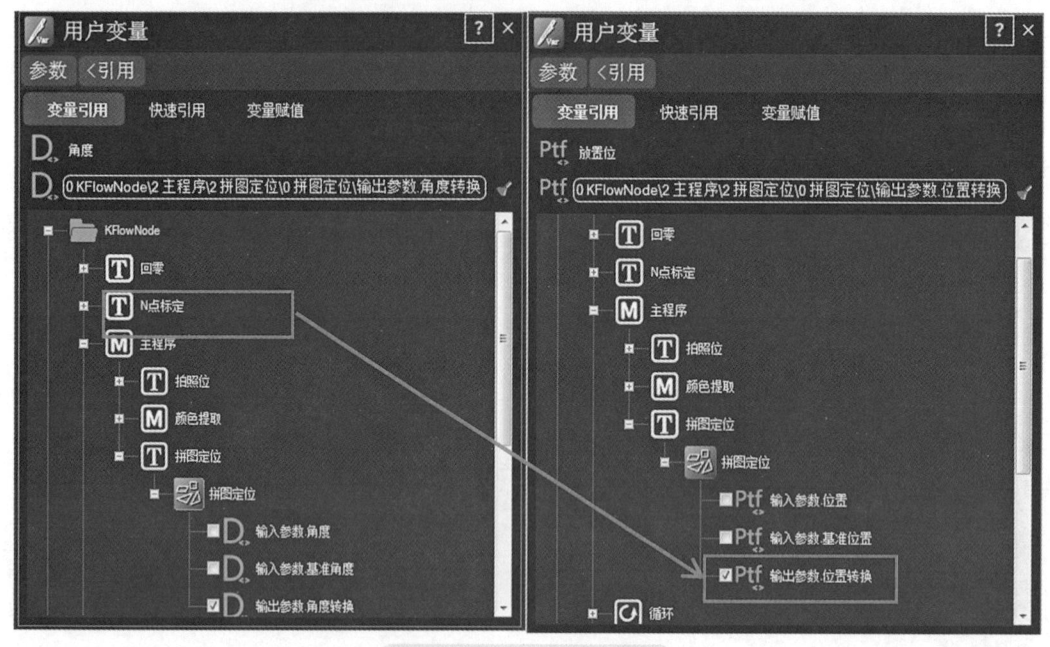

图3-51　放置位引用界面

6）在“参数”界面，选择“输出参数”，为“角度”添加引用，引用“主程序”中“拼图定位”下的“输出参数．角度转换”，如图3-52所示。

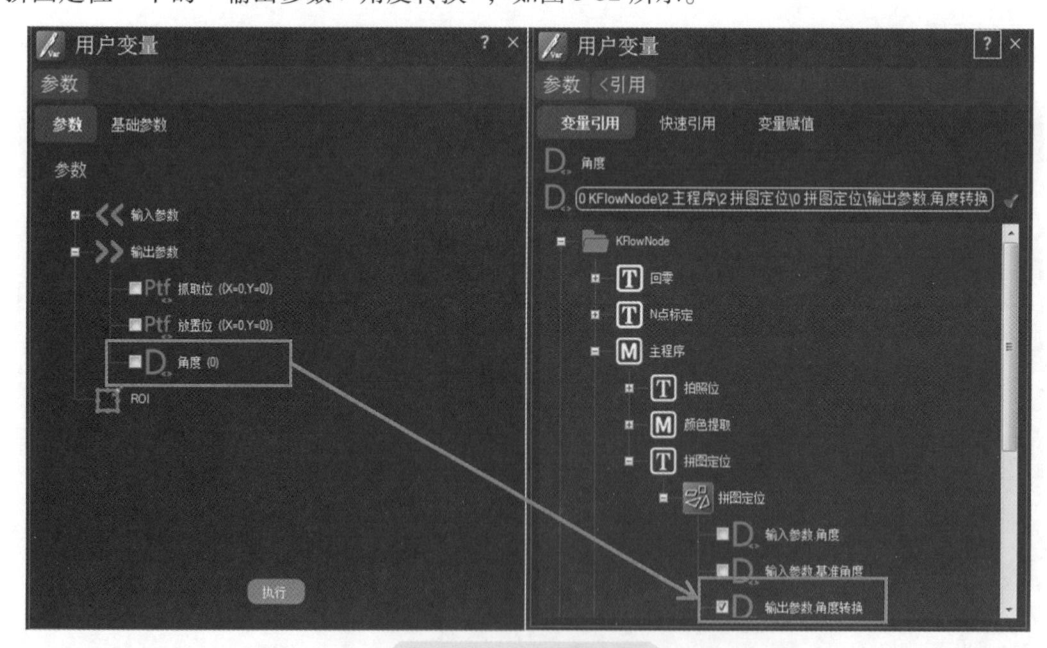

图3-52　角度引用界面

7）如图3-53所示，在“参数”界面中选择“输出参数”，选择“抓取位”，单击第四个图标，进行变量转换。进入“转换”界面，如图3-54所示，勾选“变量序号”前的复选框，选择

“输出参数”→“抓取位”，“目的类型”选择“PointF”，单击“+”图标，完成转换。

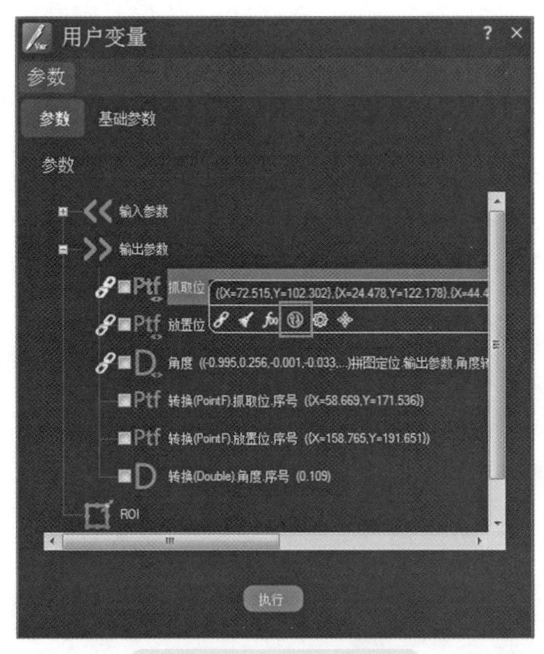

图 3-53　抓取位转换界面

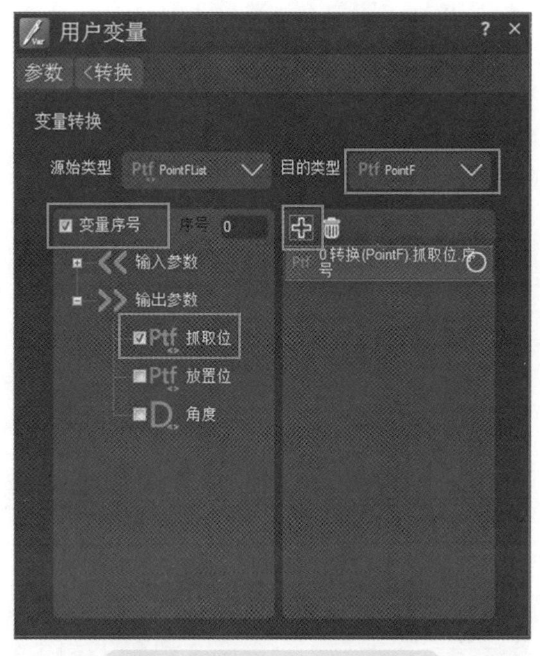

图 3-54　抓取位转换设置界面

8）采用同样的方法完成放置位的转换，在“参数”界面中选择“输出参数”，选择“放置位”，单击第四个图标进行变量转换。放置位的转换设置界面如图 3-55 所示，选择“输出参数”→“放置位”，“目的类型”选择“PointF”，单击“+”图标，完成转换。

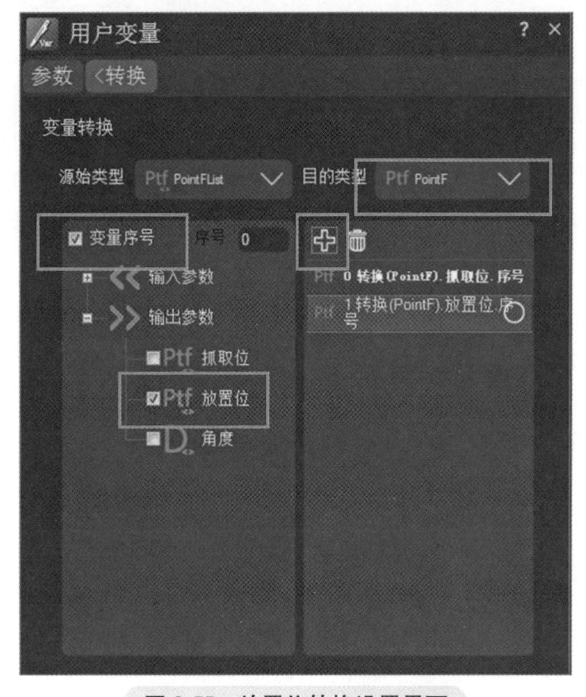

图 3-55　放置位转换设置界面

9）采用同样的方法完成角度转换。在“参数”界面中选择“输出参数”，选择“角度”，单击第四个图标进行变量转换。角度的转换设置界面如图 3-56 所示，选择“输出参数”→“角度”，“目的类型”选择“Double”，单击“+”图标，完成转换。

转换完成后的“用户变量”界面如图 3-57 所示。

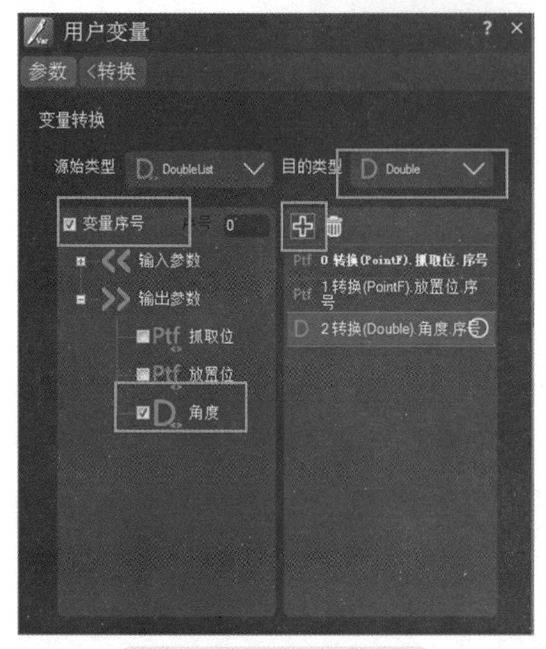

图 3-56　角度转换设置界面

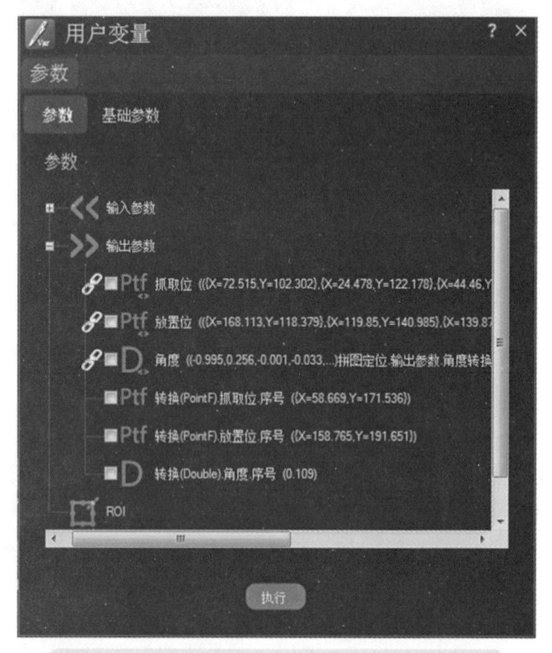

图 3-57　转换完成后的“用户变量”界面

2. 抓取与放置

1）在“抓取与放置”工具组中添加“报警灯亮”“抓取”“上升”“放置”“上升”“报警灯灭”六个 PLC 工具，流程图如图 3-58 所示。

2）打开“报警灯亮”界面，如图 3-59 所示，选择“控制设置”→“红灯亮”。

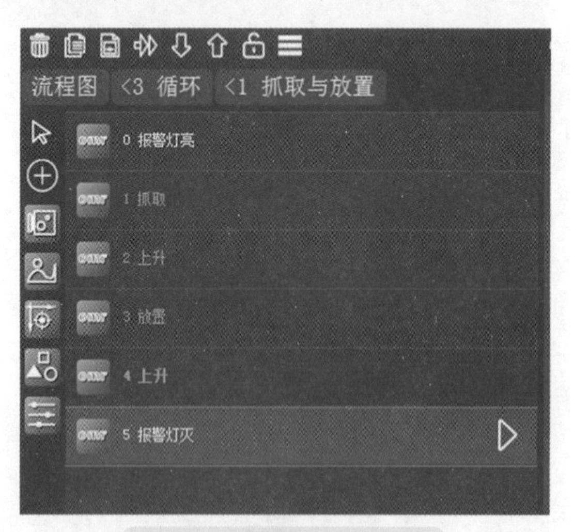

图 3-58　抓取与放置流程图

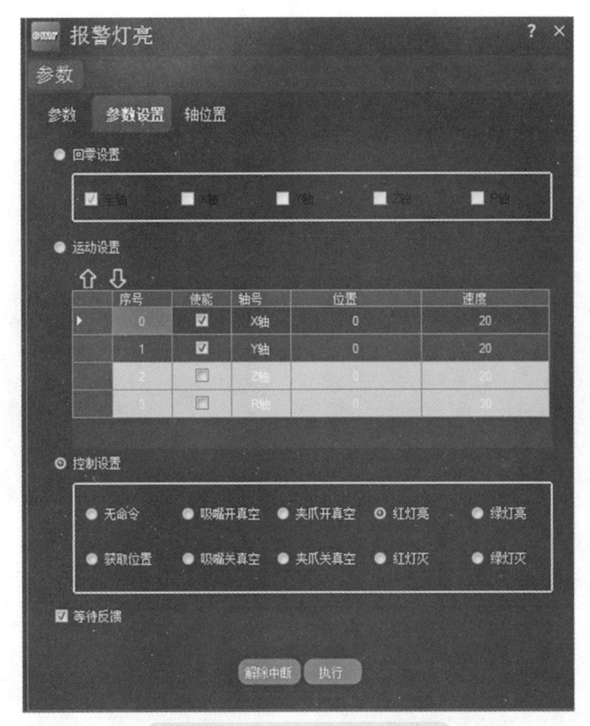

图 3-59　“报警灯亮”界面

3）如图 3-60 所示，打开抓取参数设置界面，选择“运动设置”，为 X 轴添加引用，选择“变量赋值”→“循环”→“用户变量”工具组→“用户变量”工具→“输出参数．转换（PointF）抓取位．序号”中的“X”，完成 X 轴抓取位数据引用。Y 轴引用与上面的操作相同。Z 轴数据自行设置为吸嘴到七巧板的距离。

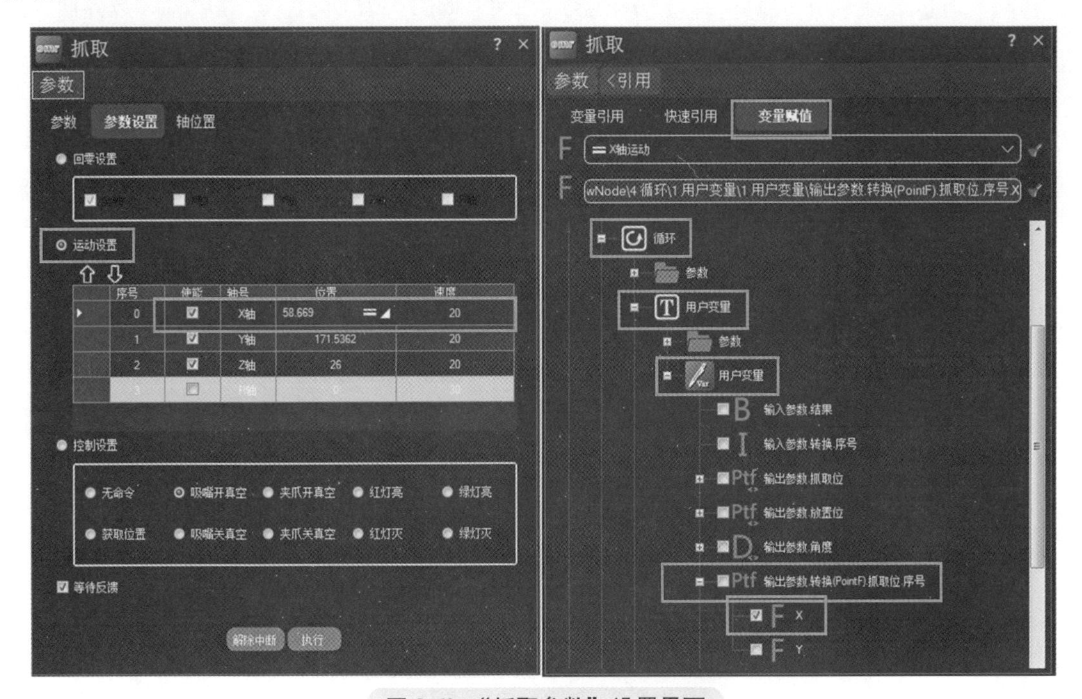

图 3-60　“抓取参数”设置界面

4）回到“抓取参数”设置界面，如图 3-61 所示，勾选“吸嘴开真空”，单击“解除中断”→“执行”按钮，完成抓取动作。

5）打开“上升”界面，如图 3-62 所示，Z 轴坐标输入 0 单击“解除中断”→“执行”按钮，完成上升动作。

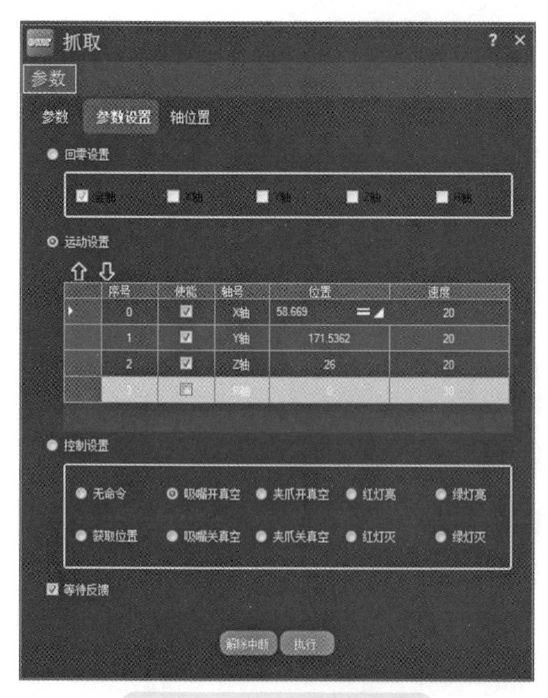

图 3-61　抓取动作控制界面

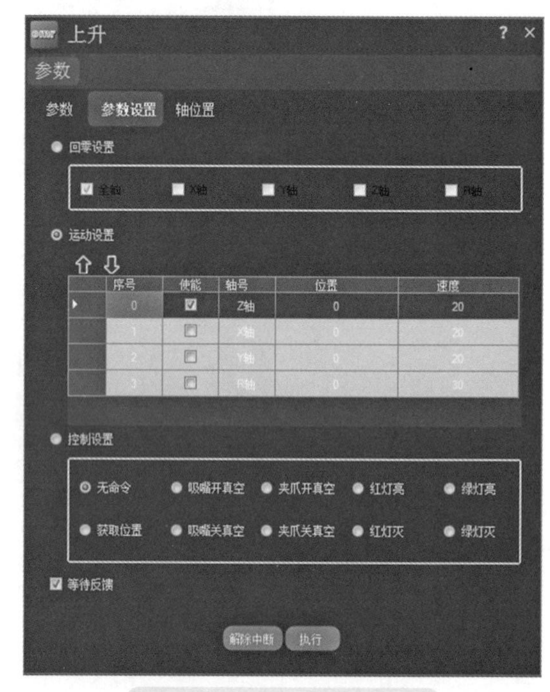

图 3-62　上升动作控制界面

6）放置位数据引用与抓取位数据引用方式相同。如图 3-63 所示，打开放置参数界面，选

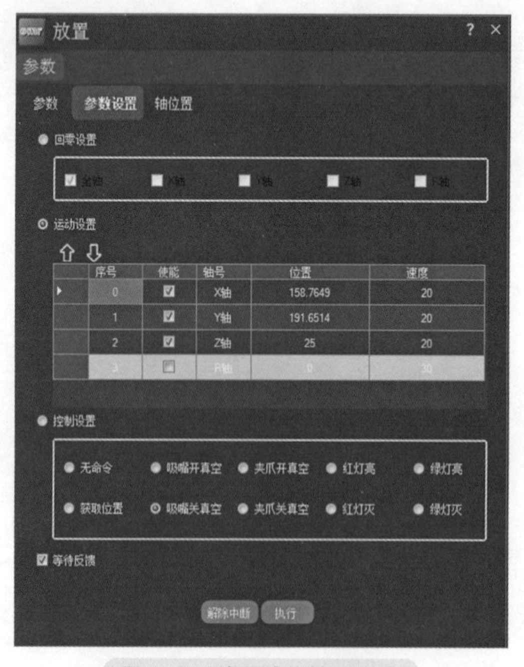

图 3-63　放置动作控制界面

择“运动设置”→X 轴添加引用，选择“变量赋值”→“循环”→“用户变量”工具组→“用户变量”工具→“输出参数 . 转换（PointF）放置位 . 序号”中的“X”，完成 X 轴放置位数据引用。Y 轴引用与上面的操作相同，Z 轴自行设置为吸嘴到七巧板的距离。选择“吸嘴关真空”，单击“解除中断”→“执行”按钮，完成放置动作。

7）按上述操作完成上升动作的设置。最后打开“报警灯灭”界面，选择“控制设置”→“红灯灭”。这样就完成了一次彩色图形的摆拼，此程序采用循环的方式完成七块板的摆拼动作控制。

（五）数据发送

数据发送

添加工具组，命名为“数据发送”，添加“保存表格”工具，如图 3-64 所示。添加七列，表头命名为各板名称的放置位，类型全部选择为“PointF”，数据引用拼图定位中“输出参数 . 位置转换”的 0~6 的位置参数，如图 3-65 所示。

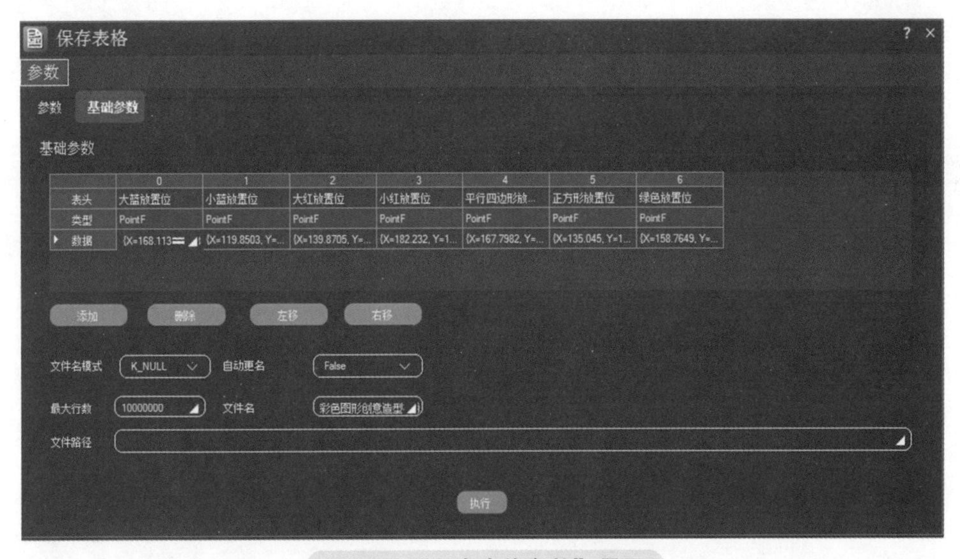

图 3-64 “保存表格参数”界面

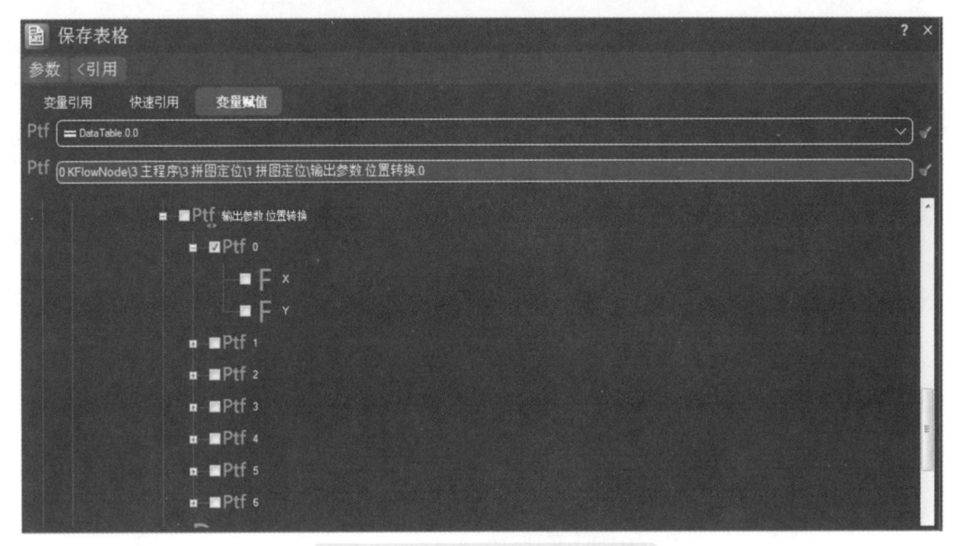

图 3-65 “保存表格引用”界面

最后完成回零操作。

五、思考与探索

1. 颜色提取后如果边界不清晰，应如何调整？
2. N 点标定一般包含哪几个步骤？
3. 回零操作的作用是什么？
4. 循环工具的作用是什么？
5. 用户变量工具组主要完成什么任务？
6. 根据项目实施完成以下内容：

任务考核表

完成时间		成绩评定	
选用相机型号			
选用镜头型号			
选用光源及参数			
主要选用工具			

综合测量结果图像粘贴处：

项目实施过程中存在的问题及解决方案：

项目评分表

类型	项目	单项分	自评得分	小组评分	教师评分
硬件安装及调试（20 分）	相机选型正确	2			
	镜头选型正确	2			
	光源选型正确	2			
	光源控制工具正确	2			
	视野合理、清晰	2			
	R 轴接线正确	2			
	R 轴气路正常运行	2			
	PLC 回零正常	2			
	PLC 定点移动正确	2			
	PLC 位置获取正确	2			
工具的配置（20 分）	配置工具正确	12			
	标定工具使用正确	4			
	光源频闪控制正确	4			
七巧板测量（32 分）	七巧板显示正常	14			
	七巧板测量结果正确	14			
	测量数据保存正确	2			
	数据结果保存正确	2			
七巧板定位抓取（18 分）	拼图正确	5			
	正确抓取	4			
	拼图间隙小于 2mm	2			
	拼图角度正确	2			
	运动流程正确	1			
	报警灯正常显示	4			
职业素养及安全意识（10 分）	操作合规、穿戴得体	4			
	工具摆放整齐	2			
	精神素质良好	2			
	操作过程节约环保	2			
总分					

7. 完成自定义图形（至少包含三种不同颜色、不同形状的图形）的造型摆拼并上传数据，完成以下内容：

完成时间		成绩评定	
相机、镜头、光源的选型计算报告			

选用相机型号	
选用镜头型号	
选用光源及参数	
主要选用工具	

程序流程图：

测量结果图像粘贴处：

六、岗课赛证要求

项目		要求
职业标准	××公司机器视觉系统运维岗位标准	标准1：快速、准确地完成N点标定 标准2：能够在各种工况下准确地完成颜色的提取和形状的识别 标准3：能够按要求位置、要求角度完成物料搬运
职业技能竞赛	机器视觉系统应用技能大赛	赛点1：能够迅速、准确地完成彩色图形的识别和定位 赛点2：完成不同物料搬运时，物料的位置及角度差距不大于2mm 赛点3：抓取与放置动作流畅、平稳
“1+X”证书	“1+X”工业视觉系统运维职业技能等级证书	考点1：理解世界坐标系、相机坐标系、像素坐标系、物体坐标系之间的关联与区别，并能够完成坐标系之间的转换 考点2：能够在不同环境光照情况下，调整标定的完成度 考点3：有条理、完整地保存与识别数据

进阶模块

——精益求精　渐入佳境

项目四　物流包裹测量及分拣

知识目标	● 理解 3D 相机的成像原理。 ● 理解各种坐标系之间的联系与区别。 ● 掌握 3D 标定的工作原理。 ● 熟知点云数据和表面拟合的意义及作用。
能力目标	■ 能够熟练完成 3D 相机的选用和安装。 ■ 能够完成 3D 标定。 ■ 能够熟练应用 PLC 完成抓取工作。 ■ 会进行点云处理及表面拟合。 ■ 能够完成一般物料的 3D 分拣。
素养目标	◆ 养成迎难而上、锲而不舍的学习态度。 ◆ 提升规范操作的岗位素养。 ◆ 形成分工协作的学习、工作方法。 ◆ 培养专业认同感、使命感。
学习策略	物流包裹识别分拣首次引入 3D 相机的应用，3D 成像原理是学习中的难点，多拓展课外资源的学习，多角度、多层次地理解 3D 成像技术。 机器视觉技术在 3D 相机中的应用，需要首先进行 3D 标定，可以对比之前项目中的 XY 标定、N 点标定进行学习，以便更好地理解标定的意义及方法。

一、任务解析

本任务完成物流包裹测量及分拣。尺寸大小不一的四个包裹如图 4-1 所示，最大尺寸为 20cm×20cm；平台料盘分为两个区域，分别为检测区和摆放区，在被测包裹正面贴有二维码，二维码信息包括包裹类型。

1）根据本任务的视野范围要求、工作距离要求、被测物的检测要求，从所提供的一组机器视觉相机、镜头和光源中选择合适的型号，并在合适的位置完成安装和接线。完成选型设计报告，并记录安装结果。

2）根据现场环境调整 3D 相机的曝光值和增益值。根据二维码的尺寸和检测区域要求完成视野调焦和镜头对焦。

3）检测区中包裹的放置位置是随机的，但不重叠、不超出检测区范围，尽量不要并排放置。检测任务如下：

① 定位包裹的 3D 位置。

② 测量包裹的长、宽、高，并计算面积、体积。

③ 识别包裹上的二维码。

④ 根据读取的二维码信息，将包裹分类放置到相应的区域。

图 4-1　四个形态、大小不一的物流包裹及二维码

二、知识链接

（一）3D 相机成像原理

3D 相机又称深度相机，通过相机能检测出拍摄空间的距离信息，这是其与普通相机最大的区别。普通的彩色相机拍摄到的图片能看到相机视角内的所有物体并记录下来，但是其所记录的数据不包含这些物体与相机的距离。只能通过图像的语义分析来判断哪些物体离相机比较远，哪些比较近，并没有确切的数据。而 3D 相机不仅能够获得平面图像，还可以获得拍摄对象的深度信息，即三维位置及尺寸等。

3D 相机通常由多个摄像头和深度传感器组成，可以实现三维信息采集，且可将三维数据转换成点云。3D 相机能够实时获取环境中的物体深度信息、三维尺寸及空间信息，为动作捕捉、三维建模、室内导航与定位等场景提供了技术支持，具有广泛的消费级、工业级应用需求，如动作捕捉识别、人脸识别、自动驾驶领域的三维建模、巡航和避障，工业领域的零件扫描、检测与分拣，安防领域的监控、人数统计等。

3D 相机的成像方法主要分为三类，分别是主动式、被动式和基于 RGB-D 相机的方法。目前市面上常见的 3D 相机原理主要有结构光法、光飞行时间法（ToF）和双目立体视觉。

1. 结构光法

结构光法通常采用特定波长的、不可见的红外激光作为光源，它发射出来的光经过一定的编码投射在物体上，通过一定的算法计算返回的编码图案的畸变来得到物体的位置和深度信息。根据编码图案的不同，一般有条纹结构光、编码结构光、散斑结构光三种。根据已知的结构光图案及观察到的变形，就能按照一定算法计算被测物体的三维形状及深度信息。

一般而言，结构光可以分为线扫描结构光和面阵结构光。其中，面阵结构光大致又可分为两类：随机结构光和编码结构光。随机结构光较为简单，也更加常用。通过投影器向被测空间中投射亮度不均且随机分布的点状结构光，通过双目相机成像，所得的双目影像经过基线校正后再进行双目稠密匹配，即可重建对应的深度图。

结构光原理较成熟，相机基线可以做得比较小，便于实现小型化。单帧 IR 图就可计算出深度图，资源消耗较少。结构光为主动光源，夜晚也可使用，在一定范围内精度高、分辨率高，分辨率可达 1280×1024，帧率可达 60f/s。

2. 光飞行时间法

光飞行时间法（ToF）是一种深度测量方法，精度为厘米级。顾名思义，光飞行时间法是通过测量光飞行的时间来获得距离的，具体而言就是通过连续地向目标发射激光脉冲，然后用传感器接收反射光线，通过探测光脉冲的飞行往返时间来得到确切的目标物距离。因为直接测量光的飞行时间实际上并不可行，所以一般通过检测采用一定手段调制后的光波的相位偏移来实现测量目的。光飞行时间法的原理简单，模块体积小，测量距离范围较大，抗干扰能力较强。该方法属于双向测距技术，它主要利用信号在两个异步收发机（或被反射面）之间往返的飞行时间来测量节点间的距离。

根据调制方法的不同，光飞行时间法可以分为两种：脉冲调制法和连续波调制法。脉冲调制法是直接测量飞行时间，因此也称为 dToF（direct ToF）；连续波调制法是通过相位差来计算飞行时间，因此也称为 iToF（indirect ToF）。

光飞行时间法的检测距离远，在激光能量足够的情况下可达几十米，同时受环境光干扰比较小。但是，光飞行时间法也具有以下不足：对设备要求高，特别是对时间测量模块；资源消耗大；在检测相位偏移时需要多次采样积分，运算量大；限于资源消耗和滤波，帧率和分辨率都无法达到较高值，边缘精度较低。

3. 双目立体视觉

双目立体视觉是机器视觉的一种重要形式，它是基于视差原理并利用成像设备从不同的位置获取被测物体的两幅图像，通过计算图像对应点间的位置偏差，来获取物体三维几何信息的方法。目前，双目立体视觉有被动双目和主动双目之分：被动双目就利用的是可见光，其好处是不需要额外光源，但是晚上无法使用；主动双目就是主动发射红外激光做补光，这样晚上也能使用。

双目立体视觉融合两只眼睛获得的图像并观察它们之间的差别，使人们可以获得明显的深度感，建立特征间的对应关系，将同一空间物理点在不同图像中的映像点对应起来。这个差别称为视差图像。视差就是从有一定距离的两个点上观察同一个目标所产生的方向差异。从目标看两个点之间的夹角，称为这两个点的视差角，两点之间的连线称为基线。只要知道视差角度和基线长度，就可以计算出目标和观测者之间的距离。例如，伸出一根手指放在眼前，先闭上右眼看它，再闭左眼看它，会发现手指的位置发生了变化，这就是从不同角度去看同一点的视差。

双目立体视觉测量方法具有效率高、精度合适、系统结构简单、成本低等优点，非常适合制造现场的在线、非接触产品检测和质量控制。在运动物体（包括动物和人体形体）测量中，由于图像获取是在瞬间完成的，因此，双目立体视觉是一种更有效的测量方法，是计算机视觉的关键技术之一，获取空间三维场景的距离信息也是计算机视觉研究中最基础的内容。

（二）3D 标定原理

通过机器人抓取被识别的物体是 3D 技术的一个重要应用，如进行组装或将物体放置在预定位置。对物体进行识别，需要确定摄像机坐标系中物体的位姿；为了完成物体的抓取，需要将物体的位姿转换到机器人坐标系中。为此，需要求取已知摄像机到机器人的转换关系。而这个位姿的确定过程，称为 3D 标定。

就像相机标定一样，3D 标定通常也是通过标定板进行的。为此，机器人的工具将会被移动到 n 个不同的机器人位姿。在每个位姿下，摄像机都会对标定板进行一次图像采集。对于运动摄像机，将标定板放置于机器人工作空间中的一个固定位置，如图 4-2a 所示。而对于固定摄像机，标定板需要与工具建立刚性的物理连接，并随机器人一起运动，如图 4-2b 所示。如果摄像机的内参是未知的，可以使用标定图像做完整的标定，即确定摄像机的内参以及每张标定图像的外参。如果内参是已知的，那么只需要确定每张标定图像的外参即可。

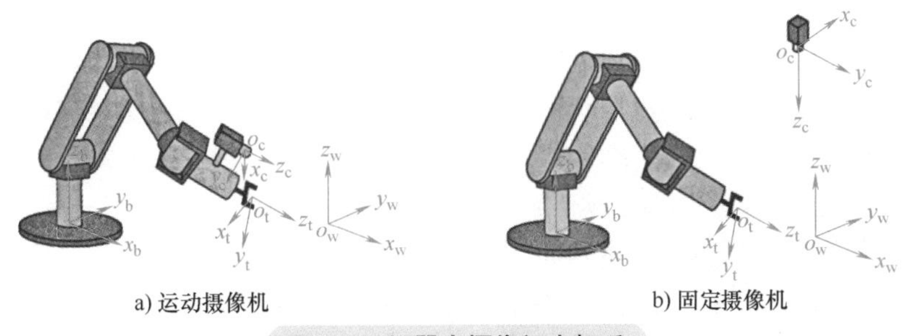

图 4-2　机器人摄像机坐标系

一般情况下，视觉引导机器人有两种不同的配置：将摄像机安装在机器人的工具上，并随着机器人运动到不同的位置进行图像采集，如图 4-2a 所示；或者将摄像机安置在机器人外部，并相对于机器人的基座静止，从而观测机器人的工作空间，如图 4-2b 所示。

图 4-3 所示为在运动摄像机和固定摄像机两种情况下的四坐标系（摄像机、基座、工具以及标定板）的转换。图中实线表示在 3D 标定过程中作为输入的已知的转换关系，虚线表示需要通过 3D 标定求解的未知的转换关系。值得注意的是，在上述两种情况下，这四个转换关系都是以闭环形式存在的。一般可以使用任意物体代替标定板进行标定。这种情况下，可以使用三维物体识别算法来确定物体和传感器的三维位姿关系。

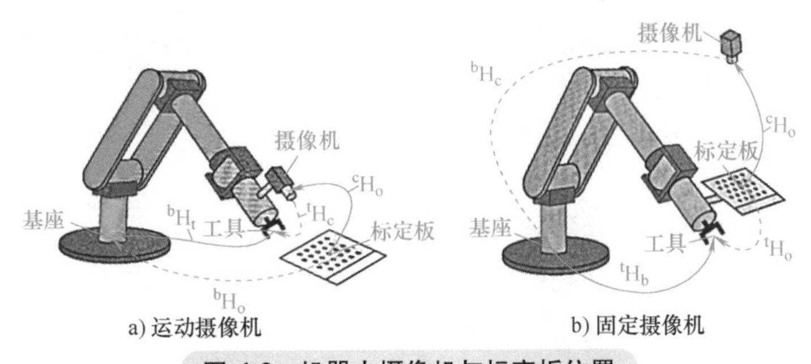

图 4-3　机器人摄像机与标定板位置

（三）点云数据与表面拟合

点云数据，也称三维点云或点云，是由一系列三维坐标点组成的离散数据集。每个坐标点包括 X、Y、Z 三个方向的坐标值，用于描述物体的表面形状、空间位置、尺寸等几何特征。点云数据通常用于数字模型表示、物体表面重建、机器人定位导航等领域。

大多数点云数据是由 3D 扫描设备产生的，如激光雷达，立体摄像头、飞行时间相机。这些设备用自动化的方式测量物体表面上大量点的信息，然后用某种数据文件输出点云数据。这些点云数据是由扫描设备采集到的。

表面拟合通俗来说就是将一个个拟合的“线”集合起来制作出一个面。在 3D 机器人搬运中，表面拟合的作用是给 3D 摄像机一个基准面，使之后计算 Z 值时更加准确。

三、核心素养

（一）我国物流产业的发展现状

我国是全球需求规模最大的物流市场，现代物流产业在国民经济中的地位持续提升。经过多年的积累和沉淀，我国从零散的物流分化到如今越来越规模化、体系化和专业化的物流系统；物流技术在实现升级的同时，也开始向多元化方向发展。

物流分拣效率直接影响着企业的运营能力和客户体验。近年来，国内物流输送分拣装备技术水平有了较大提高。物流分拣视觉系统结合机器视觉，提升分拣效率和精准度，降低人力成本；高清摄像头、智能处理器和机器人手臂等硬件，配合深度学习算法，实现全流程自动化分拣；随着电子商务的快速发展，为物流行业提供了高效、精准的分拣解决方案。

（二）机器视觉在物流分拣中的应用

智慧物流是利用集成智能化技术、智能设备等使物流系统能模仿人的智能，具有思维、感知、学习、推理、判断和自行解决物流中某些问题的能力，这里正是机器视觉大展拳脚的领域。机器视觉作为物流自动化、智能化发展的基础之一，其应用覆盖物流的所有关键环节。在机器视觉的应用范围中，物流具有广阔的应用场景。智能识别技术作为其背后的有力支撑，使各类高效率、高性能的自动化物流装备得到广泛应用，机器视觉可用于优化物流流程的各个阶段。

机器视觉能够很好地替代人工完成物流中的条码、字符、图像精准识别工作，对货物体积进行精准测量，快速、准确、高效地提取商品信息，包括受挤压而使用变形的货架等。

在仓储物流领域，机器视觉正以一种独特的方式推动仓储物流的创新升级，负责控制、定位和监控等多项关键任务，通过软件与硬件、图像感知与控制理论的紧密结合，实现高效的机器人控制或各种设备的实时操作，从而改变仓储物流响应速度慢、效率低、精准性差等现状。仓储作业中，融合机器视觉的仓储机器人（AGV、拣选机械手、盘点机器人等）可以实现作业的无人化。

目前，机器视觉的主要创新包括三大方向：“货找人”拣选、高效分拣抓取和库内无人搬运。

在“货找人”订单拣选中，物件的位置、摆放方向、种类、形状和大小越来越多样化，通过采用视觉识别技术给机器人“装上眼睛”，实现货架找人的订单拣选功能。

由于物流的自动分拣系统要连续、大批量地分拣货物的特性，设备需不受气候、时间、人力等限制，可以连续运行，通过机器视觉对包裹进行较好的处理。如今的分拣机速度较快且包裹间隔较小，在极端角度下读取包裹所有面上的受损代码，需要应用视觉识别技术，这样可以提高物流中心的处理量，并且不影响分拣准确性和精度。

机器视觉导航系统可以使无人驾驶叉车、AGV 等仓储自动化搬运设备自动、安全地运行。在传统 AGV 的基础上，增加机器视觉功能，展示更强的目标识别能力，通过计算机自行调整路径，承担起自主运行的核心，并时刻保障系统的实时性和准确性，从而提升智能仓储移动物流的效率。

随着物流中心作业量的剧增以及作业复杂度的提升，机器视觉为各类智能物流装备装上了“眼睛”。目前，我国物流周转成本占整个 GDP 的比重还比较高，未来还将进一步提高整个物流的效率、降低物流周转成本，因此机器视觉技术必将迎来更加广阔的发展空间。

（三）安全规范

1）在使用过程中，开机、关机程序等严格按照设备操作手册规范执行，不做强制开关行为。

2）启动设备前，必须确保气泵周围没有杂物，气泵放置平稳，检查各级气口连接是否可靠。

3）气泵如果长时间加压或者频繁反复加压，应注意检查是否存在漏气情况，并停机进行故障排除。

4）气泵如果出现异常噪声或者异常发热的情况，应立即停机并进行故障排除。

5）气泵应进行定期保养和维护，对安全阀、压力表、储气罐、调节器等进行定期检查和校验。

6）在设备停止使用后，要及时关闭气泵电源，将气泵放置到干燥、通风的安全位置。

四、项目实施

物流包裹测量及分拣项目实施思维导图如图 4-4 所示。

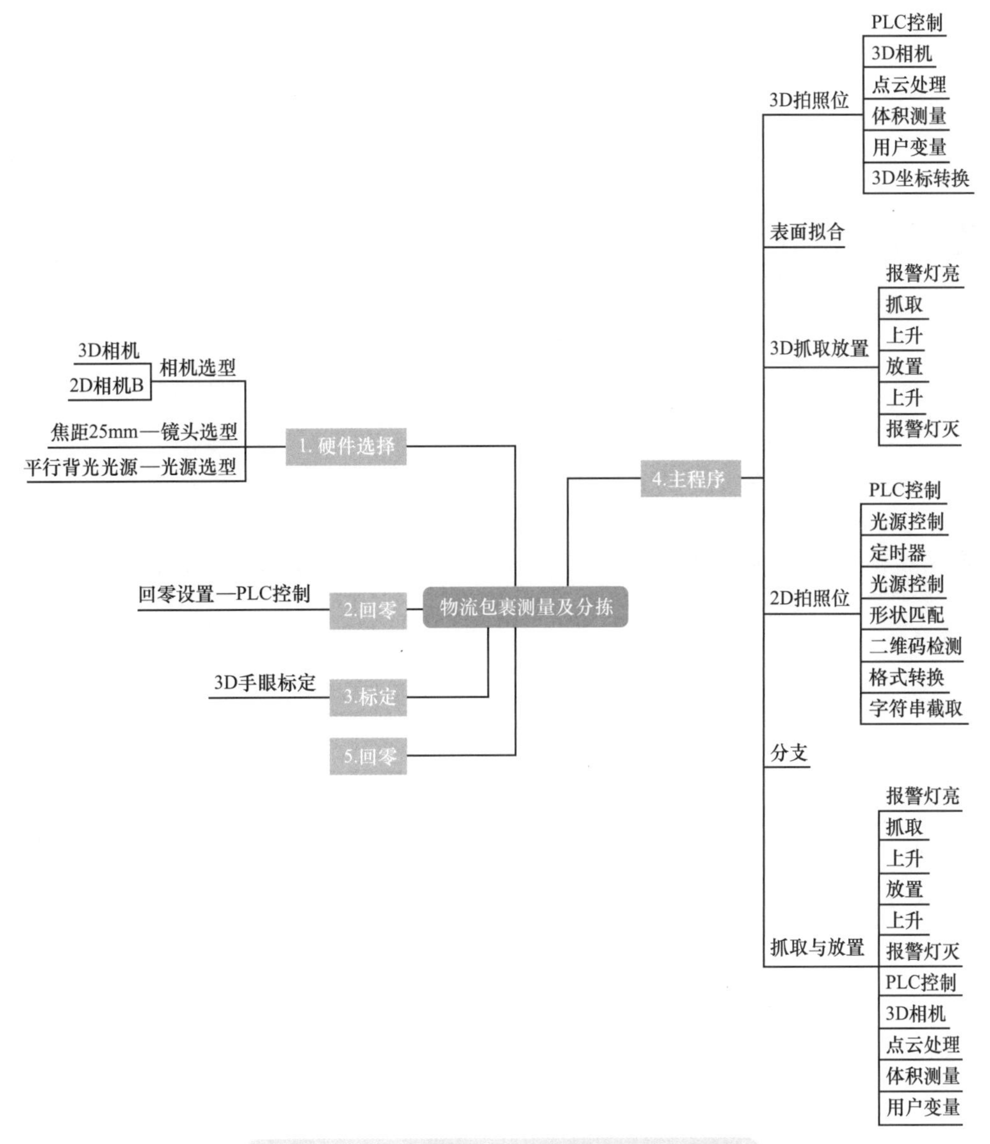

图 4-4　物流包裹测量及分拣项目实施思维导图

（一）硬件选型及安装

1. 相机选型

本项目主要完成两部分内容：识别物料块上的二维码和搬运长、宽、高尺寸大小不一的物料块。识别二维码，选用精度更高的 2D 相机 B；搬运立体物料，选择唯一的 3D 相机。3D 相机参数见表 4-1。

表 4-1　3D 相机参数

参　　数	数　　值
像素	1920×1080（2 个）
最大帧率/(f/s)	90
接口	USB3. 0
传感器类型	CMOS
颜色	彩色
靶面型号/(″)	1/4. 9
快门	滚动
像素位深/bit	10
像元/μm	1. 4
主动照明波长/nm	820（波峰）
视场角/(°)	86×57
成像范围/mm	500~2000（横向视野）
最近成像距离/mm	450
深度测量重复精度/mm	2mm（在 800mm 测量距离以内）
深度测量精度	优于 1%（在 800mm 测量距离以内）

2. 工业镜头计算与选型

（1）像长的计算　黑白 2D 相机 B 的像元尺寸为 3. 45μm，像素为 2448×2048，根据像长计算公式可得

$$L=\text{像元尺寸}(\mu m)\times\text{像素}(\text{长、宽})$$

$$L_1=3.45\mu m\times2448=8.45mm$$

$$L_2=3.45\mu m\times2048=7.07mm$$

即黑白 2D 相机 B 内部芯片像长 L 的长度、宽度分别为 8. 45mm、7. 07mm。

（2）焦距的计算　在选择镜头搭建一套成像系统时，需要重点考虑像长 L、成像物体的长度 H、镜头焦距 f 以及物体至镜头的距离 D 之间的关系，物像之间的简化关系为

$$\frac{L}{H}=\frac{f}{D}$$

根据任务要求，物流包裹的测量及搬运，单个视野的尺寸为 80mm×60mm（视野范围允许有一定的正向偏差，最大不得超过 10mm），单个像素精度低于 0.05mm/pix，3D 相机要求工作距离大于 350mm，取工作距离 350mm 作为物流包裹至镜头的距离 D，成像物体的长度 H 为 80mm、60mm，因此在焦距的计算中需要分别对长度和宽度进行计算，即

$$F_1 = 8.45\text{mm}\times350\text{mm}\div80\text{mm}=36.95\text{mm}$$

$$F_2 = 7.07\text{mm}\times350\text{mm}\div60\text{mm}=41.24\text{mm}$$

（3）工业镜头的选型　根据焦距计算公式，计算得出长边焦距等于 36.95mm，短边焦距等于 41.24mm，考虑到实际误差、工业镜头的焦距微调区间（±5%），以及任务要求中允许的 10mm 视野范围正向偏差，故选择的镜头焦距 f 应小于 36.95mm，根据设备所提供的三种镜头，选择焦距为 35mm 的镜头。镜头参数见表 4-2。

表 4-2　焦距 35mm 镜头参数

型号		HN-P-3528-6M-C2/3
靶面型号/(″)		2/3
支持像元尺寸/μm		最小 2.4
焦距/mm		35 ± 5%
光学总长/mm		41.07 ± 0.2
法兰距/mm		17.526±0.2
光圈范围（F 数）		F2.8~F16
视场角（H×V)/(°)		14.70 × 11.06（18.24）
像质	光学畸变（%）	±1
	TV 畸变（%）	0.25
聚焦范围/m		0.1~∞
前螺纹		M27 × P0.5-7H
接口		C 口
尺寸（D×L)/mm		ϕ33.0 ×30.6（不含螺纹）

3. 光源选型

根据任务要求，需要完成尺寸大小不一的四个物流包裹的测量与分拣。为了提高识别、测量、分拣的准确度和精度，需要将外界环境的影响降至最低，故选择安装平行背光光源，提供上下垂直的光照，使拍摄的图像更加清晰、精度更高。

（二）新建 3D 手眼标定

1. 回零

添加“PLC 控制”工具组，单击“回零设置”，依次单击“解除终断”→“执行”按钮，完成回零设置，如图 4-5 所示。

2. 3D 标定

1）打开“图像获取”工具，将“3D 相机”拖拽至“PLC 控制”下方，如图 4-6 所示。双击“3D 相机”，选择设备中的 3D 相机，在相机参数中设置曝光和增益参数，单击“运行”按钮，如图 4-7 所示。

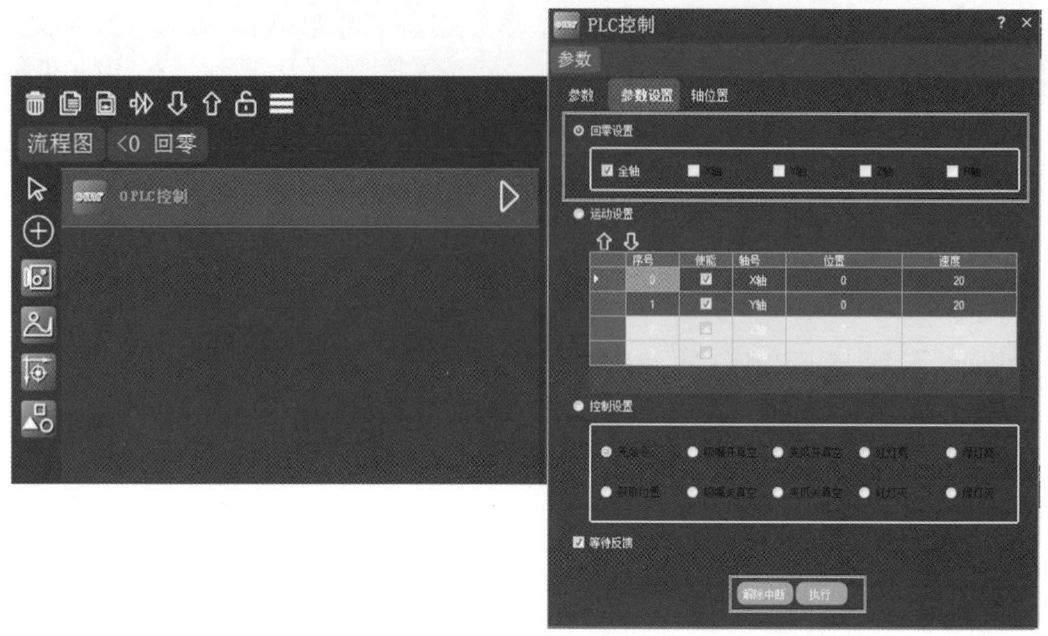

a) 添加“PLC控制”工具组　　b) 回零设置

图 4-5　回零设置界面

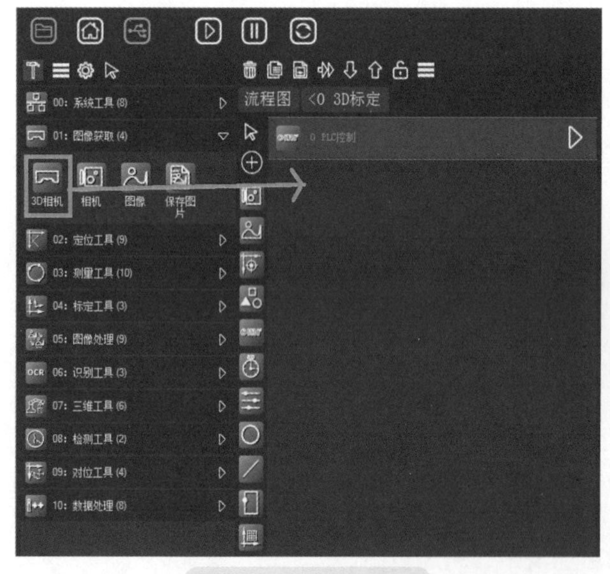

图 4-6　添加 3D 相机

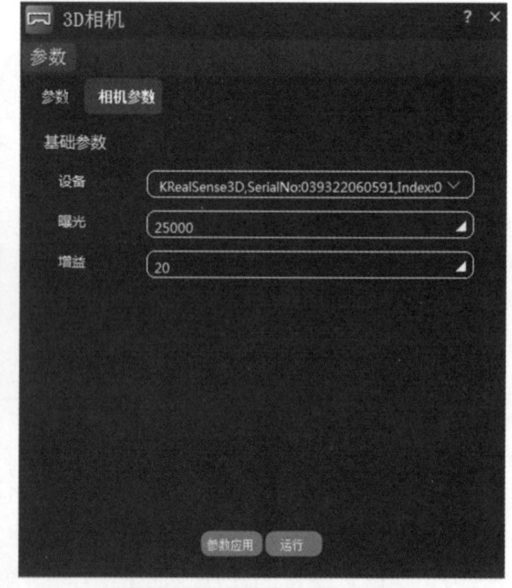

图 4-7　设置 3D 相机参数

在 3D 相机参数设置中，曝光时间是指相机的感光芯片感应光照的时长，曝光时间越长，进入的光就越多。曝光时间设置得长一些，适合光线条件比较差的情况；曝光时间短，则适合光线比较好的情况。如果光照条件非常差，也不能无限增加曝光时间，因为随着曝光时间的增加，噪声也会不断地积累。

增益参数是在光照弱，不能再继续增加曝光时间的情况下进行的参数调节，调大增益参数也会引入噪声。所以，不管是曝光时间还是增益参数，都是根据实际成像需要调节到合理的值，不能过高，也不能过低。运行后会出现成像点云图，如图 4-8 所示。

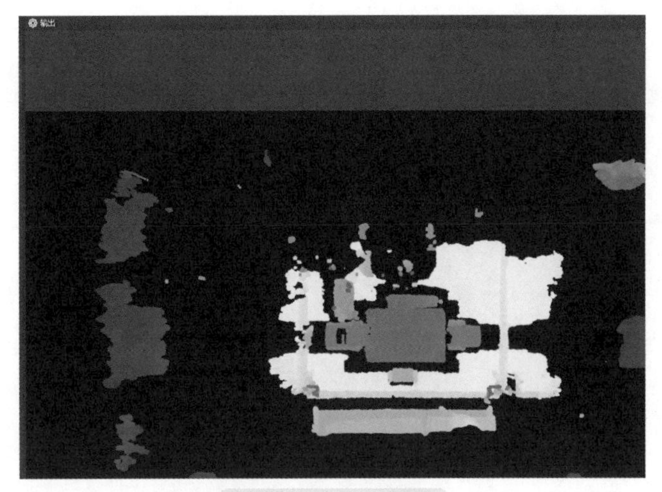

图 4-8 成像点云图

2）单击相机成像框左上角的“输入”选项，如图 4-9 所示，单击“输出”选项后出现以下五个成像图（图 4-10），输出的图像分别为点云处理图像（图 4-11）、X 轴成像（图 4-12）、Y 轴成像（图 4-13）、Z 轴成像（图 4-14）以及灰度图（图 4-15）。

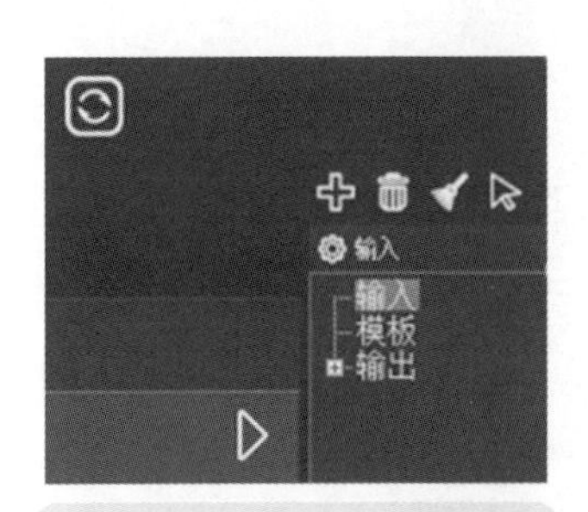

图 4-9 相机输入操作界面

图 4-10 相机输出操作界面

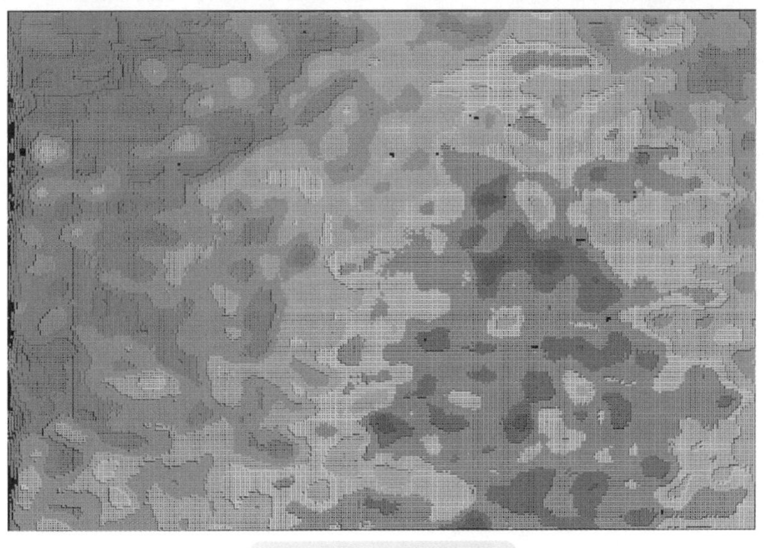

图 4-11 点云处理图像

图 4-12　X 轴成像

图 4-13　Y 轴成像

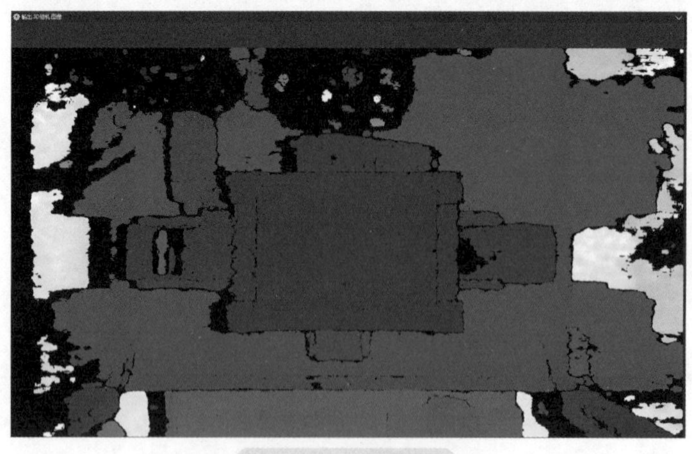

图 4-14　Z 轴成像

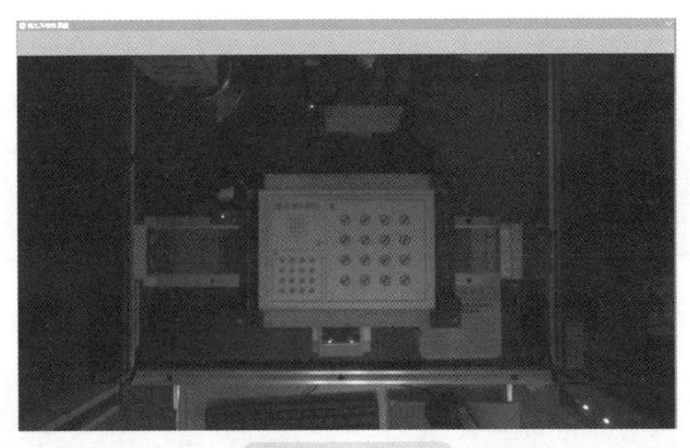

图 4-15　灰度图

3）如果灰度图不够清晰，如图 4-15 所示，就应该调整曝光与增益参数，之前的曝光时间为 25000，将其增加至 40000 后，单击“执行”按钮，查看输出图像中的灰度图，可以看出成像更明亮，如图 4-16 所示，这样更方便查找特征点。

4）成像清晰后，需要固定拍照位，双击打开“PLC 控制”界面，选择“控制设置”→“获取位置”，单击“执行”按钮，单击“轴位置”选项卡，如图 4-17 所示。

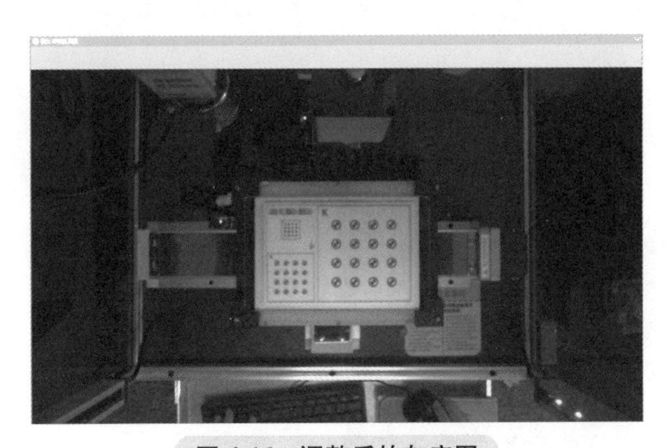

图 4-16　调整后的灰度图

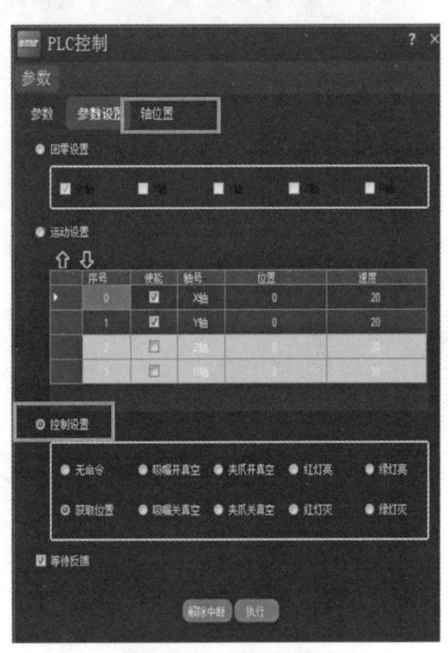

图 4-17　获取位置

5）在“PLC 控制”界面中，获取当前运动设备的轴位置，如图 4-18 所示，粘贴当前位置量。单击回到“参数设置”界面，选择“运动设置”，单击“执行”按钮，将 X 轴位置与 Y 轴位置的值分别输入“运动设置”中“X 轴位置”“Y 轴位置”的空格中，如图 4-19 所示。

3. 添加点云处理

1）打开三维工具，将“点云处理”拖拽至“3D 相机”下方，打开“点云处理”界面，点云模型设置需要引用 3D 相机的点云模型。单击“点云模型”设置栏右侧的小三角图标，出现更多选项，单击最左侧的添加引用图标，如图 4-20 所示。

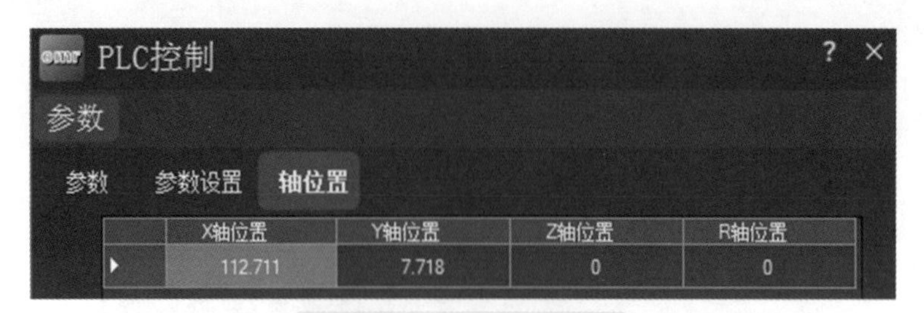

图 4-18　获取当前轴位置

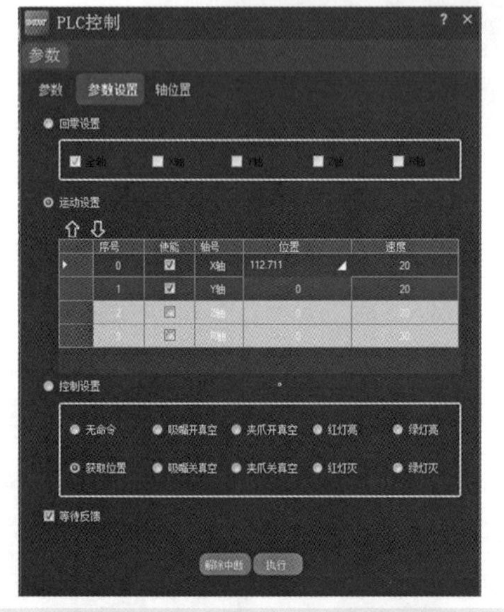

图 4-19　PLC 控制中 X 轴、Y 轴位置设置界面

图 4-20　添加点云处理界面

2）如图 4-21 所示，进入“变量引用”界面后，选择“流程图”→“3D 手眼标定”→“3D 相机”，选择“输出参数 . 点云模型”。选择完成后关闭界面，再次打开会出现成像，如图 4-22 所示。设置 ROI 框选工作区域，单击“运行”按钮，出现框选区域的点云图像，如图 4-23 所示。

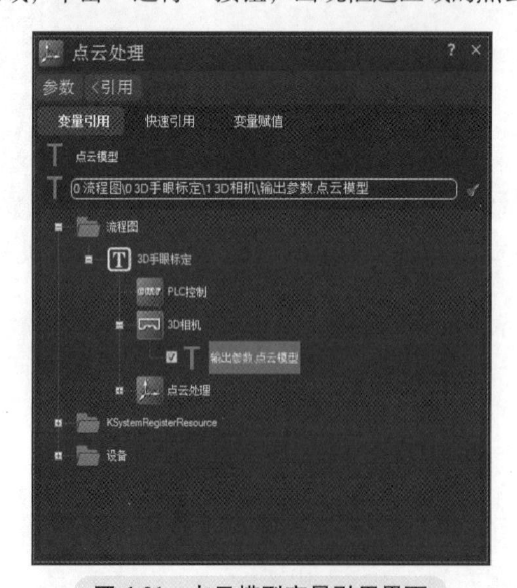

图 4-21　点云模型变量引用界面

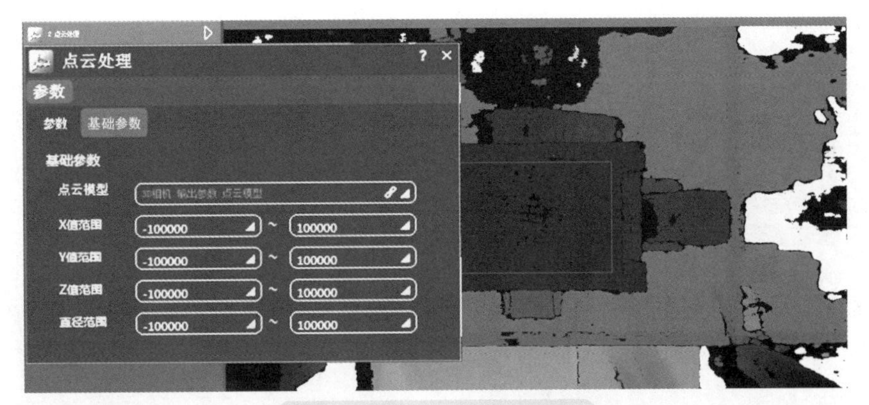

图 4-22　ROI 框选工作区域

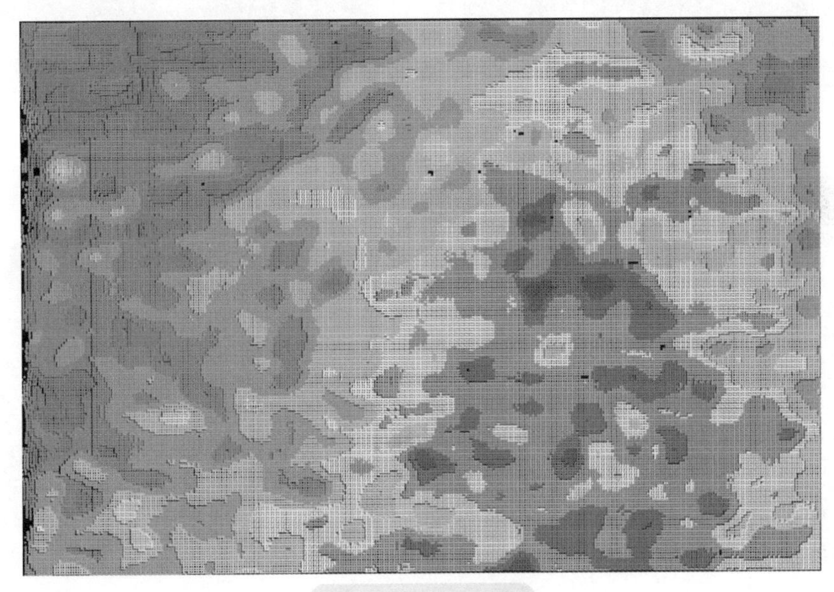

图 4-23　点云图像

4. 查找特征点

1）打开定位工具，将“查找特征点”工具拖拽至点云处理下方，双击“查找特征点”打开界面，如图 4-24 所示，选择“参数”→“输入参数”，选择“输入图像（3D 相机 . 输出参数 . 灰度图像）”，单击下面的第一个添加引用图标。

2）在变量引用中选择流程图，如图 4-25 所示，选择“3D 手眼标定”→“3D 相机”，勾选“输出参数 . 灰度图像”。关闭后再次打开出现成像，如图 4-26 所示，单击“执行”按钮出现成像并未找到特征点，这时需要更改平滑因子以及阈值。平滑因子是对图像做预处理，主要是为了去除噪声点，平滑因子越大，对噪声点的去除力度越大，反之则越小。但平滑因子过大会使图像更加模糊，从而找不到特征点，所以需要降低平滑因子。查找特征点中的阈值是指所查找图像边缘的灰度变化。“找点个数”是在框选的区域内需要查找的点数。将平滑系数改为 1，单击“执行”按钮，标定板上的特征点如图 4-27 所示。

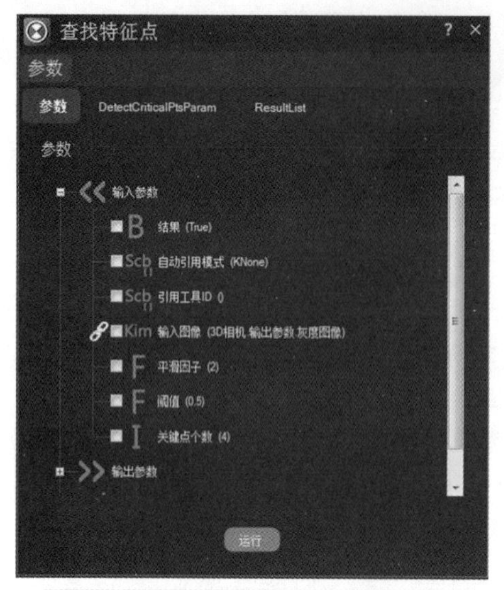

图 4-24 查找特征点中输入图像引用

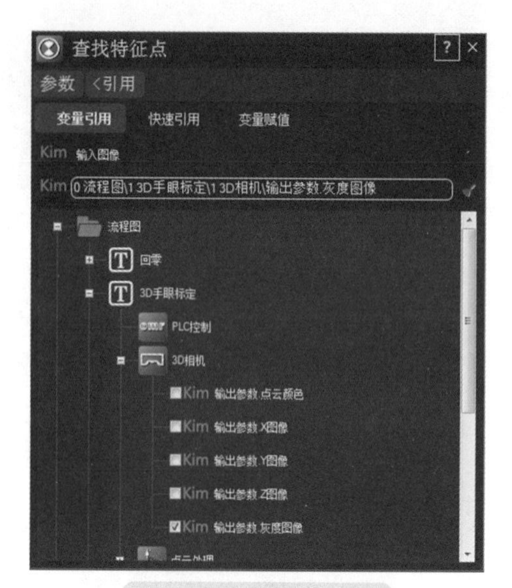

图 4-25 引用输入图像

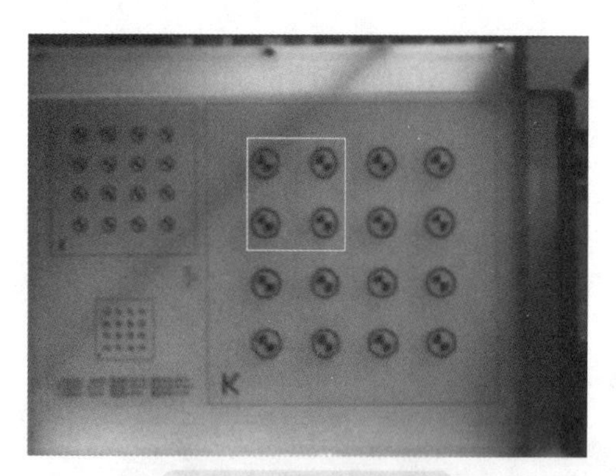

图 4-26 查找特征点

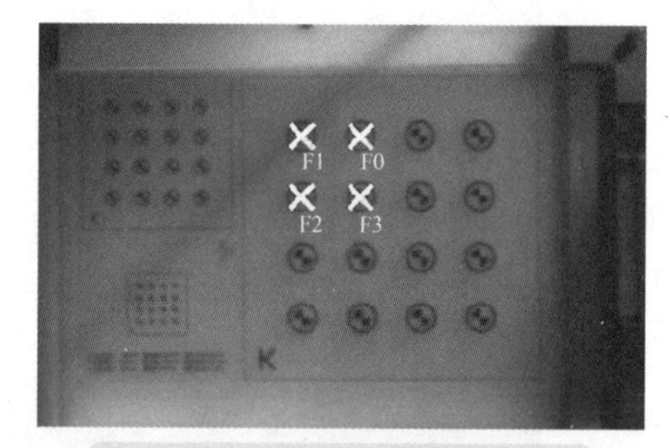

图 4-27 更改参数后查找特征点

5. 3D 点坐标获取

1）打开三维工具，将“3D 点坐标获取”拖拽至“查找特征点”下方，打开“3D 点坐标获取”界面，如图 4-28 所示，单击“引用工具”栏最右侧的小三角图标，单击第二个小图标“引用工具”，在图 4-29 所示的“引用工具”界面中，选择“流程图”→“3D 标定”→“点云处理”，单击“确定”按钮，关闭界面后再打开，在“特征点”框中，单击最右侧的小三角图标进行更多设置，如图 4-30 所示。单击第一个添加引用按钮，进入“引用”界面，选择“流程图”→“3D 标定”→“查找特征点”，选择“输出参数．关键点”，如图 4-31 所示。

2）单击“执行”按钮，回到“3D 点坐标获取”界面，选择“参数”→“输出参数”，如图 4-32 所示。X 坐标、Y 坐标、Z 坐标均有输出显示，单击 X 坐标后括号，在更多选项中单击第二个图标“计算器”，进入“计算器”界面，如图 4-33 所示，“kv（0）”代表自身变量，3D 点坐标获取后需要 kv（0）＊1000，单击“=”图标。因为点坐标获取的默认单位是米（m），而运动装置的默认单位是毫米（mm），所以需要进行单位转换。

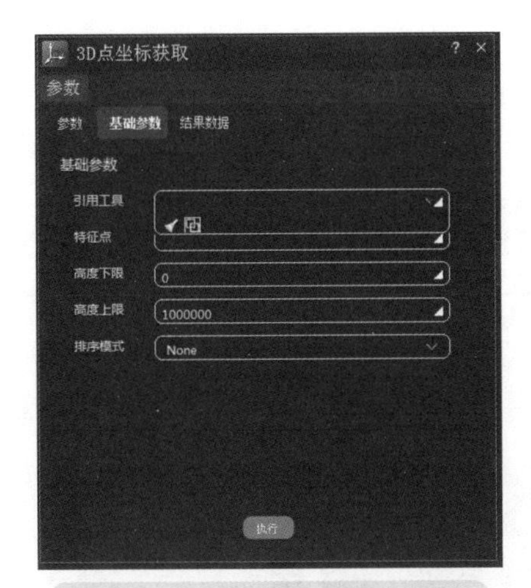

图 4-28　“3D 点坐标获取”界面

图 4-29　引用点云处理

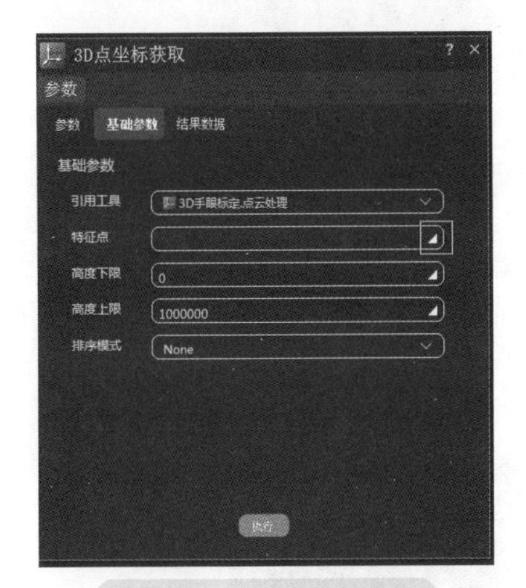

图 4-30　特征点引用添加

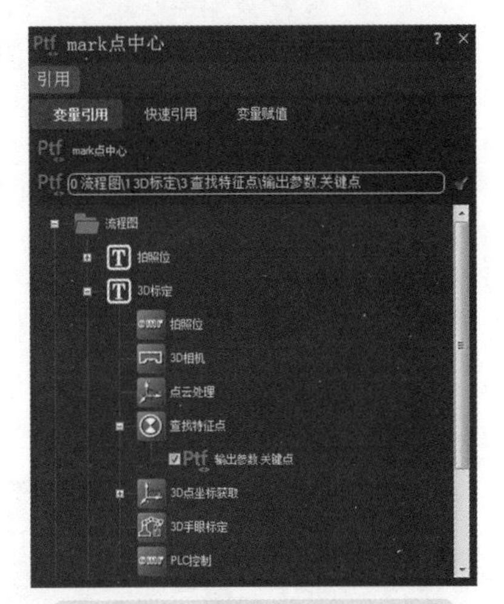

图 4-31　特征点引用输出参数

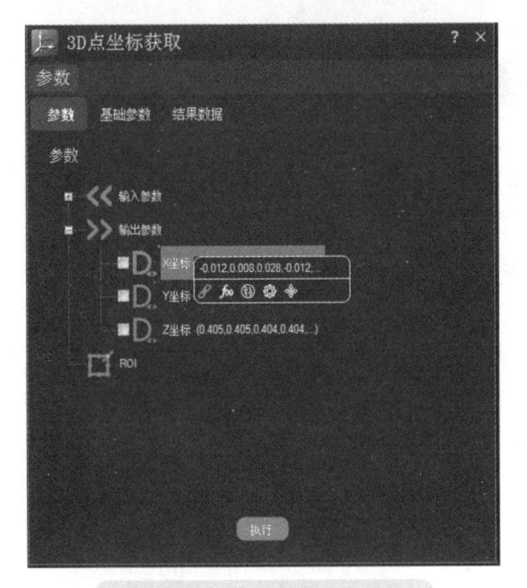

图 4-32　计算器引用界面

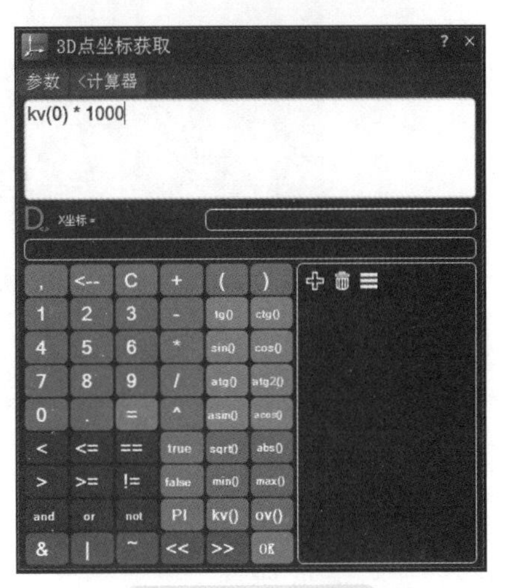

图 4-33　单位转换

6. 添加“3D 手眼标定”

1）打开三维工具，将“3D 手眼标定”拖拽至“3D 点坐标获取”下方，双击打开“3D 手眼标定”界面，选择“参数”→“X 图像坐标”后，进行添加引用，如图 4-34 所示。

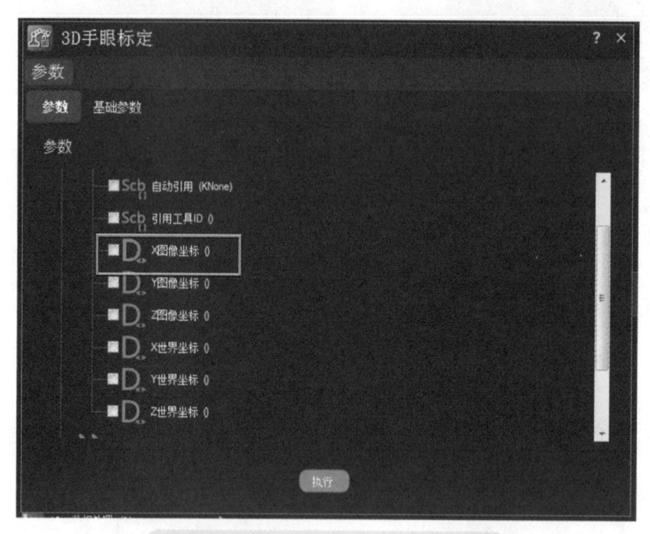

图 4-34　添加手眼标定引用坐标

2）进入“变量引用”界面，如图 4-35 所示，选择“流程图”→“3D 手眼标定”→“3D 点坐标获取”→“输出参数 . X 坐标”。重复之前的步骤，分别将图像 Y 坐标和图像 Z 坐标引用至“3D 点坐标获取”输出参数中的“输出参数 . Y 坐标”“输出参数 . Z 坐标”。

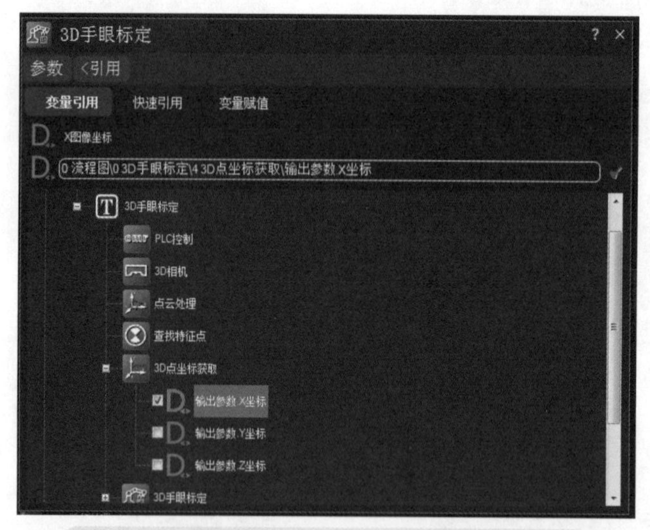

图 4-35　引用 3D 点坐标的“输出参数 . X 坐标”

3）由于之前查找特征点是四个点，世界坐标系也要相应地给四个点的空值。选择“X 世界坐标”，如图 4-36 所示，单击“添加”按钮，再单击三次，直至列表有四行。然后对“Y 世界坐标”“Z 世界坐标”重复以上操作，有四个值为 0 的数后，单击“执行”按钮，关闭窗口并再次打开。

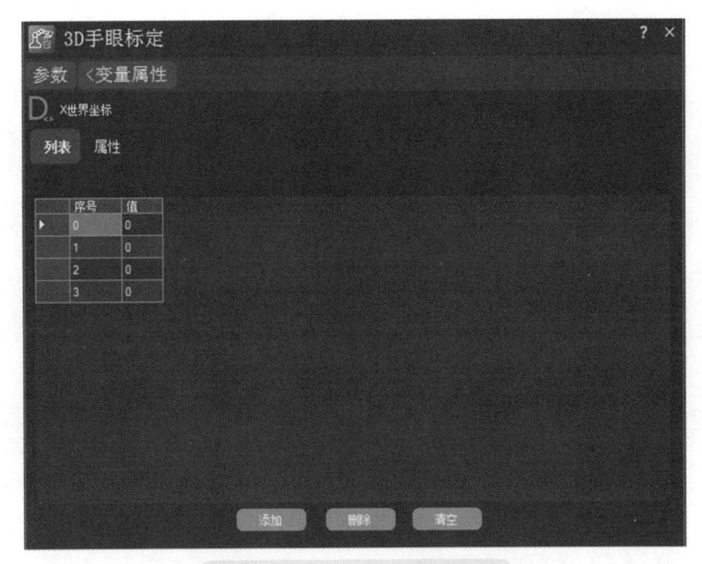

图 4-36　添加空的世界坐标

4）重新打开后的“3D 手眼标定”界面如图 4-37 所示，更新出了四组坐标。新添加“PLC 控制”工具打开后，取消勾选“运动设置”中的 X 轴、Y 轴，只选择 Z 轴，慢慢加大 Z 轴的值，让机械手末端降低至标定板上方，选择“控制设置”→“获取位置”→“轴位置”。接下来使用手动摇柄，将机械手末端移动至查找的特征点 P0 点正上方，执行 PLC 控制，将执行后获得的当前位置的 X 值、Y 值分别复制到手眼标定中工具 X、工具 Y 下对应的值，重复以上操作至 0~3 个特征点的 X 值、Y 值都被复制到对应的工具坐标下，工具 0~3 的点坐标需要与查找特征点 P0~P3 的点坐标顺序一致。工具坐标填写完成后，单击“执行”按钮。右键单击新添加的“PLC 控制”，单击“删除”按钮即可，如图 4-38 所示。

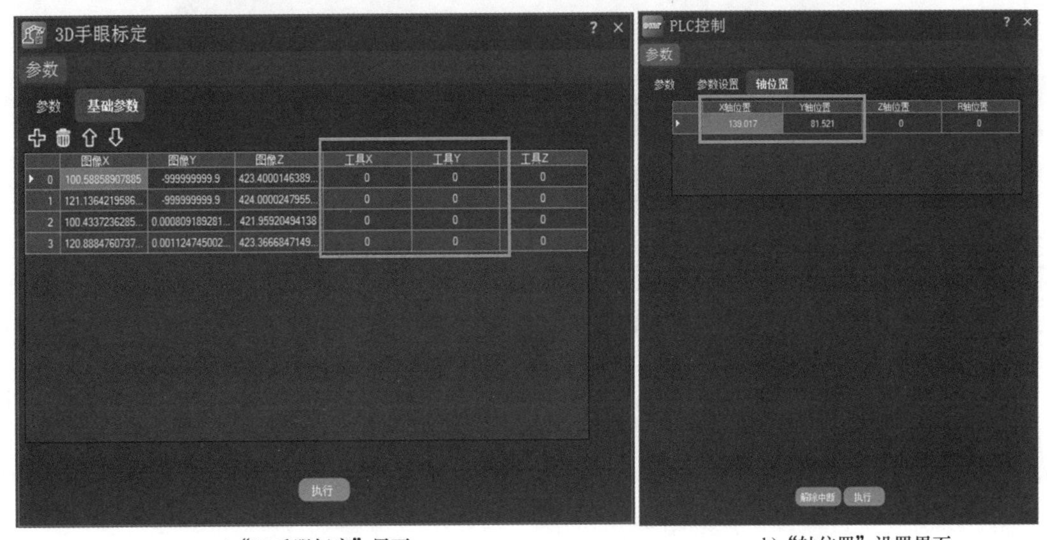

a)“3D手眼标定”界面　　b)“轴位置”设置界面

图 4-37　手眼标定

（三）主程序

项目流程图如图 4-39 所示。

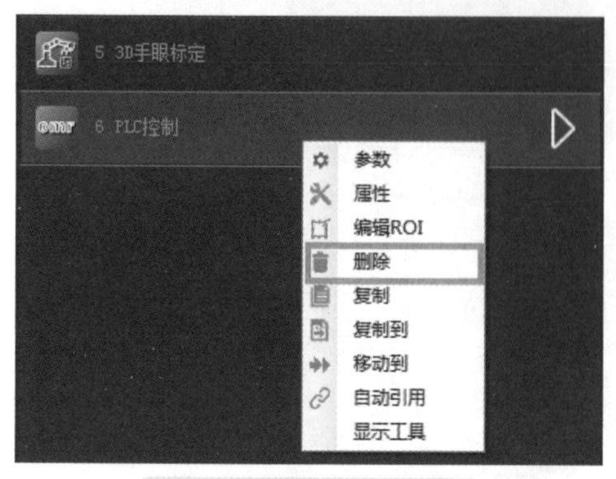

图 4-38　删除 PLC 控制

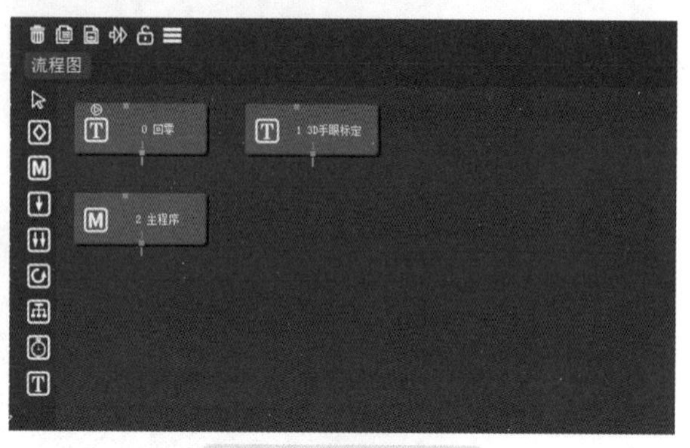

图 4-39　项目流程图

1. 3D 拍照位

1）3D 拍照后进行点云处理，筛选出物体的深度信息，体积测量测出物体的坐标信息以及利用基准平面测出物体的实际高度信息，再通过用户变量将三个信息组合在一起成为一个坐标点集，最后经过做的标定数据将相机坐标转化为世界坐标。3D 抓取流程如图 4-40 所示。

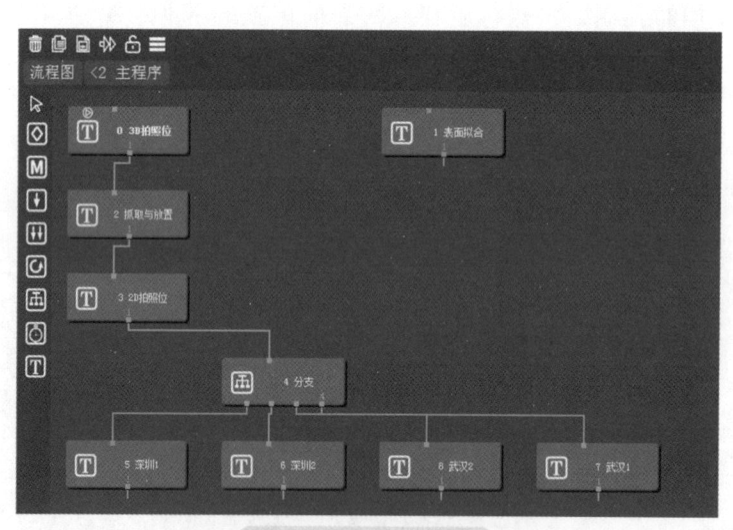

图 4-40　3D 抓取流程

2）打开“体积测量”工具，单击“引用工具”栏右侧的小三角图标，单击出现的引用图标，引用点云处理。单击“基准平面”栏右侧小三角图标，单击“引用”按钮，链接表面拟合“输出参数．基准平面”。在阴影上晃动光标，查看 RGB 的变动量，输入阈值上、下限栏中，单击“执行”按钮，如图 4-41 所示。

3）打开“用户变量”界面，选择“参数”→“输出参数”，勾选“长浮点列表”前的复选框，如图 4-42 所示，个数为七个，回到“参数”界面，输出参数长浮点列表。

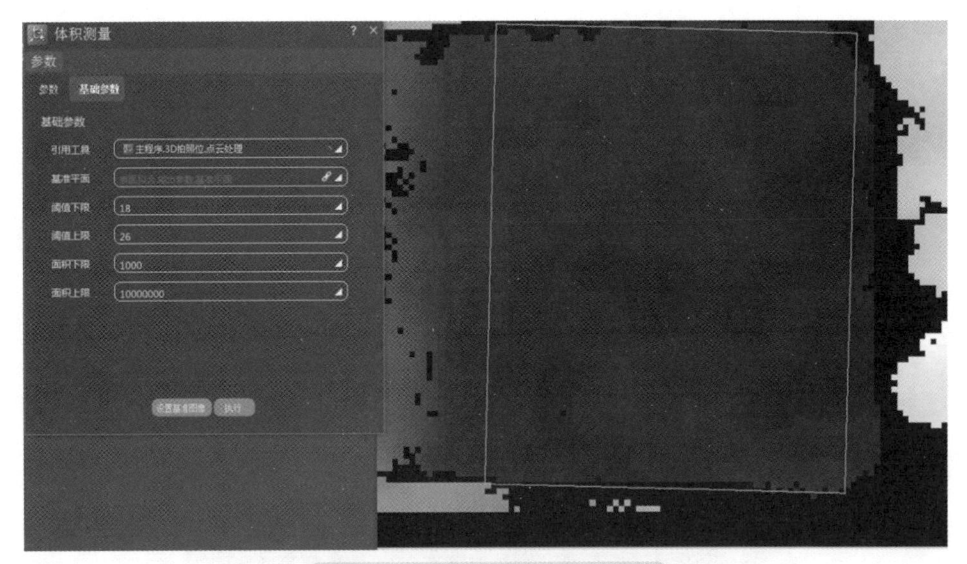

图 4-41　体积测量参数设置界面

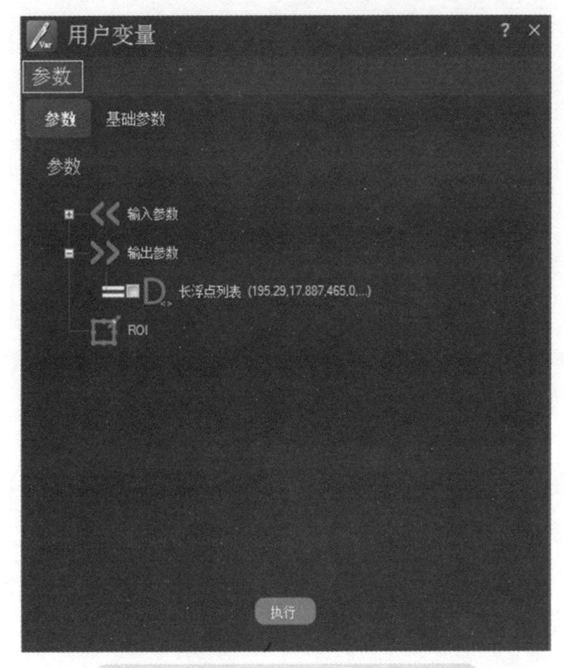

图 4-42　用户变量长浮点设置界面

2. 表面拟合

1）退出“3D 标定”工具组，添加新工具组，将工具组拖拽至流程图中，修改用户名为“表面拟合”，如图 4-43 所示。

2）双击打开“表面拟合”工具组，打开三维工具，将“表面拟合”拖拽至工具组中，如图 4-44 所示。双击“表面拟合”，单击“Z 图像”方框中小三角图标进行更多设置，如图 4-45 所示。再单击添加引用图标，进入“变量引用”界面，如图 4-46 所示。选择“流程图”→“3D 标定”→“点云处理”→“输出参数 . Z 图像”。

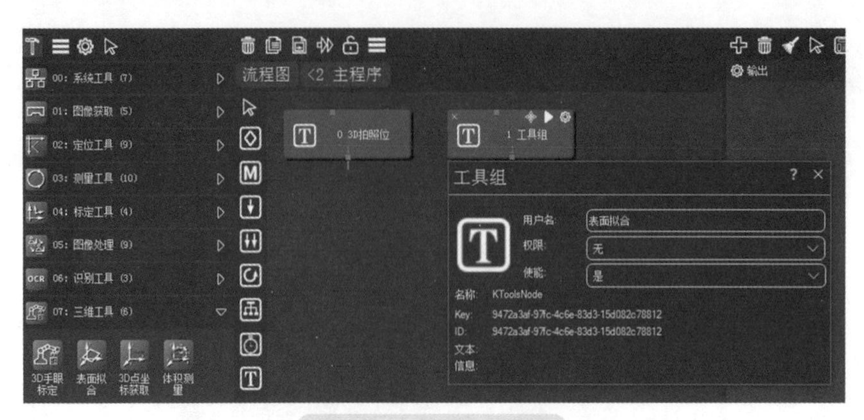

图 4-43　添加新工具组

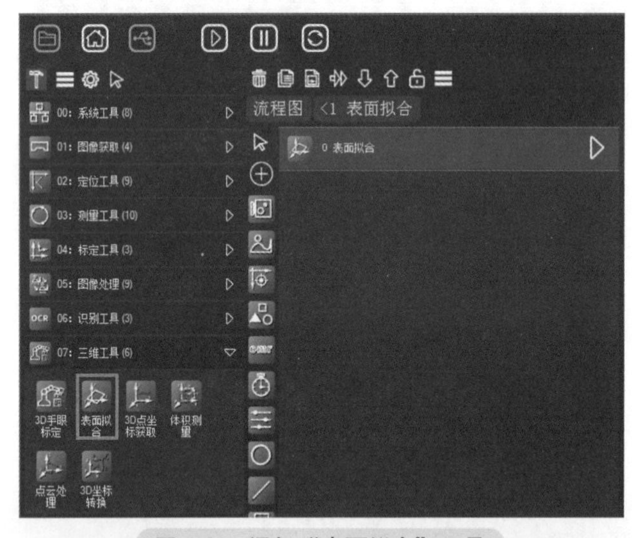

图 4-44　添加“表面拟合”工具

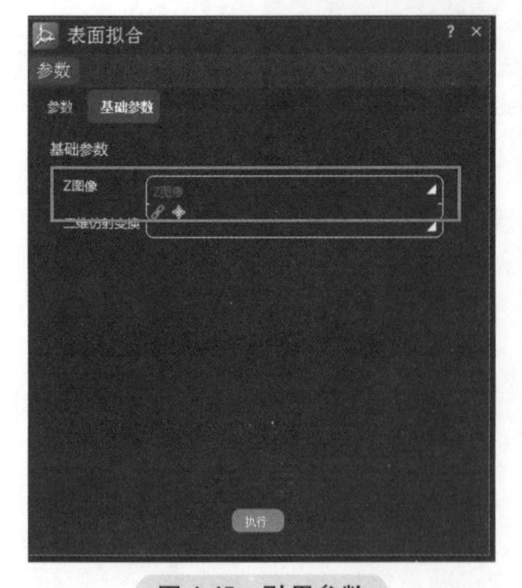

图 4-45　引用参数

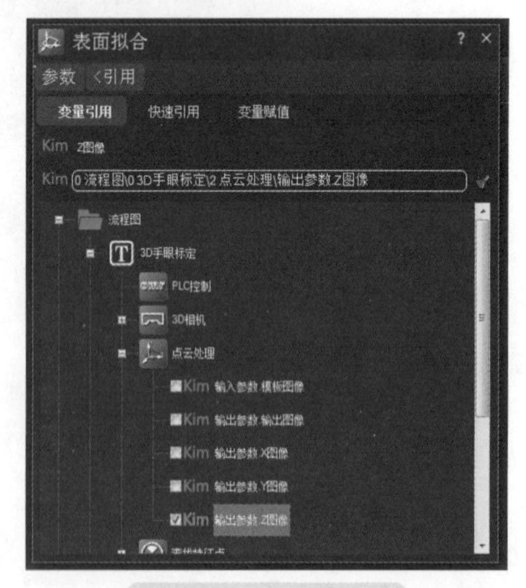

图 4-46　引用 Z 图像

3）引用完成后出现图像，如图 4-47 所示，设置 ROI，框选没有噪点的部分，框选完后单击“执行”按钮，出现的成像如图 4-48 所示。因为“表面拟合”工具会给待测量物体创建一个基准平面，该基准平面在“表面拟合”工具执行完成后便创建完成，之后不需要重复创建，所以将“表面拟合”单独放在一个工具组。完成后单击“流程图”图标，退出“表面拟合”工具组。

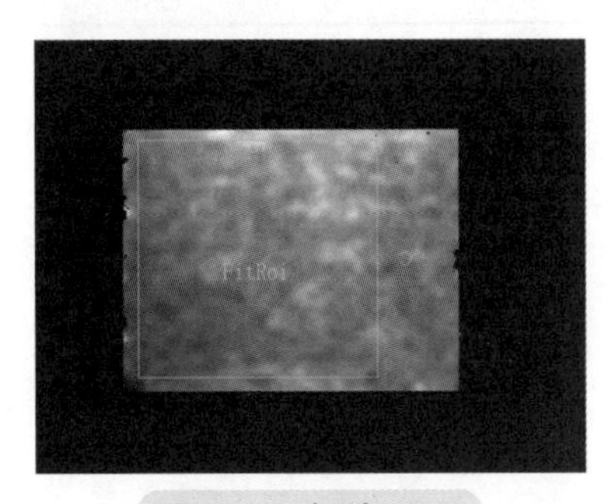

图 4-47　框选 ROI

图 4-48　表面拟合成像

3. 3D 抓取与放置

添加六个 PLC，分别命名为“报警灯亮”“抓取”“上升”“放置”“上升”“报警灯灭”，如图 4-49 所示。

图 4-49　3D 抓取与放置流程图

打开“抓取”PLC，X、Y 轴坐标引用 3D 位置坐标转换里的 X、Y 位置，Z 坐标引用体积测量里转换出来的高度位置，依次单击“吸嘴开真空”→“解除中断”→“执行”按钮，吸嘴完成抓取动作，如图 4-50 所示。打开“上升”PLC，Z 轴坐标输入 0，依次单击“解除中断”→“执行”按钮，完成上升动作，如图 4-51 所示。打开“放置”PLC，自行输入 X、Y、Z 轴坐标，依次单击“吸嘴关闭”→“解除中断”→“执行”按钮，吸嘴完成放置动作，如图 4-52 所示。打开第二个“上升”PLC，其操作和上述上升 PLC 一样。

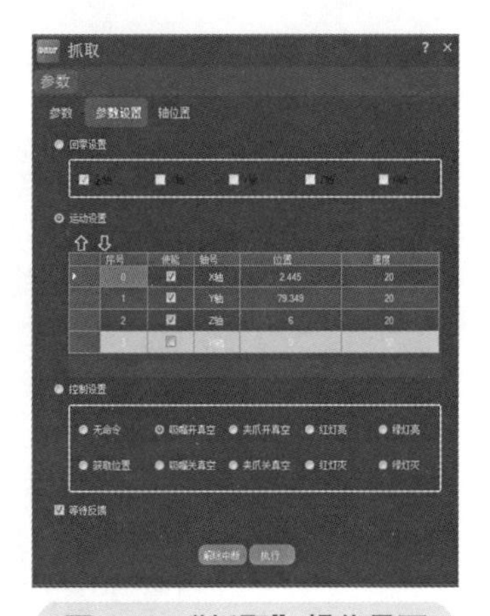

图 4-50　“抓取”操作界面

4. 2D 拍照位

“2D 拍照位”工具组包含 PLC 控制，包括光源打开，相机，定时器，光源关闭、形状匹配、二维码检测、格式转换、字符串截取等工具，流程图如图 4-53 所示。

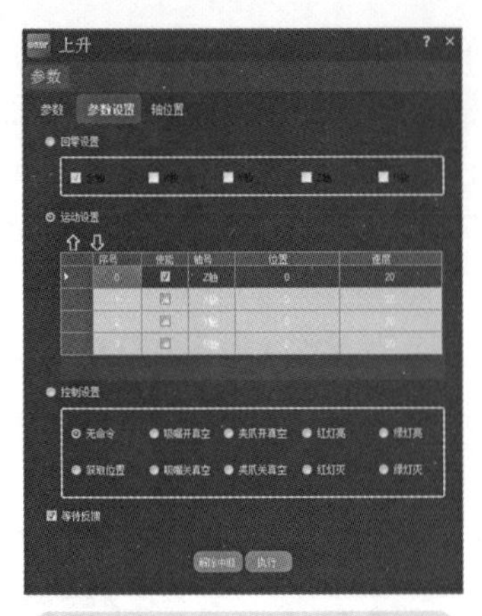

图 4-51 “上升”操作界面

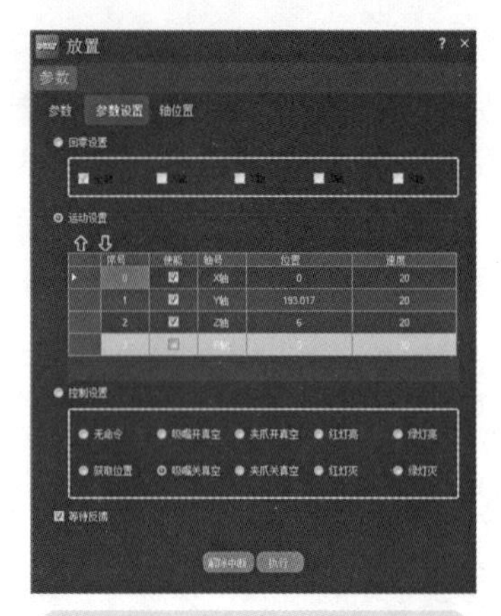

图 4-52 “放置”操作界面

在“格式转换”工具中，将“起始符类型”和“结束符类型”选择为“自定义起始符”和“自定义结束符”，在起始符和结束符栏中选择一对括号，如图 4-54 所示。

图 4-53 2D 拍照位流程图

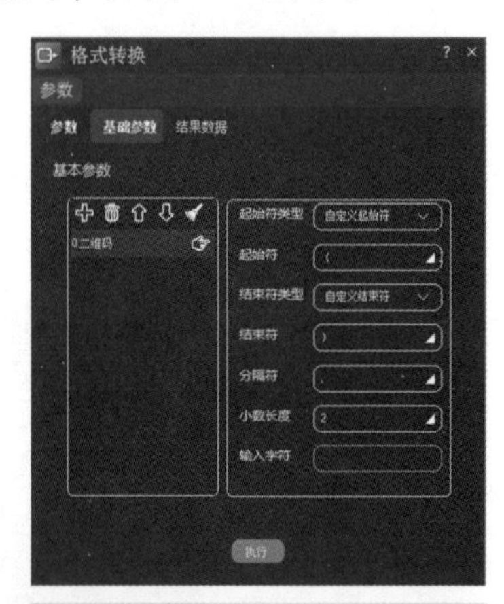

图 4-54 “格式转换”设置界面

在“格式转换”参数中，选择输出参数，将“输出结果”拖拽至字符串截取工具中的输入字符栏中，截取模式选择“用户自定义截取符”，如图 4-55 所示，在起始字符和结束字符中添加一对括号。

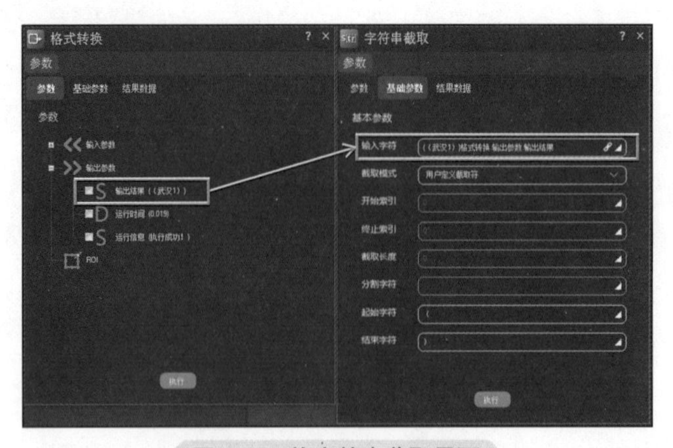

图 4-55 格字符串获取界面

5. 分支模块的使用

添加分支模块后，打开参数设置界面，选择分支，双击“参数”，进入“编辑参数”界面，如图 4-56 所示，找到 String 函数，更改用户名，单击“添加”按钮。重复操作，添加四个用户名不同的 String 函数。单击“快捷方式”选项卡，在出现的四个 String 函数分别引用二维码检测的输出信息，如图 4-57 所示。

图 4-56　分支参数设置（一）

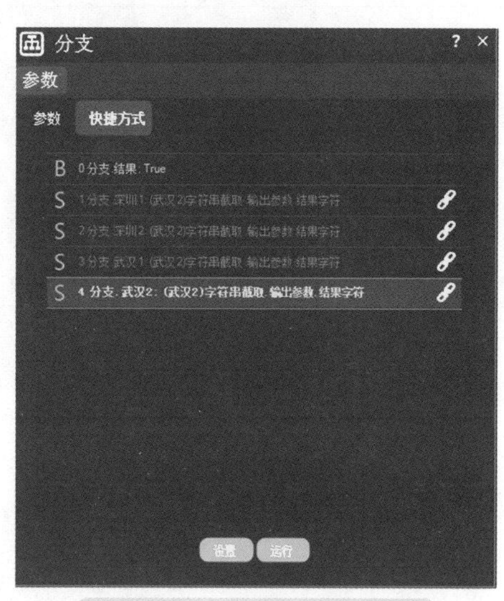

图 4-57　分支参数设置（二）

6. 抓取与放置

1）创建四个工具组，如图 4-58 所示，更改用户名为二维码扫描的结果，一一对应分支输出结果，在工具中添加 PLC 控制，将识别出来的物流包裹搬运至指定区域。

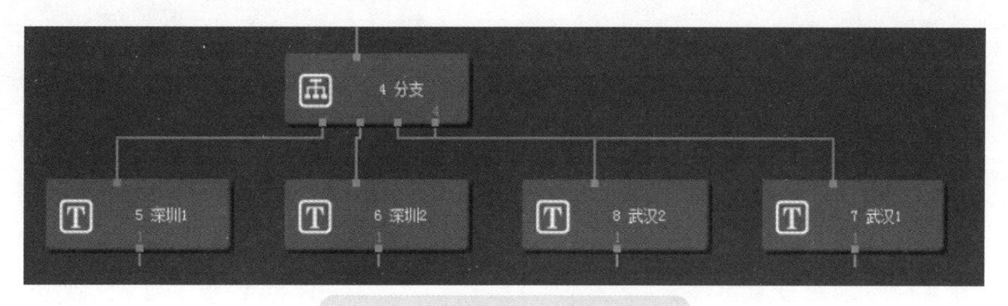

图 4-58　搬运至指定区域模块

2）添加七个 PLC，分别命名为“报警灯亮”“抓取”“上升”“放置”“上升”“报警灯灭”“回零”，添加“3D 相机”“点云处理”“体积测量”“用户变量”四个工具。抓取与放置流程图如图 4-59 所示。

3）抓取与放置的动作设置可参考前述“3D 抓取与放置”的内容。

4）在“用户变量”工具中，添加五个 Double，分别命名为长、宽、高、面积、体积，如图 4-60 所示，分别引用体积测量中的“输出参数 . 矩形体长度”“输出参数 . 矩形体宽度”“输出参数 . 矩形体高度”“输出参数 . 矩形体面积”“输出参数 . 矩形体体积”，如图 4-61 所示，完成数据保存。

图 4-59　抓取与放置流程图

图 4-60　用户变量输出参数

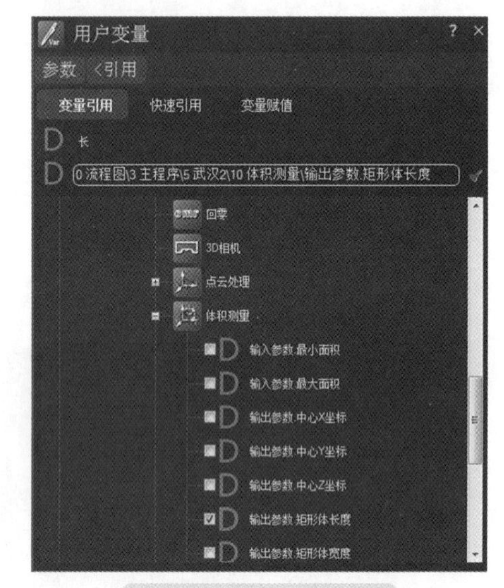

图 4-61　用户变量引用

五、思考与探索

1. 3D 标定的流程步骤是什么？
2. 设备中提供的三个相机分别是什么型号？应用时有何区别？
3. 本次任务中 2D 相机和 3D 相机分别完成什么具体任务？
4. 点云处理和表面拟合的作用是什么？
5. 物流包裹搬运的过程包含哪几个动作流程？
6. 根据项目实施完成以下内容：

任务考核表

完成时间		成绩评定	
选用相机型号			
选用镜头型号			
选用光源及参数			
主要选用工具			

综合测量结果图像粘贴处：

项目实施过程中存在的问题及解决方案：

项目评分表

类型	项目	单项分	自评得分	小组评分	教师评分
硬件安装及调试（26分）	相机选型正确	4			
	镜头选型正确	4			
	光源选型正确	2			
	光源控制工具正确	2			
	视野合理、清晰	4			
	R 轴接线正确	2			
	R 轴气路正常运行	2			
	PLC 回零正常	2			
	PLC 定点移动正确	2			
	PLC 位置获取正确	2			
工具的配置（26分）	配置工具正确	12			
	标定工具使用正确	10			
	光源频闪控制正确	4			
二维码识别（19分）	二维码显示清晰	15			
	测量数据保存正确	2			
	数据结果保存正确	2			
物流包裹搬运（19分）	搬运正常	8			
	正确抓取	4			
	平稳放置	2			
	运动流程完整	3			
	报警灯正常显示	2			
职业素养及安全意识（10分）	操作合规、穿戴得体	4			
	工具摆放整齐	2			
	精神素质良好	2			
	操作过程节约环保	2			
总分					

7. 完成自备瓶盖条形码识别及搬运任务，填写以下内容：

完成时间		成绩评定	
相机、镜头、光源的选型计算报告			

选用相机型号	
选用镜头型号	
选用光源及参数	
主要选用工具	

程序流程图：

测量结果图像粘贴处：

六、岗课赛证要求

项目		要求
职业标准	××公司机器视觉系统运维岗位标准	标准 1：能够对机器视觉设备进行故障诊断和初步的维修 标准 2：能够应用机器视觉系统识别二维码并进行数据的读取和保存 标准 3：能够准确地完成不同物体的搬运
职业技能竞赛	机器视觉系统应用技能大赛	赛点 1：准确地完成 3D 标定 赛点 2：能够完整地设计包括回零、警示灯等环节的 PLC 控制流程 赛点 3：能够应用机器视觉系统完成物体体积的测量
“1+X”证书	“1+X”工业视觉系统运维职业技能等级证书	考点 1：掌握 3D 坐标转换的原理和方法 考点 2：能够根据实际工作情况完成机器视觉设备的运行和初步的维修 考点 3：快速、平稳地完成立体物料的搬运

项目五 液体试管识别及分拣

知识目标	● 理解常见颜色模型的类型及其特点。 ● 理解条形码和二维码的概念及特点。 ● 理解机器视觉图像识别的定义以及发展历程。 ● 理解食品检测行业的发展现状以及机器视觉在食品加工及包装行业的应用。 ● 掌握标定板的选型方法与 N 点标定的具体流程。 ● 掌握条码识别、颜色提取及液位识别的编程及应用。 ● 掌握液体试管识别与分拣的流程及参数设置方法。
能力目标	■ 能够熟练地完成硬件的选型与安装。 ■ 能够根据样品尺寸和区域要求完成视野调焦与镜头对焦。 ■ 能够合理地选择标定板并完成 N 点标定。 ■ 能够实现条码识别、颜色提取及液位识别的编程及应用。 ■ 能够完成液体试管识别与分拣的 Kimage 编程。
素养目标	◆ 养成规范操作、安全生产的岗位素养。 ◆ 提高责任意识与分工协作意识。 ◆ 树立精益求精、开拓进取的职业素养。 ◆ 树立专业自信、服务地方的专业理念。
学习策略	首先观察 PCB 图像的平面尺寸，并对需要测量的尺寸进行记录、分类。按照实施流程先完成 PCB 图像的拼接，再进行典型参数的测量。

一、任务解析

本项目首先要完成液体试管识别，然后根据识别结果与定位坐标，按要求对试管进行分拣，具体任务如下。

（一）液体试管识别与分拣任务

液体试管及料盘 1 套，单根试管尺寸为 ϕ70mm×13mm（共 6 根）；料盘长 200mm、宽 120mm。视野范围要求：200mm×150mm（视野范围允许有一定的正向偏差，最大不得超过 20mm）；工作距离要求：405mm（视野范围允许有一定的正向偏差，最大不得超过 10mm）；必须使用彩色相机，检测区必须在光源能照射到的范围内，如图 5-1 所示。

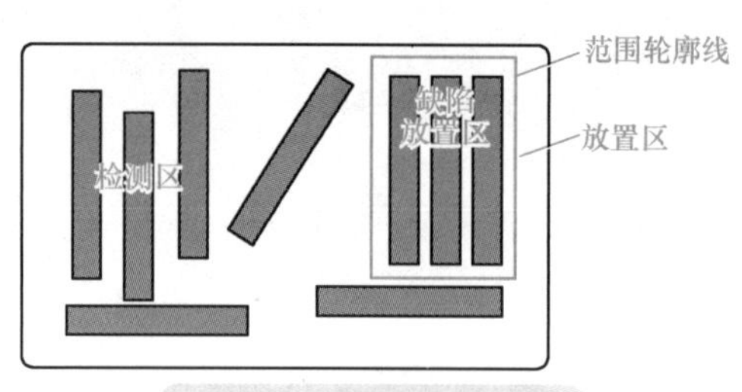

图 5-1　液体试管的放置

1. 识别任务

试管初始位置由技术人员放置在已设计好的定位区内。定位区的视野要求：保证料盘中的所有试管均在视野内，试管条码朝上。识别任务如下：

1）编写视觉和运动控制程序，移动运动平台到达定位拍照位，点亮上光源，相机拍摄图像，熄灭光源。

2）使用扫码工具，对试管上的条码进行识别，输出、显示结果。

2. 定位任务

1）点亮下光源，相机拍摄图像，熄灭光源。

2）使用定位工具进行试管的定位，输出的位置为试管在机构坐标内的当前位置，输出缺陷试管坐标。

3. 检测任务

1）检测试管中的液体是否装满。液体试管识别及分拣示意图如图 5-2 所示。

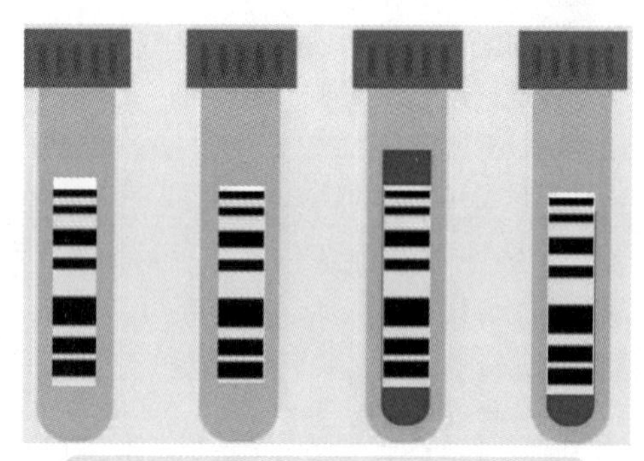

图 5-2　液体试管识别及分拣示意图

2）检测试管盖子颜色，如图 5-3 所示。

3）数据统计及分析。对检测结果数据进行分析统计并生成数据报表，将报表文件保存到 C:\ 机器视觉系统应用项目五\ 工号-学号\ 液体试管识别与分拣数据 . csv 文件中。根据实际情况筛选瓶盖颜色不良品，颜色数量为 1 的为不良品。

4. 分拣任务

根据检测结果，需要将不合格的液体试管放到不合格区。需要注意的是，试管朝向必须一致。

（二）显示任务

要求主界面显示当前相机采集图像，将条码检测结果、试管检测结果和坐标显示在图像

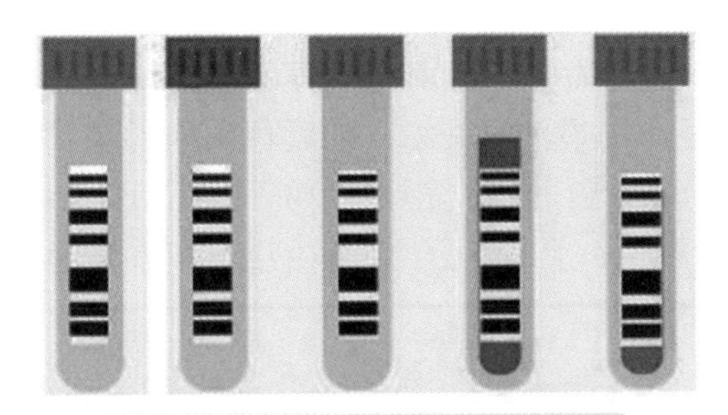

图 5-3　液体试管瓶盖检测示意图

上，界面及结果显示如图 5-4 所示。

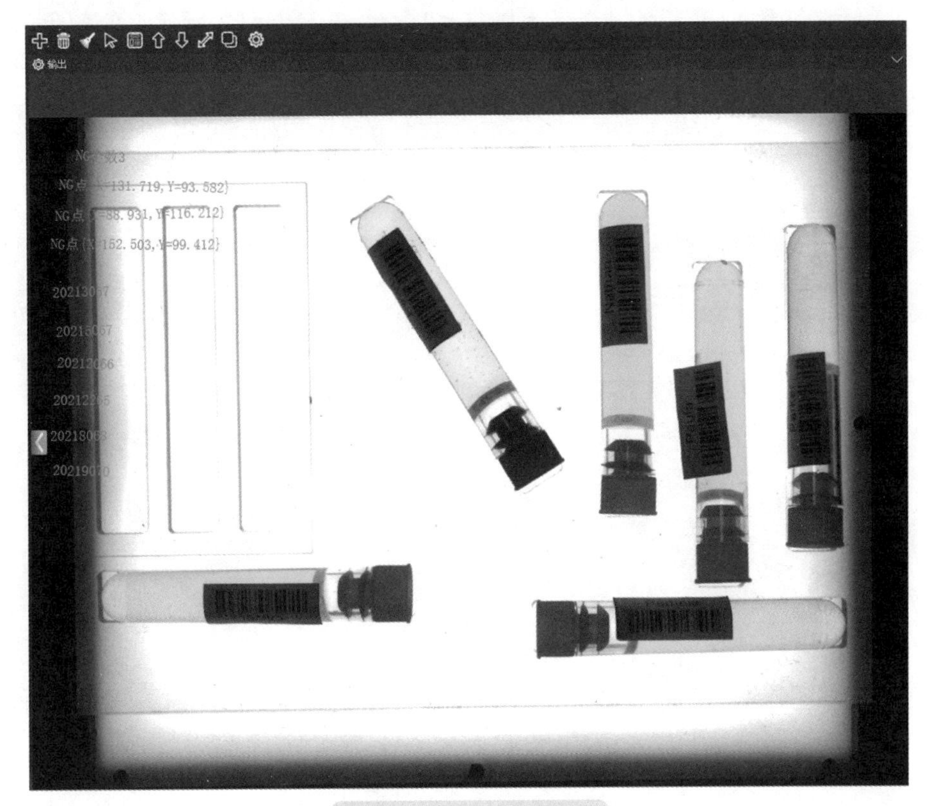

图 5-4　界面及结果显示

二、知识链接

（一）颜色模型

颜色模型（颜色空间）就是用一组数值来描述颜色的数学模型。

常见的颜色模型主要有 RGB 颜色模型、HSV 颜色模型、CMYK 颜色模型、XYZ 颜色模型、HSI 颜色模型。

1. RGB 颜色模型

RGB 颜色模型是工业界的一种颜色标准。这种颜色模型是通过对红（R）、绿（G）、蓝（B）三种颜色通道的变化以及它们的相互叠加来得到各种颜色的。RGB 颜色模型如图 5-5

所示。

这个标准几乎包括了人类视力所能感知的所有颜色，是目前运用最广的颜色系统之一。RGB 颜色模型通常用于彩色图形显示设备中，如彩色阴极射线管、彩色显示器等。在图 5-5 所示正方体的主对角线上，各原色的强度相等，均等的 RGB 三通道值混色后即是不同的灰度值，其中（0，0，0）为黑色，（1，1，1）为白色。正方体的其他六个角点分别为红色、黄色、绿色、青色、蓝色和紫色。

2. HSV 颜色模型

HSV 颜色模型模拟人类视觉细胞对颜色的感受，如图 5-6 所示。在 HSV 颜色模型中，每种颜色都是由色相（Hue，H）、饱和度（Saturation，S）和色明度（Value，V）所表示的。HSV 颜色模型对应于圆柱坐标系中的一个圆锥形子集，圆锥的顶面对应色明度值$V=1$，它包含 RGB 模型中的$R=1$、$G=1$、$B=1$三个面，所代表的颜色最亮。色相H由绕V轴的旋转角给定：红色对应于0°，绿色对应于120°，蓝色对应于240°。在 HSV 颜色模型中，每种颜色和它的补色相差180°。饱和度S的取值为0~1，所以圆锥顶面的半径为1。

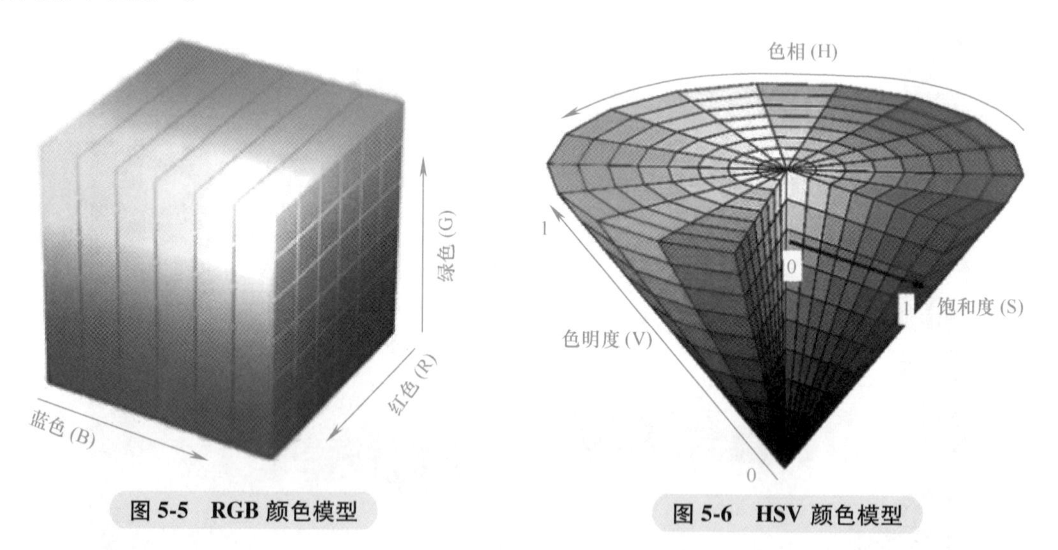

图 5-5　RGB 颜色模型

图 5-6　HSV 颜色模型

HSV 颜色模型的三维表示从 RGB 立方体演化而来，设想从 RGB 沿立方体对角线的白色顶点向黑色顶点观察，就可以看到立方体的六边形外形。六边形边界表示色彩，水平轴表示纯度，明度沿竖直轴测量。

3. CMYK 颜色模型

CMYK 颜色模型（图 5-7）主要应用于印刷业。实际印刷中，一般采用青（Cyan，C）、品（Magenta，M）、黄（Yellow，Y）、黑（Black，BK）四色印刷，通过青、品、黄三原色油墨的不同网点面积率的叠印来表现丰富的颜色。当红、绿、蓝三原色被混合时，会产生白色；但是，当混合蓝绿色、紫红色和黄色三原色时，则会产生黑色。既然实际用的墨水并不会产生纯正的颜色，黑色是包括在分开的颜色，而这模型称为 CMYK。CMYK 颜色空间是和设备或者印刷过程相关的，因工艺方法、油墨的特性、纸张的特性等不同的条件则有不同的印刷结果。所以，CMYK 颜色空间称为与设备有关的表色空间。

在印刷过程中，必然有一个分色的过程。所谓分色，就是将计算机中使用的 RGB

颜色转换成印刷使用的 CMYK 颜色。转换过程中有两个复杂的问题：一是这两种颜色模型在表现颜色的范围上不完全相同，RGB 的色域较大，而 CMYK 的色域则较小，因此就要进行色域压缩；二是这两种颜色模型都是和具体设备相关的，颜色本身没有绝对性，因此需要通过一个与设备无关的颜色模型来进行转换，即可以通过以下介绍的 XYZ 颜色模型进行转换。

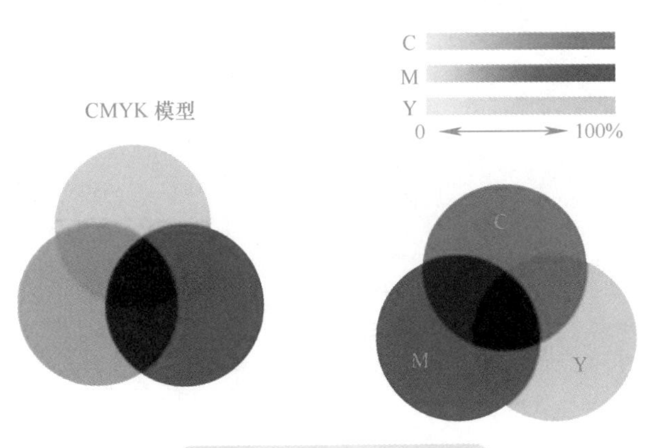

图 5-7　CMYK 颜色模型

4. XYZ 颜色模型

国际照明委员会（CIE）在对大量正常人视觉进行测量和统计后，于 1931 年建立了“标准色度观测者”系统，从而奠定了现代 CIE 标准色度学的定量基础。由于“标准色度观测者”用于标定光谱色时会出现负刺激值，不便于计算，也不易于理解，因此 1931 年 CIE 在 RGB 系统的基础上，改用三个假想的原色 X、Y、Z 建立了一个新的色度系统。将它匹配等能光谱的三刺激值，定名为“CIE1931 标准色度观测者光谱三刺激值”，简称“CIE1931 标准色度观测者”，这一系统叫作“CIE1931 标准色度系统”或“视场 XYZ 色度系统”。对 CIE 的 XYZ 颜色模型稍加变换，就可得到 Yxy 色彩空间，其中 Y 取三刺激值中 Y 的值，表示亮度；x、y 反映颜色的色度特性。

在色彩管理中，选择与设备无关的颜色模型是十分重要的。与设备无关的颜色模型由国际照明委员会制定，包括 CIEXYZ 和 CIELAB 两个标准，它们包含了人眼所能辨别的全部颜色。而且 CIEYxy 测色制的建立给定量地确定颜色创造了条件。但是，在这一空间中，两种不同颜色之间的距离值并不能正确地反映人们色彩感觉差别的大小，也就是说，在 CIEYxy 色彩图中，在不同位置、不同方向上，颜色的宽容量是不同的，这就是 Yxy 颜色模型的不均匀性。这一缺陷的存在，使得在 Yxy 及 XYZ 空间中不能直观地评价颜色。

5. HSI 颜色模型

HSI 模型（图 5-8）用 *H*、*S*、*I* 三个参数描述颜色特性，它是由孟塞尔（Munseu）提出的一种颜色模型。其中，*H* 定义颜色的波长，称为色调；*S* 表示颜色的深浅程度，称为饱和度；*I* 表示颜色的强度或亮度。HSI 颜色模型反映了人的视觉对色彩的感觉。

在 HSI 颜色模型中，色调 *H* 和饱和度 *S* 包含了颜色信息，而强度 *I* 则与彩色信息无关。色调 *H* 由角度表示，它反映了颜色最接近哪种光谱波长，即光的不同颜色，如红色、蓝色、绿色等。通常假定 0 表示的颜色为红色，120 为绿色，240 为蓝色。0~360 的色调覆盖了所有可见光谱的彩色。饱和度 *S* 表征颜色的深浅程度，饱和度越高，颜色越深，如深红色、深绿色。饱和度参数是色环的原点（圆心）到彩色点的半径的长度。由色环可以看出，在环的边界上的颜色饱和度最高，其饱和度值为 1；在环的中心的颜色是中性（灰色）阴影，其饱和度为 0。亮度是指光波作用于感受器所产生的效应，其大小由物体的反射系数决定：反射系数越大，亮度越大；反之，则亮度越小。如果把亮度作为色环的垂线，那么 H、S、I 将构成一个柱形彩色空间，即 HSI 模型的三个属性定义了一个三维柱形空间，灰度阴影沿着轴线自上而下亮度逐渐增大，由底部的黑色逐渐变成顶部的白色。圆柱顶部圆周上的颜色具有最高的亮度和饱和度。

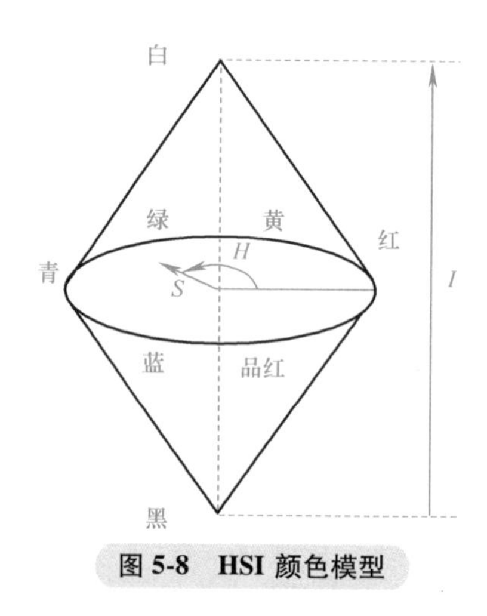

图 5-8　HSI 颜色模型

（二）码类概述

1. 条形码

一维条码即为条形码，它是由一组规则排列的条、空组成的标记，用于表示信息，如图 5-9所示。

图 5-9　条形码

条码技术最早出现在 20 世纪 40 年代，当时美国的两位工程师研究用条码表示信息，这种条码由几个黑色和白色的同心圆组成，被形象地叫作牛眼式条码。这种条码与目前广泛应用的一维条码在原理上一致，它们都是用深色的条和浅色的空来表示二进制数的“1”和“0”。

我国在 1991 年加入国际商品编码协会，在 1992 年开发出第一个 POS 信息条形码采集系统，这标志着我国具备了使用条形码的基础条件，而后随着大型商超在我国各大城市的普及，条形码便进入人们的日常生活中。

2. 二维码

二维码（QR 码）是采用特定的几何图形，按一定规律在平面（二维方向）上分布的黑白相间的矩形方阵记录数据信息的新一代条码技术，如图 5-10 所示。

二维码是在一维条码的基础上，扩展出多一维的具有可读性的条码，由于它在两个维度上都携带了信息，所以能存储更多的数据和信息。二维码由一个二维码矩阵图形和一个二维码号，以及下方的说明文字组成，具有信息量大、纠错能力强、识读速度快、全方位识读等特点。

图 5-10　二维码

（三）机器视觉图像识别

机器视觉图像识别功能主要是指利用计算机对图像进行处理、分析和理解，以识别各种不同模式的目标和对象的技术。图像识别技术的发展经历了文字识别、数字图像处理与识别、物体识别三个阶段。文字识别的研究是从 1950 年开始的，一般是识别字母、数字和符号，从印刷文字识别到手写文字识别，文字识别的应用领域非常广泛，包括自动驾驶、产品检测等。

数字图像处理与识别的研究开始于 1965 年。数字图像与模拟图像相比具有存储、传输方便，且在传输过程中不易失真，数据处理方便等优势，这些都为图像识别技术的发展提供了强大的动力。

物体识别主要是指对三维世界中的客体及环境的感知和认识，属于高级的计算机视觉范畴。它是以数字图像处理与识别为基础，结合人工智能系统学等学科作为研究方向，其研究成果被广泛应用在各种工业及探测机器人领域。

当前图像识别技术的主要不足是自适应性差，如果目标图像被较强的噪声污染或者目标图像有较大残缺，往往就得不出理想的结果。但是在同样的情况下，人类仍然可以认出他们过去知觉过的图像。随着神经网络架构和深度学习算法的出现与发展，图像识别技术的自适应性将不断提升，最终将接近也许甚至会超过人类的识别水平。

三、核心素养

（一）我国食品检测行业发展现状

食品检测是指通过对食品进行系统性的检验、分析和评估，以确保其符合相关法规、标准和质量要求，从而保障消费者的健康和安全，如图 5-11 所示。在食品检测行业中，检测产品包括乳制品、果蔬产品、饮料酒类、肉类产品、食用油产品、水产品等。检测项目有理化指标（颜色、气味、PH 值等）、营养成分（碳水化合物、脂肪、蛋白质等）、食品安全（农兽药残留、重金属等）、营养标签（黄酮类、皂苷类、苯丙素类等）等。

图 5-11　食品安全检测

随着生活质量的提高，食品检测行业受到越来越多的关注。食品检测行业由检测机构、检测仪器和检测方法组成，主要目的是检测食品中的有害物质，以保证食品的安全性。

食品检测行业的发展得到了政府的大力支持，政府出台了一系列政策和法规，要求食品生产企业和销售企业保证食品质量安全。同时，政府还为食品检测机构提供资金支持，以帮助其更新检测设备，提高检测水平。随着科技的发展，食品检测行业的检测精度和效率得到了极大的提高。其采用多种检测方法，如色谱法、电泳法、免疫分析法等，大大提高了检测精度和效率。此外，食品检测行业还采用了智能化的检测仪器，如质谱仪、原子吸收光谱仪、原子发射光谱仪等，使检测更加准确、快捷。未来，食品检测行业将继续得到政府的大力支持，发展前景广阔。

（二）机器视觉在食品加工及包装行业的应用

在现代工业自动化生产中，涉及各种各样的检查、测量和零件识别应用，如汽车零配件尺寸检查和自动装配的完整性检查、饮料填充量的检测、电子装配线的元件自动定位、饮料瓶瓶盖的印刷质量检查、产品包装上的条码和字符识别等。这类应用的共同特点是连续大批量生产，而且对外观质量的要求非常高。以前这些工作只能靠人工检测来完成，人工成本和管理成本较高，而且不能保证100%的检验合格率。机器视觉就是用机器代替人眼进行测量和判断，适用于需要在大批量生产过程中进行测量、检查和辨识的行业，特别是食品与饮料包装行业。机器视觉检测技术在食品与饮品包装领域的应用如图 5-12 所示。

图 5-12　机器视觉检测饮品包装

（三）安全规范

1）在使用过程中，严格按照设备操作手册要求执行关机等程序，不做强制开关行为。

2）上机前做好充分准备，熟悉各机器视觉组件和图形化编程软件，严格遵守光学或电气组件的相关操作要求，接线前一定要看清引脚定义和电压要求。

3）上机时要遵守试验室的规章制度、爱护试验设备，要熟悉与试验相关的系统软件使用方法。

4）按照试验要求，对软件操作流程进行必要的改动，增加一些功能。

5）机器视觉检测对检测台的清洁度要求较高，应通过吹气或用棉布对玻璃盘除尘，以保障产品检测精度。

6）定期维护视觉检测用计算机，清理系统垃圾，及时更新软件，确保计算机稳定运行。

7）专业技术人员负责管理视觉检测设备，防止其他人员擅自移动镜头、光源、软件，以免影响检测精度。

8）实训结束断电后，检查设备，清理场地。

四、项目实施

为了使液体试管识别与分拣过程的编程条理更清晰，具体过程可参照液体识别与分拣过程思维导图，如图 5-13 所示。

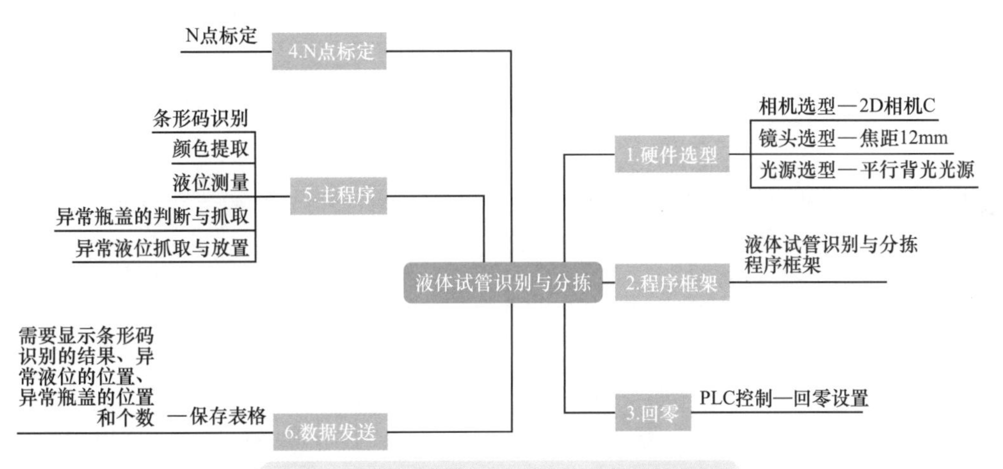

图 5-13　液体试管识别与分拣过程思维导图

（一）硬件选型及安装

完整的液体试管识别与分拣过程包括相机的选型与安装、镜头的选型与安装、光源的选型与安装和相关控制参数设置等硬件操作，以及 N 点标定、条形码识别、瓶盖颜色提取、液位测量等一系列软件操作。

下面将针对上述任务要求，从相机选型、工业镜头计算与选型、光源选型、参数设置和软件程序编写等方面入手，对液体试管识别与分拣任务的实施进行讲解。

1. 相机选型

根据任务要求，要完成液体试管识别，并根据识别结果与定位坐标，按要求对试管进行分拣，必须使用彩色相机，检测区必须在光源范围内，选择彩色 2D 相机（相机 C）。

2. 工业镜头计算与选型

（1）像长的计算　彩色 2D 相机的像元尺寸为 2. 2μm，像素为 2592×1944，根据像长计算公式可得

$$L=\text{像元尺寸}\times\text{像素（长、宽）}$$

即彩色 2D 相机内部芯片的像长 L 的长度、宽度分别为 5. 70mm、4. 28mm。

（2）焦距的计算　在选择镜头搭建一套成像系统时，需要重点考虑像长 L、成像物体的长度 H、镜头焦距 f 以及物体至镜头的距离 D 之间的关系，物像之间的简化关系为

$$\frac{L}{H}=\frac{f}{D}$$

根据任务要求，液体试管识别与分拣的工作距离为200~250mm，单个视野的尺寸为200mm×150mm（允许正向偏差不超过20mm），取工作距离的最大值250mm作为机械零件至镜头的距离D，80mm、60mm为成像物体的长度H，因此，在焦距的计算中需要分别对长度和宽度进行计算。

（3）工业镜头的选型　根据焦距计算公式，计算得出长边焦距等于11.55mm，短边焦距等于11.55mm，考虑到实际误差、工业镜头的焦距微调区间（±5%），以及任务要求中允许的视野范围正向偏差20mm，选择的镜头焦距f应接近于11.55mm。根据设备所提供的三种镜头，选择型号为HN-P-1228-6M-C2/3、焦距为12mm的镜头，其相关参数见表5-1。

表5-1　HN-P-1228-6M-C2/3焦距12mm工业镜头参数

型号		HN-P-1228-6M-C2/3
靶面型号/（″）		2/3
支持像元尺寸/μm		最小2.4
焦距/mm		12 ± 5%
光学总长/mm		55 ± 0.2
法兰距/mm		17.526±0.2
光圈范围（F数）		F2.8~F16
视场角（H×V）/（°）		39.00 × 29.92（47.50）
像质	光学畸变（%）	±1.2
	TV畸变（%）	0.51
聚焦范围/m		0.1~∞
前螺纹		M27 × P0.5-7H
接口		C口
尺寸（D×L）/mm		ϕ33.0 ×41.2（不含螺纹）

3. 光源选型

根据任务要求，需识别五个液体试管上的条形码并进行液位测量，为了提高识别精度，需要将外界环境的影响降至最低，故选择安装平行背光光源和小号环形三色上光源，提供上下垂直的光照，使拍摄的图像更加清晰、精度更高。

在合适的位置安装相机、镜头、光源、治具等，保证安装稳固，镜头与相机之间的连接螺纹圈须拧紧；调试镜头好之后，用紧定螺钉锁紧对焦环及光圈环；记录硬件的安装参数等结果，完成相机、光源、旋转轴、通信网络等的电路接线，完成气路的连接，保证走线正确规范、整洁、牢固，物理接口选择正确。

（二）Kimage 软件编程

1. 回零

打开 Kimage 软件，进入界面后单击“配置”按钮，新建文件名称为“液体试管识别与分拣”，并重命名工具组为“回零”，如图 5-14 所示。

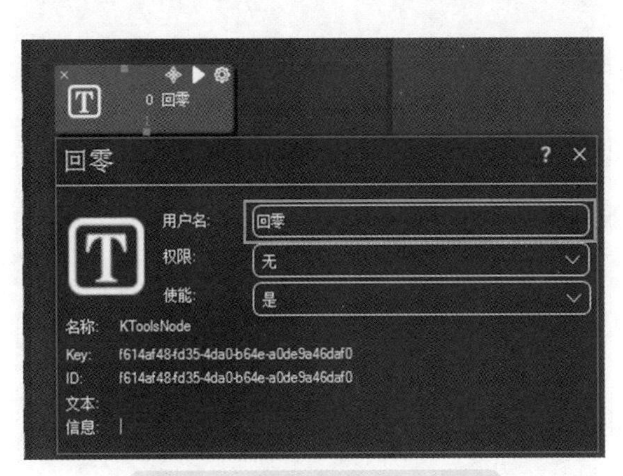

图 5-14　新建“回零”工具组

首先打开“回零”工具组，然后添加 PLC 控制工具，双击“PLC 控制”，打开界面单击“回零设置”→“解除中断”→“执行”按钮，即可完成回零设置，如图 5-15 所示。

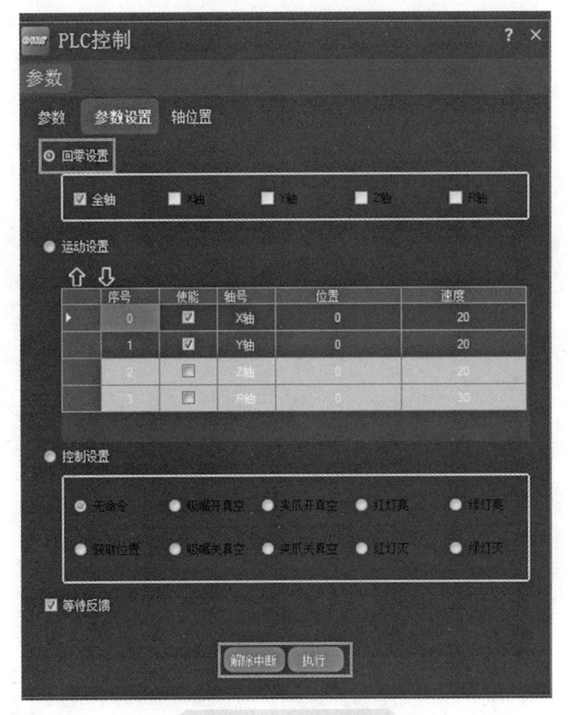

图 5-15　回零设置

2. N 点标定

1）单击“添加工具组”按钮，并重命名为“N 点标定”，双击“N 点标定”打开界面，添加 PLC 控制、光源控制以及相机，移动手柄，将工作台调节至相机拍照视野范围内。

2）打开“光源控制”界面，设置光源参数，如图 5-16 所示。

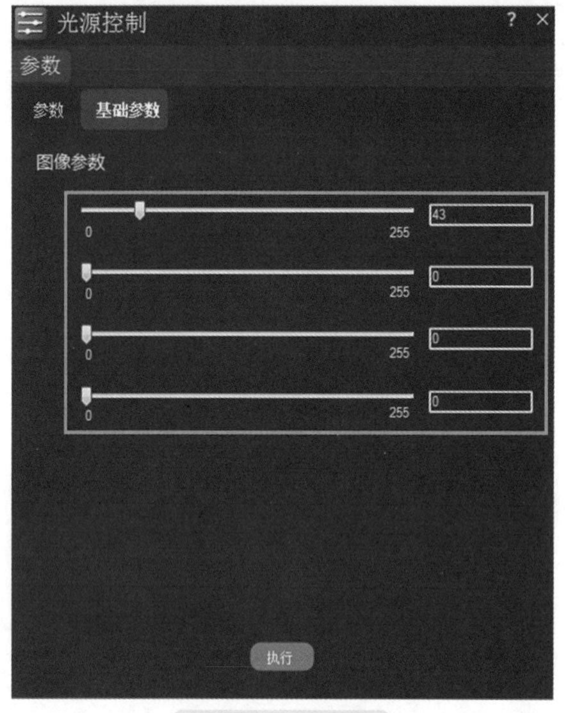

图 5-16　光源设置

3）单击“相机”按钮，调整拍照清晰度，添加定时器工具，延时时间间隔设置为 200~500，同时添加光源控制，在“定位工具”中添加“查找特征点”工具，如图 5-17 所示。

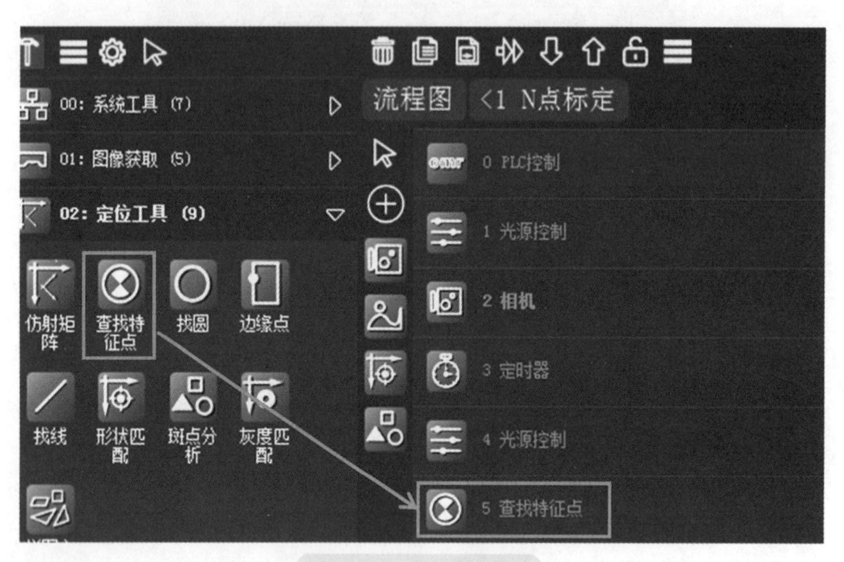

图 5-17　查找特征点

4）双击“查找特征点”打开界面并进行参数设置，执行结果如图 5-18 所示。

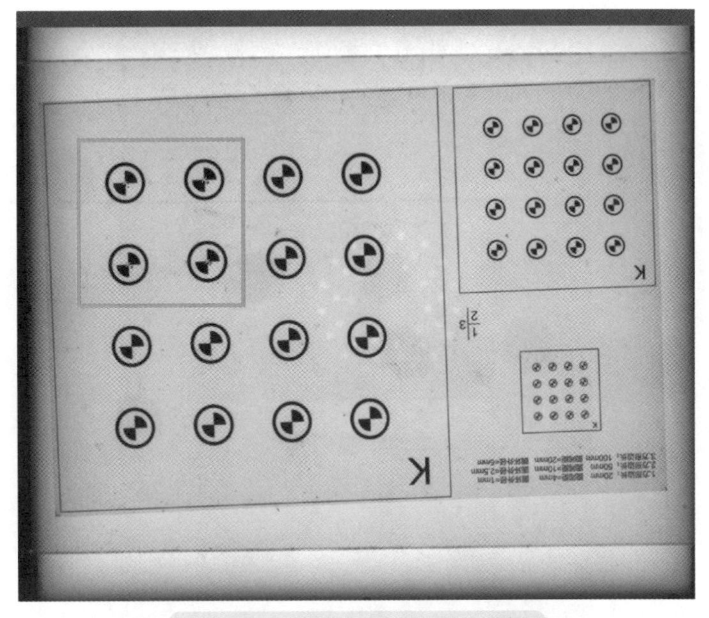

图 5-18 “查找特征点”执行结果

5）在标定工具栏中，添加 N 点标定工具，如图 5-19 所示。

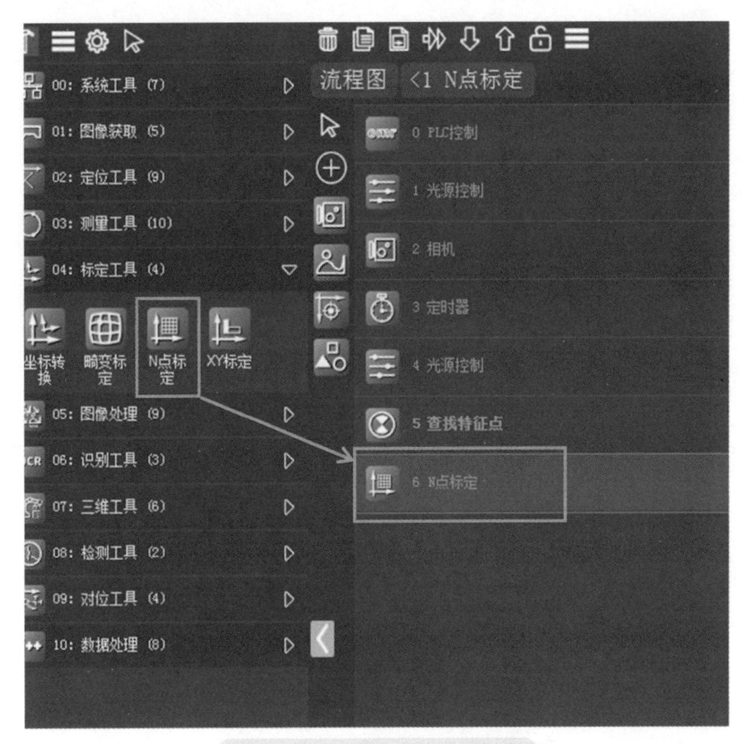

图 5-19　添加 N 点标定工具

6）像素坐标需要绑定“查找特征点”中的输出关键点，通过调节工作台，使吸嘴在工作台获取坐标位置，N 点标定结果如图 5-20 所示。

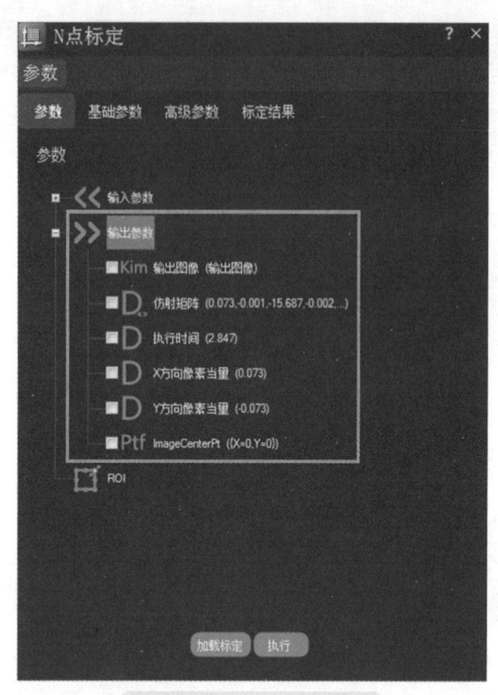

图 5-20 N 点标定结果

7）“N 点标定”总体程序流程包括“PLC 控制”“光源控制”“相机”“定时器”“光源控制”“查找特征点”“N 点标定”七个部分，如图 5-21 所示。

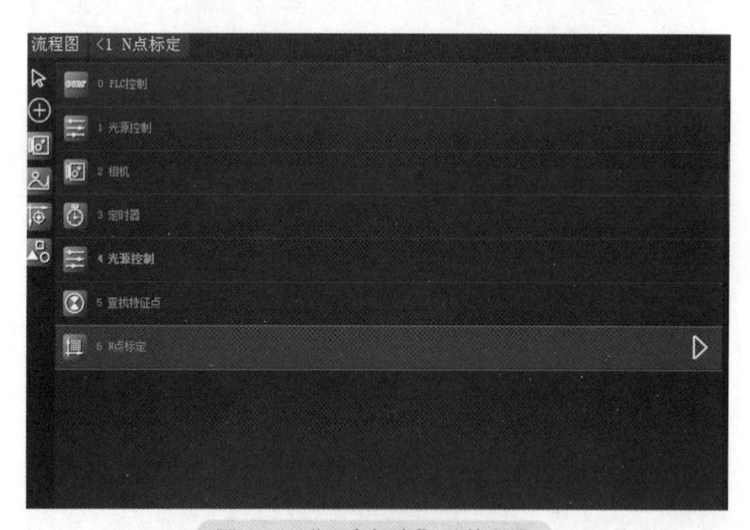

图 5-21 “N 点标定”总体程序

3. 液体试管条形码识别

1）首先新建工具组并命名为“条形码识别”，然后添加“PLC 控制”“光源控制”“相机”“定时器”“光源控制”，在图像处理工具中添加“图像处理工具”，如图 5-22 所示。最后在识别工具栏中添加“条码检测”工具，如图 5-23 所示。

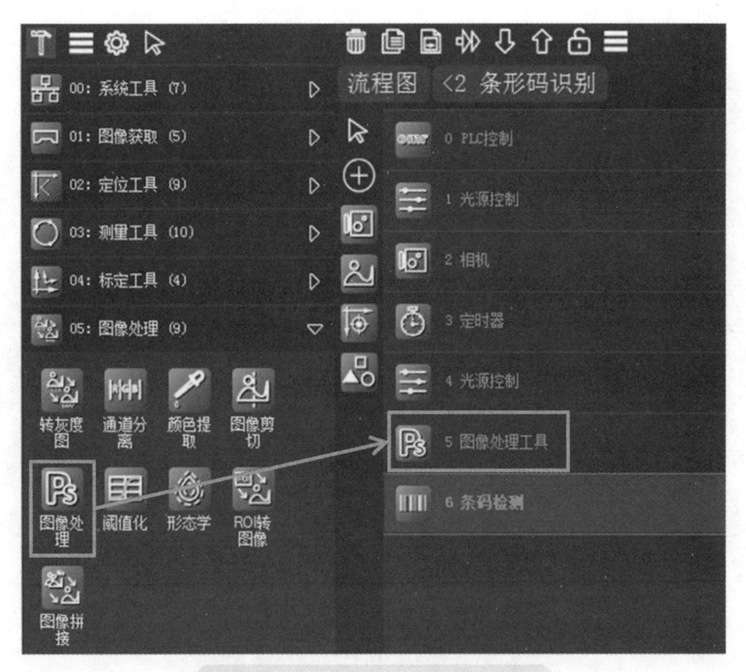

图 5-22　添加“图像处理工具”

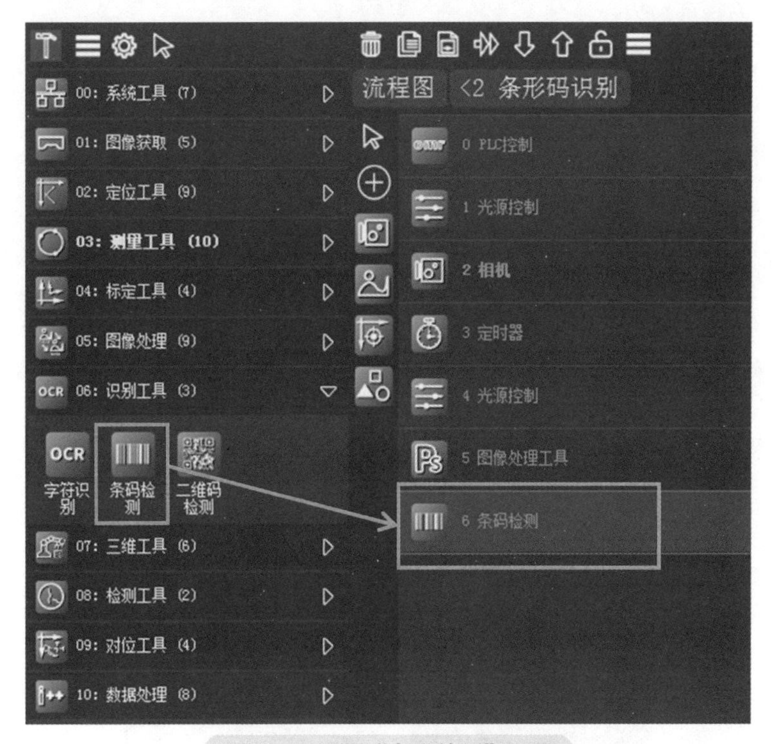

图 5-23　添加“条码检测”工具

程序总体流程包括“PLC 控制”“光源控制”“相机”“定时器”“光源控制”“图像处理工具”“条码检测”七个部分，如图 5-24 所示。

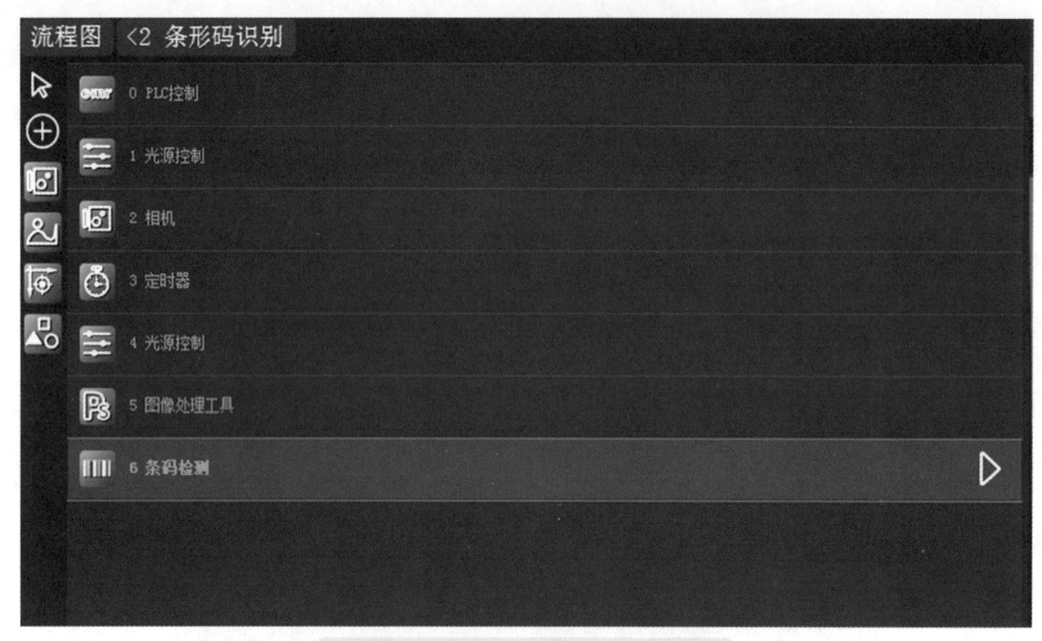

图 5-24 “条形码识别”总体流程界面

2）继续单击“相机”按钮，在弹出界面“标定数据”框中设置为“N 点标定”，如图 5-25所示。

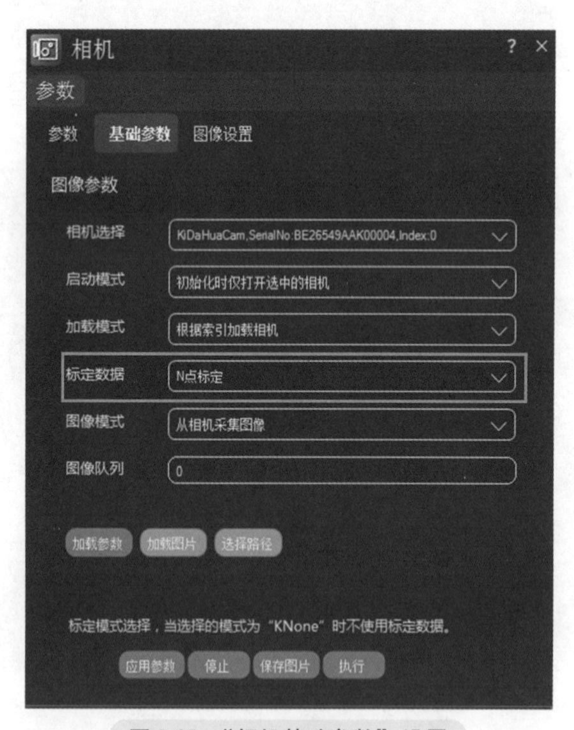

图 5-25 “相机基础参数”设置

3）单击“图像处理工具”，将识别模式调整为彩色转灰度图，单击“条码检测”工具，显示结果如图 5-26 所示。

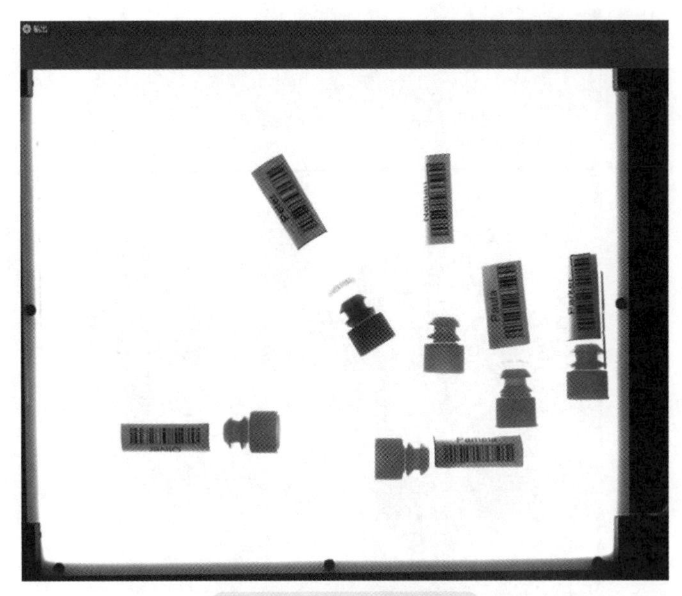

图 5-26　条码检测结果

4. 颜色提取

1）添加工具组，命名为“颜色提取”。首先将“条码检测”中的“PLC 控制”复制到该工具组，同时添加“光源控制”“相机”“定时器”等工具。在“图像处理”工具栏中，添加两个颜色提取工具，命名为“颜色提取红”和“颜色提取蓝”，如图 5-27 和图 5-28 所示。

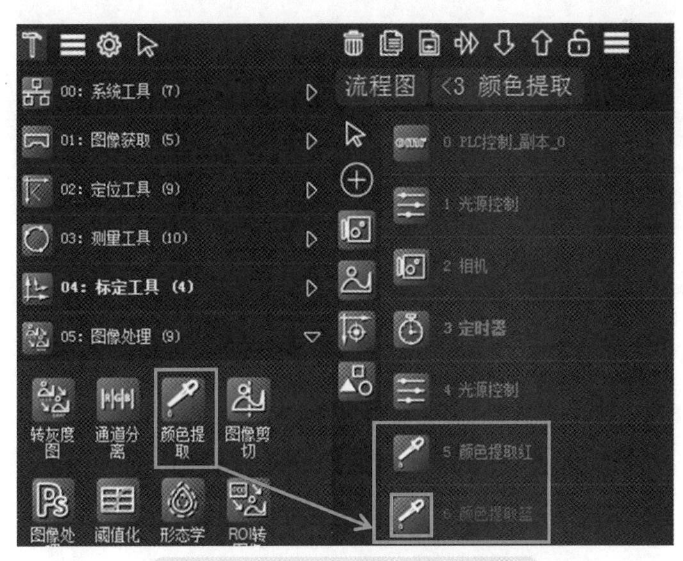

图 5-27　添加“颜色提取”工具组

2）在“定位”工具栏中，添加两个形状匹配工具，并命名为“形状匹配红”和“形状匹配蓝”，如图 5-29 所示。

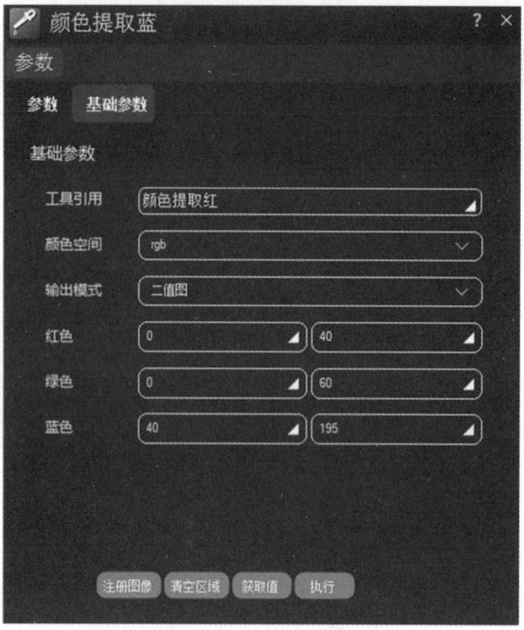

颜色提取蓝

参数

参数　基础参数

基础参数

工具引用　颜色提取红

颜色空间　rgb

输出模式　二值图

红色　0　40

绿色　0　60

蓝色　40　195

注册图像　清空区域　获取值　执行

图 5-28 “颜色提取蓝”对话框

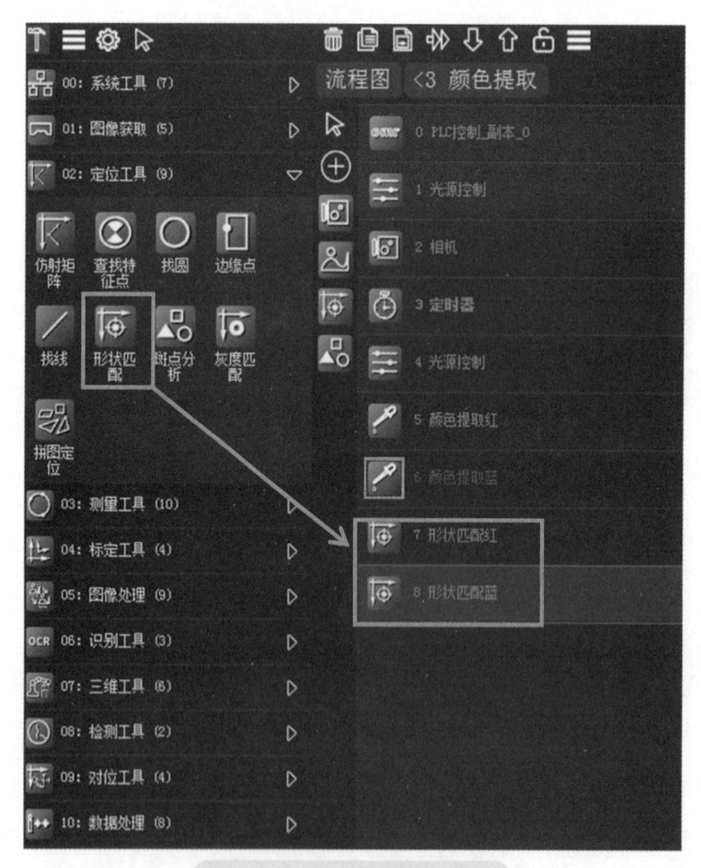

图 5-29 添加形状匹配工具

“颜色提取”总体程序流程如图 5-30 所示。

图 5-30　“颜色提取”总体程序

3）通过调节“颜色提取”中的 RGB 进行颜色提取，提取结果如图 5-31 所示。

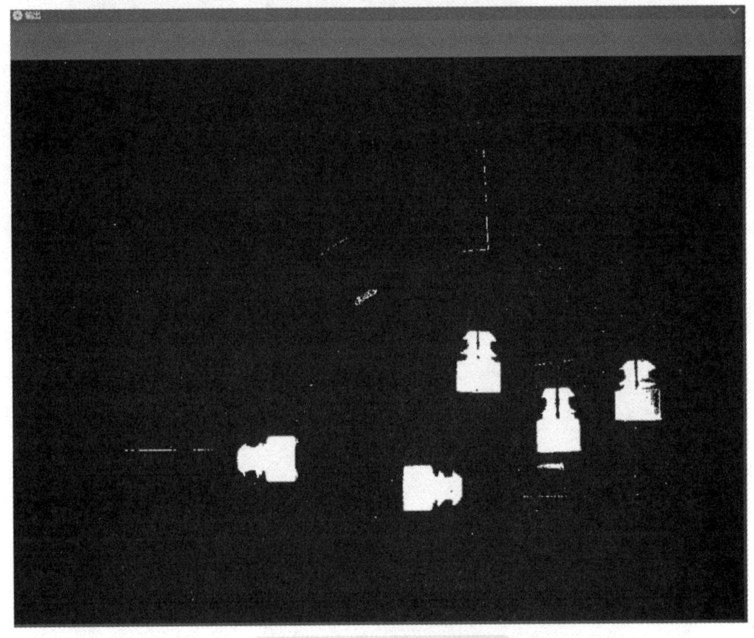

图 5-31　颜色提取结果

4）设置形状匹配参数，匹配“颜色提取红”的输出图像，匹配结果如图 5-32 所示。

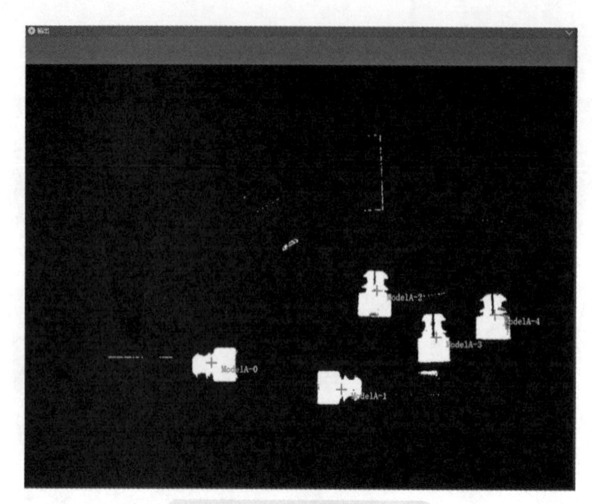

图 5-32　形状匹配结果

5. 液位识别

1）添加工具组，并命名为“液位识别”。首先将“颜色提取”中的“PLC 控制”复制到该工具组中，添加“光源控制”“相机”“定时器”“光源控制”“颜色提取”“图像处理工具”“图像处理工具”“形状匹配”等，然后在“定位”工具栏中添加“查找特征点”，如图5-33 所示。

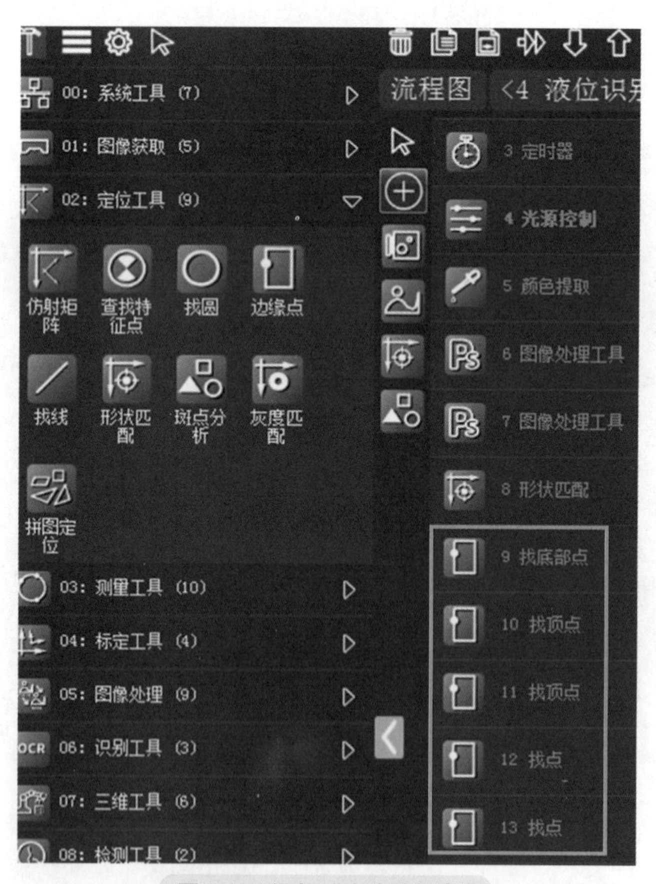

图 5-33　添加“查找特征点”

2）在“测量”工具栏中添加六个“点间距”工具，分别命名为“正常液位”“正常液位”“正常液位”“正常液位”“少液位距离”“多液位距离”，如图 5-34 所示。

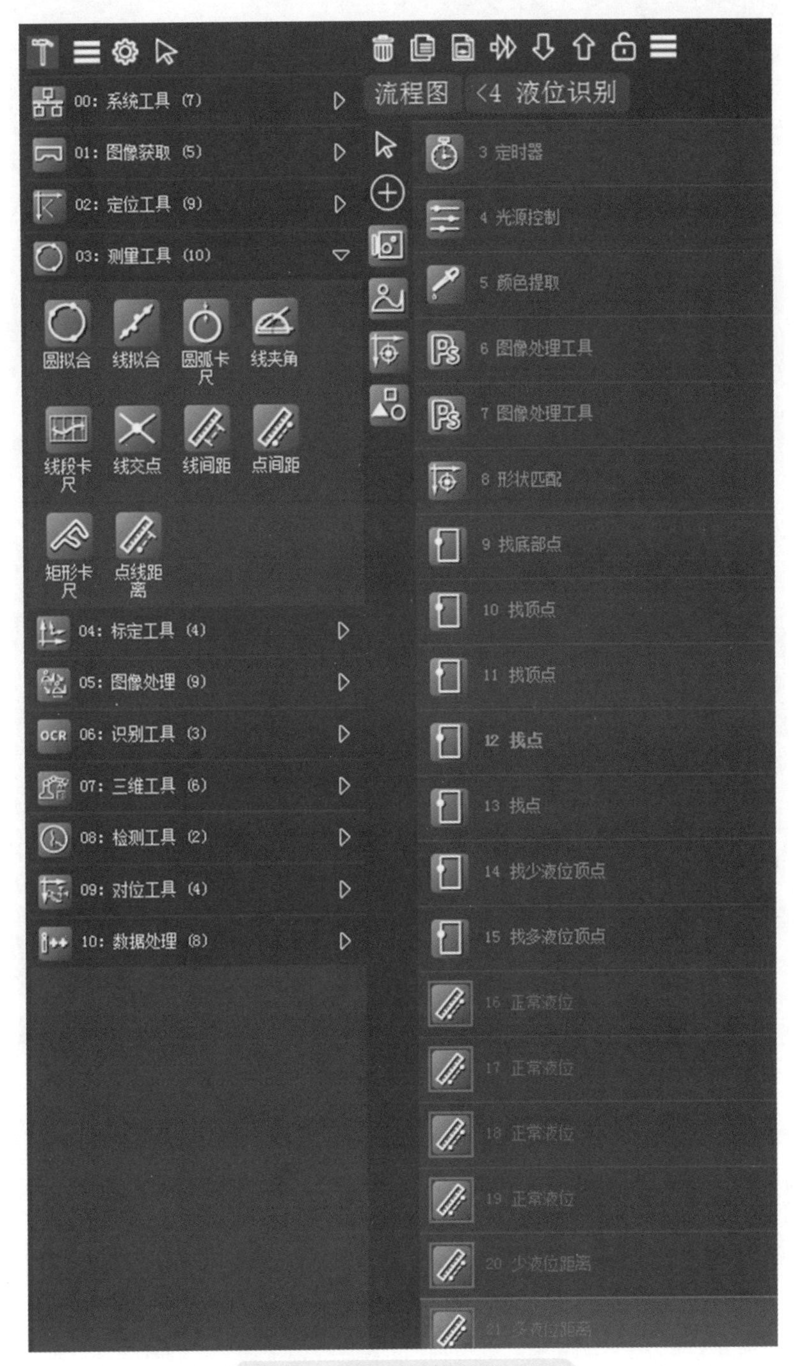

图 5-34　添加“点间距”工具

“液位识别”总体程序流程如图 5-35 所示。

3）完成形状匹配后进行找点，完成图像注册，单击“正常液位”，将找点的坐标链接在基本参数上，设置结果判断区间，重复上述操作，液位测量结果如图 5-36 所示。

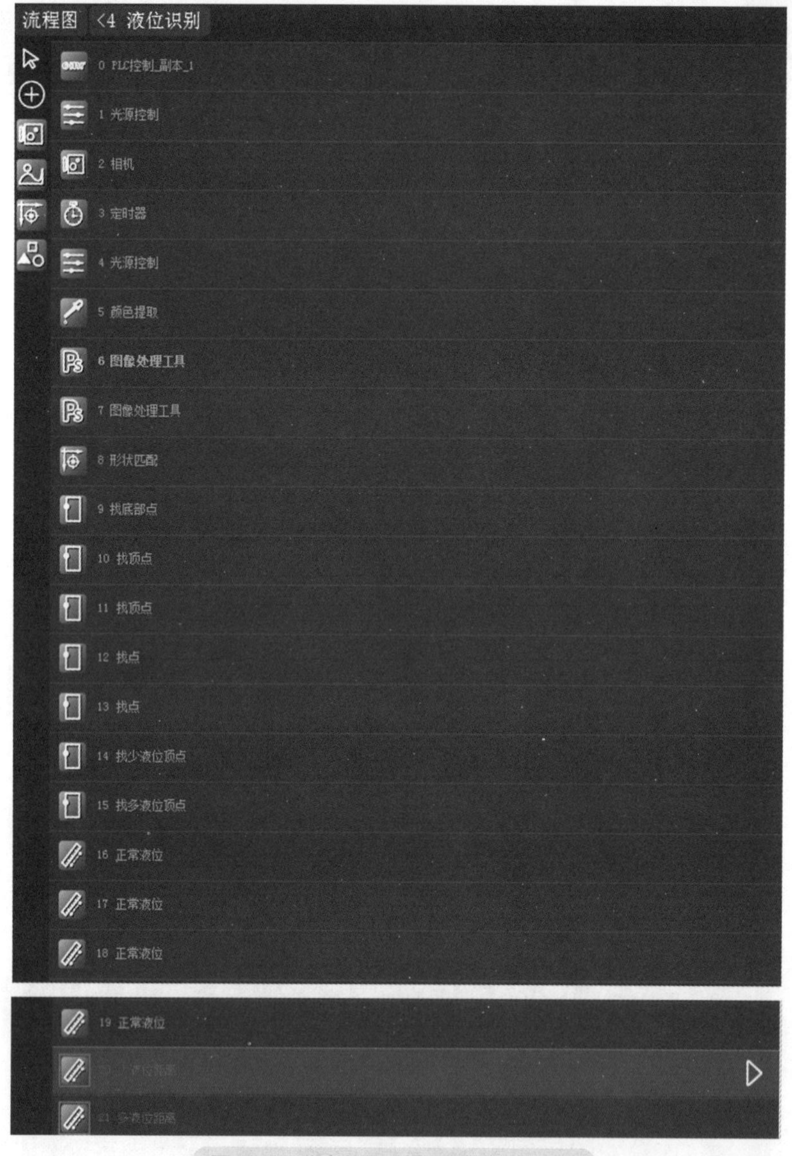

图 5-35 “液位识别”总体程序流程

4）添加标签，绑定条形码扫描结果，需要分别标注少液位和多液位，以及瓶盖颜色的不同，标注结果如图 5-37 所示。

6. 颜色判断

添加 M 模块中的判断，参数设置需要引用颜色提取的具体结果。添加工具组，命名为“抓取蓝色瓶盖液体”，添加四个 PLC 控制，分别命名为“抓取”“上升”“放置”“上升”，如图 5-38 所示。

7. 异常液位抓取与放置

添加 M 模块，并命名为“异常液位抓取与放置”，添加工具组，分别命名为“少液位抓取与放置”“多液位抓取与放置”，分别添加四个 PLC 控制，分别命名为“抓取”“上升”“放置”“上升”，接下来返回“颜色提取”中的“拍照位”，执行前的结果如图 5-39a 所示，执行后的结果如图 5-39b 所示。

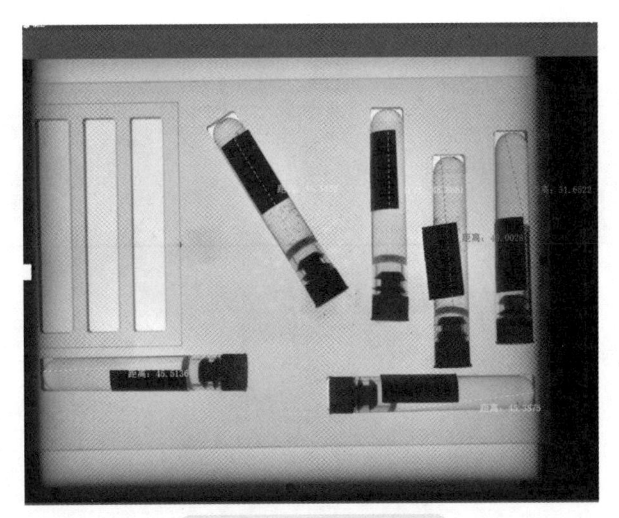

图 5-36　液位测量结果

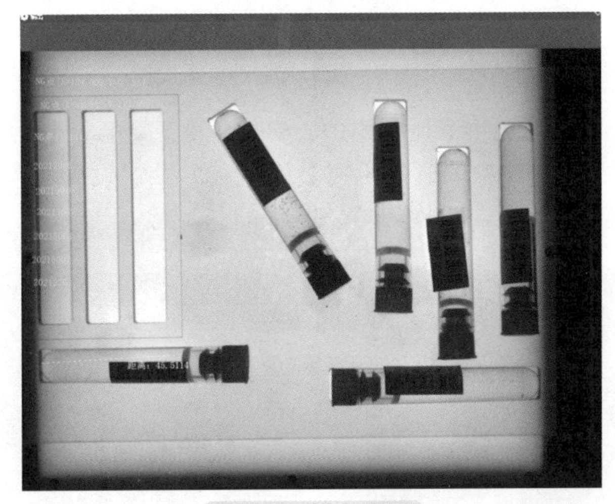

图 5-37　标注结果

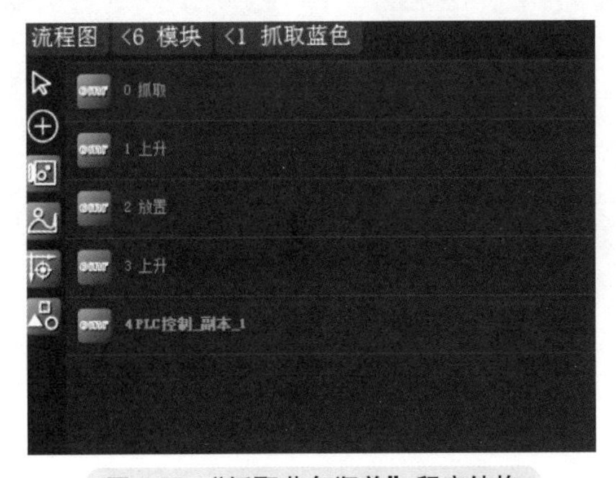

图 5-38　“抓取蓝色瓶盖”程序结构

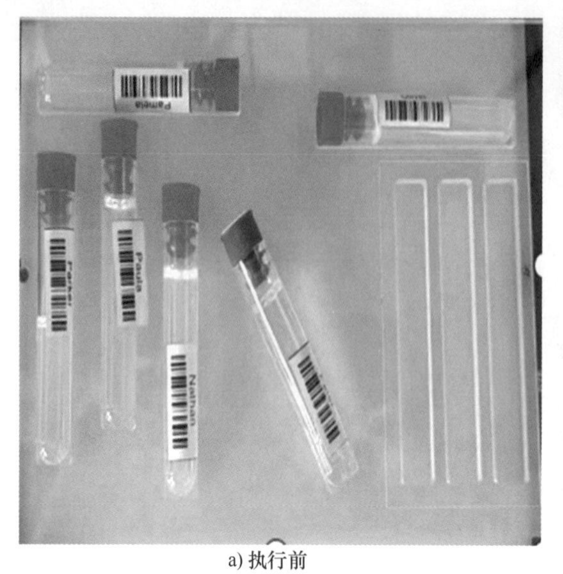

a) 执行前

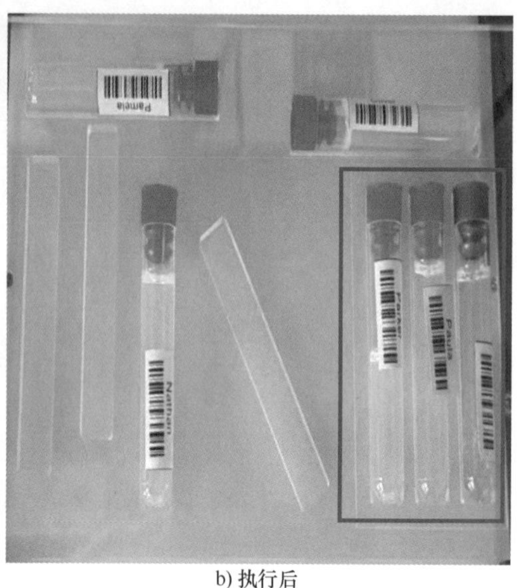

b) 执行后

图 5-39　执行前后结果比较

（三）数据发送

1）添加工具组，在工具组中添加“用户变量”并设置输出参数，如图 5-40 所示。

2）设置少液位距离参数和多液位距离参数进行转换，设置“判断是否红色”对话框，如图 5-41 所示，通过计算，得出错误个数。

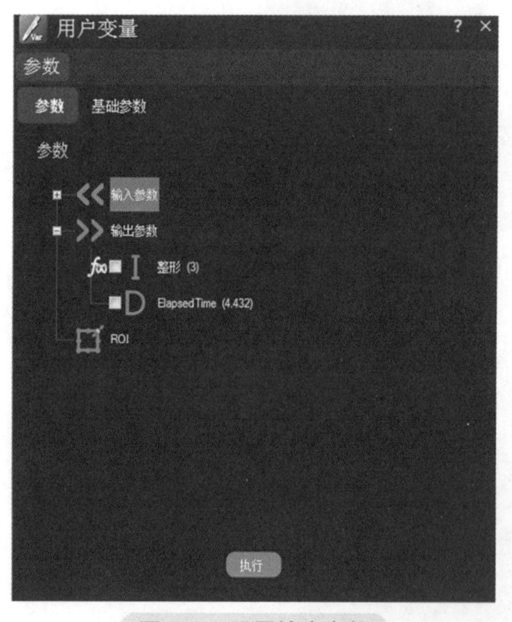

图 5-40　设置输出参数

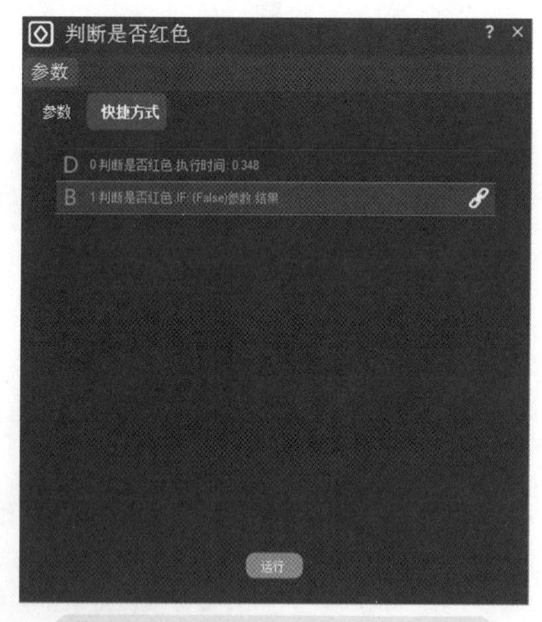

图 5-41　设置“判断是否红色”对话框

3）继续添加保存表格，绑定条形码的识别结果、多液位和少液位的坐标位置、蓝色瓶盖液体的位置以及 NG 个数，判断结果如图 5-42 所示。

液体试管识别与分拣的完整程序框架如图 5-43 所示。

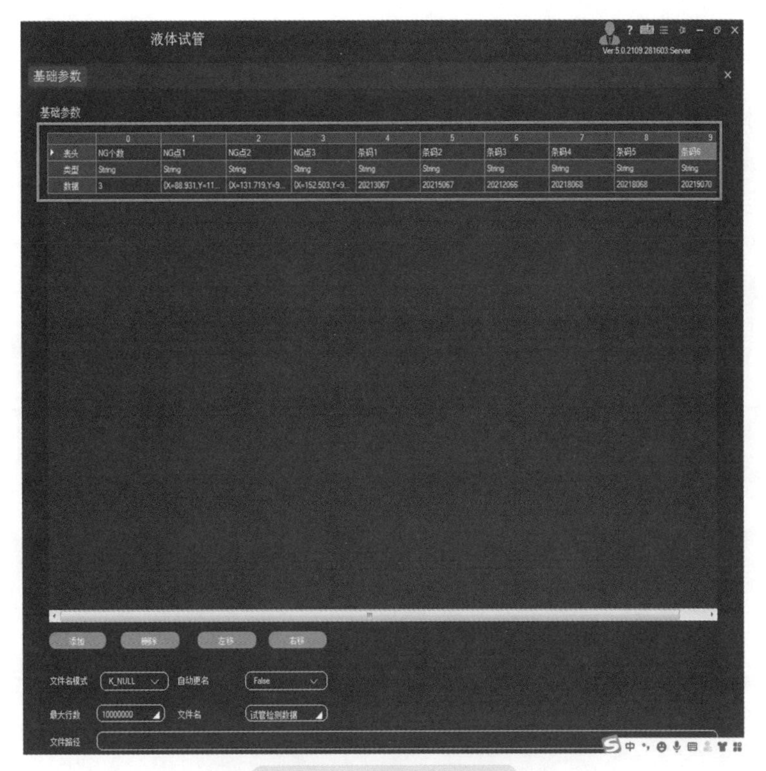

图 5-42　判断结果显示

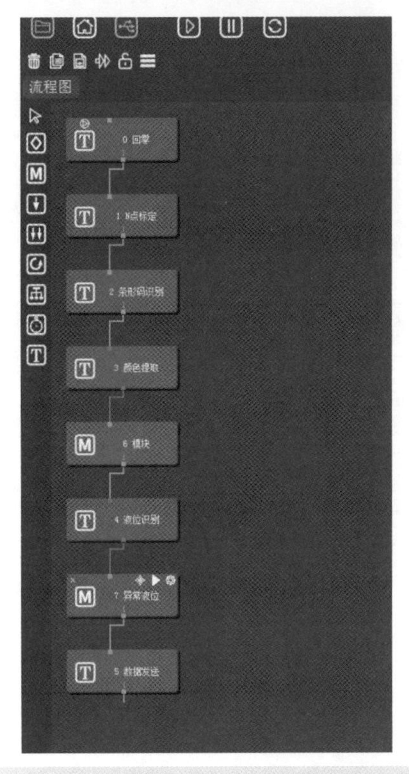

图 5-43　液体试管识别与分拣的完整程序流程

五、思考与探索

1. 二维码和条形码有何区别？
2. 机器视觉在食品与饮品包装领域有哪些应用？举例说明。
3. XY 标定的方法有哪几种？
4. 如何生成 PCB 测量报表？
5. 如何识别液体试管？
6. 根据项目实施完成以下内容：

任务考核表

完成时间		成绩评定	
选用相机型号			
选用镜头型号			
选用光源及参数			
主要选用工具			
液体试管分拣结果粘贴处：			
项目实施过程中存在的问题及解决方案：			

项目评分表

类型	项目	单项分	自评得分	小组评分	教师评分
硬件选型、安装及调试（20 分）	相机选型正确	2			
	镜头选型正确	2			
	光源选型合理	2			
	光源控制工具运行正常	2			
	视野合理、清晰	2			
	R 轴接线正确	2			
	R 轴气路正确	2			
	PLC 回零正常	2			
	PLC 定点移动合理	2			
	PLC 位置获取正确	2			
工具的配置（20 分）	配置工具合理	12			
	N 点标定正确	4			
	光源频闪控制正常	4			
液体试管识别（25）	条形码识别正确	7			
	颜色提取合理	8			
	液位识别正确	8			
	数据存储符合要求	2			
异常液位与瓶盖的判断、抓取与放置（25）	异常液位与瓶盖的判断正确	9			
	瓶盖的抓取位置正确	6			
	瓶盖的放置位置正确	6			
	运动流程完整顺畅	2			
	数据存储符合要求	2			
职业素养（10 分）	穿戴合规	2			
	工具摆放整齐	2			
	遵守安全规范	2			
	具有分工协作意识	2			
	具有节约环保理念	2			

7. 完成自定义液体试管（至少有一个液位或瓶身条码与其他的不一样）的识别与分拣，并上传数据，完成以下内容：

完成时间		成绩评定	
相机、镜头、光源的选型计算报告			

选用相机型号	
选用镜头型号	
选用光源及参数	
主要选用工具	

程序流程示意图：

识别和分拣结果图像粘贴处：

六、岗课赛证要求

项　　目		要　　求
职业标准	××公司机器视觉系统运维岗位标准	标准1：完成相机、镜头、光源的选型，输出选型计算报告 标准2：能连接光源控制器并控制多个光源亮/灭 标准3：能设置合适的标定参数，完成相机标定 标准4：能完成颜色提取工具的参数设置 标准5：能完成模板匹配工具的参数设置 标准6：会设置码类识别工具的应用参数 标准7：能设置数据表格工具参数、生成试管数据报表，并完成界面布局及数据显示
职业技能竞赛	机器视觉系统应用技能大赛	赛点1：相机、镜头的选型、接线和控制 赛点2：视觉软件的PLC控制工具运行测试 赛点3：光源控制工具运行测试 赛点4：相机工具运行测试 赛点5：颜色提取工具运行测试 赛点6：模板匹配工具运行测试 赛点7：码类识别工具运行测试 赛点8：模板匹配工具运行测试 赛点9：测量类工具运行测试
“1+X”证书	“1+X”工业视觉系统运维职业技能等级证书	考点1：根据工作场景和检测要求，完成相机、镜头以及光源的选型，并输出选型计算报告 考点2：通过标定板，完成单幅视野的标定 考点3：颜色提取工具运行测试 考点4：码类识别工具运行测试 考点5：试管的定位、识别及检测

综合模块

——学思践悟　融会贯通

项目六　智能仓储检测与拆垛、码垛

知识目标	● 理解机器视觉在智能仓储中的应用。 ● 熟知图像形态学的原理和应用。 ● 熟练掌握工业相机、镜头、光源的选型计算方法。 ● 掌握智能仓储物料识别与拆垛、码垛程序编写及应用。 ● 掌握智能仓储码垛程序流程及参数设置方法。
能力目标	■ 能够熟练完成工业相机、镜头、光源的选用和安装。 ■ 能够完成 2D、3D 标定。 ■ 能够完成智能仓储的参数设置。 ■ 会编写智能仓储程序。 ■ 能够进行测量数据的绑定和窗口显示。
素养目标	◆ 培养精益求精、开拓进取的工匠精神。 ◆ 养成规范操作、安全生产的岗位素养。 ◆ 提高精细化管理意识、客户满意度意识、安全保障意识。 ◆ 树立可持续发展的思想。
学习策略	根据工作任务要求，首先完成 2D 和 3D 标定；可以将七巧板物料的拆垛和识别任务放在一个模块里，程序运行正确后，再实施七巧板物料的码垛任务。单步运行无误后，再进行程序的整体联调。

一、任务解析

智能仓储需要完成七巧板物料的拆垛、识别以及码垛任务。拆垛是将原本堆积在一起的物料拆分出来，通过快速、高效的拆垛作业，为后续的物料处理提供便利；识别主要是对物料的中心以及体积参数进行识别，为后续的码垛提供搬运次序服务；码垛主要是对物料进行分拣、组合，可以根据不同物料的规格和数量要求，将货物自动进行组合，从而提高智能仓储作业效率。

（一）样品规格说明

智能仓储项目需要使用七巧板物料及料盘一套。七巧板为彩色，总体尺寸为 83mm×83mm，如图 6-1 所示。平台料盘分为两个区域，分别为检测区和拆垛、码垛区，料盘总尺寸为长 260mm、宽 220mm。视野范围要求：195mm×135mm（视野范围允许有一定的正向偏差，最大不得超过±20mm）；工作距离要求：370mm（视野范围允许有一定的正向偏差，最大不得超过±25mm）；3D 相机工作距离在 350mm 以上。

（二）七巧板物料 3D 拆垛任务

任务开始前，手动将七巧板物料中的三个小三角板堆叠起来，堆叠方式如图 6-2 所示。通过程序检测、识别、定位和判断，程序应将所有堆叠七巧板物料放置到亚克力平面上，并且不得重叠。

图 6-1　七巧板物料

图 6-2　七巧板物料初始状态

（三）七巧板物料 3D 码垛任务

完成七巧板物料拆垛后，将所有七巧板物料按照面积从大到小的顺序（面积相等的小块可不分上下顺序）进行堆垛。七巧板物料码垛状态如图 6-3 所示。

（四）警示和显示要求

识别七巧板物料中三种物料的颜色，并测量七巧板物料的中心坐标和面积。

1. 警示

程序运行时，报警灯的显示要求：程序运行搬运时，指示灯亮红色；程序运行结束时，所有灯熄灭。

2. 显示

显示界面分为四个：蓝色物料、红色物料、青色物料信息以及最终状态的 3D 伪彩图。窗口一显示青色物料的中心坐标和面积，窗口二显示红色物料的中心坐标和面积，窗口三显示蓝色物料的中心坐标和面积，窗口四显示最终状态的 3D 伪彩图。

图 6-3　七巧板物料码垛状态

在结果数据窗口显示三个七巧板物料的位置，如图 6-4 所示。

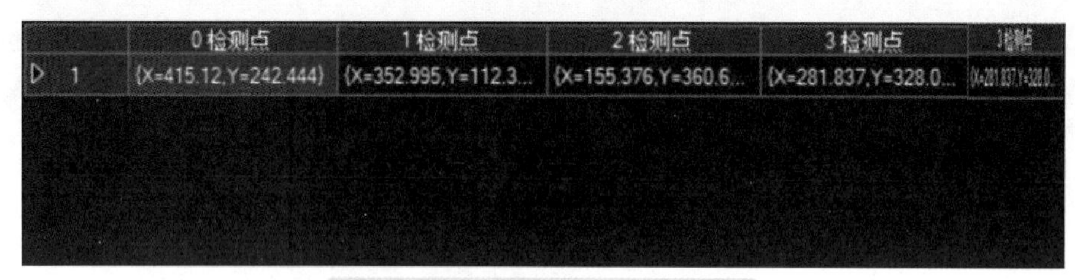

	0检测点	1检测点	2检测点	3检测点	3检测点
▷ 1	{X=415.12,Y=242.444}	{X=352.995,Y=112.3...	{X=155.376,Y=360.6...	{X=281.837,Y=328.0...	{X=281.837,Y=328.0...

图 6-4　七巧板物料显示结果数据

二、知识链接

（一）图像形态学

1. 图像形态学的概念

图像形态学，也称数学形态学，是图像处理和分析的一个重要分支。它主要用于从图像中提取对表达和描绘区域形状有意义的图像分量，如边界、连通区域等，以便后续的识别工作能够抓住目标对象最为本质的形状特征。

按照处理对象的不同，图像形态学处理可以分为二值图像处理和灰度图像处理。在二值图像处理中，所有黑色像素的集合是图像完整的形态学描述，而形态学处理中的结构元素是决定输出结果的重要参数。

2. 图像形态学的应用

图像形态学在多个领域具有广泛的应用，包括以下三个方面。

（1）文字识别　图像形态学可以用于文字的提取、分割、增强和优化，以提高文字识别的准确性和效率。

（2）视觉检测　图像形态学处理可以提取图像的边界和元素，消除噪声，进行提取连通分量、凸壳、细化及粗化等操作，为图像理解提供重要信息。

（3）角点检测　在图像形态学中，角点检测常用于分割、细化、抽取骨架、边缘提取及形状分析，能够实现高效的并行运算。

图像形态学在图像处理和分析中发挥着重要作用，为多个领域的研究和应用提供了有力支持。

（二）腐蚀和膨胀

在图像形态学中，腐蚀和膨胀是两种基本的形态学操作，它们用于改变图像中物体的形状和大小。

1. 腐蚀

腐蚀操作的主要目的是消除物体边界上的像素点，从而使物体的形状“缩小”或“变细”。

在腐蚀过程中，使用一个被称为“结构元素”的模板在图像上进行滑动，并检查模板覆盖的区域内是否都是前景像素（通常为白色或值为 1 的像素）。如果都是前景像素，则保留中心像素作为前景；否则，将中心像素设置为背景（通常为黑色或值为 0 的像素）。通过这种方式，腐蚀操作可以消除物体上的细小部分，如小的突起、噪声等。

2. 膨胀

膨胀操作与腐蚀操作相反，它的目的是扩大物体的形状。

在膨胀过程中，同样使用结构元素在图像上进行滑动。但是，只要模板覆盖的区域内有一个或多个前景像素，就将中心像素设置为前景。通过这种方式，膨胀操作可以填充物体内部的孔洞，连接断裂的部分，甚至可以使两个相邻的物体合并。

这两种操作在图像处理中具有广泛的应用，如去除噪声、分割图像、提取特征等。它们也可以结合使用，这种组合操作称为开运算或闭运算。

（三）开运算和闭运算

开运算和闭运算是图像形态学中的两种基本操作，它们是以腐蚀和膨胀运算为基础的。

1. 开运算

开运算是先对图像进行腐蚀操作，然后对腐蚀后的结果进行膨胀操作。

开运算能够去除图像中的孤立小点、毛刺和小桥（即连接两个物体的细小部分），同时保持总的位置和形状不变。它常常被用作一种滤波器，用于消除小于结构元素的噪声。

由于先进行了腐蚀操作，可能会导致图像的外部边界向内收缩；接下来的膨胀操作虽然可以恢复部分边界，但通常无法完全恢复到原始状态。因此，开运算的结果通常会使图像的外部边界变得相对平滑。

2. 闭运算

闭运算是先对图像进行膨胀操作，然后对膨胀后的结果进行腐蚀操作。

闭运算能够填充图像中的小孔洞，连接断裂的部分，甚至可使两个相邻的物体合并。它常常被用于填充图像中的孔洞或缝隙。

由于先进行了膨胀操作，可能导致图像的外部边界向外扩展；接下来的腐蚀操作虽然可以使边界向内收缩，但同样无法完全恢复到原始状态。因此，闭运算的结果通常会使图像的外部边界变得相对粗糙，内部区域则更加完整。

这两种运算在图像处理中都有广泛的应用，如去除噪声、图像分割、特征提取等。开运算和闭运算的效果与所选的结构元素大小密切相关，不同的结构元素可能导致不同的处理效果。

三、核心素养

（一）智能仓储概述

智能仓储是利用先进的信息技术以及独特的机械设备和系统，对仓储和物流过程进行智能化管理与优化的一种模式。这种模式不仅能提高整个仓储系统的效率和安全性，同时也能减少人力投入，降低错误率和成本，提高客户满意度，成为现代物流行业的关键领域。

智能仓储系统具有先进的信息管理系统，能够实现对货物、库位、作业人员和设备等资源的精准动态调度，从而实现作业过程的精细化管理，大幅度提升仓储作业效率。通过 RFID 技术、传感器技术和大数据分析技术，智能仓储系统可以实现对货物进出、存储位置、作业流程等信息的实时监控和精准掌控，帮助企业进行精准库存管理，降低库存成本。

此外，智能仓储系统还具备灵活性，其采用模块化设计，可以根据不同企业的需求和变化，进行灵活组合和扩展，实现了仓储作业流程的个性化定制。智能仓储技术的应用范围非常广泛，涵盖了从零售到制造的各个领域，其应用包括智能仓库管理、AGV 自动化搬运、智能分拣和智能仓储优化等。

智能仓储是一种高效、智能、灵活且可定制的物流管理模式，为现代物流业的发展注入了新的活力。

（二）智能仓储的发展现状

我国智能仓储目前呈现出蓬勃发展的态势，主要体现在以下几个方面：

1. 市场规模持续扩大

随着国民经济的快速发展和物流行业的市场需求持续增长，智能仓储的市场需求也在不断增加，预计在未来几年，其市场规模还将继续扩大。

2. 技术不断进步

智能仓储的发展离不开技术的支持。当前，物联网、大数据、人工智能等技术在智能仓储领域得到了广泛应用，推动了智能仓储技术的不断进步。例如，通过物联网技术，可以实现对仓库内货物和设备的实时监控与管理；通过大数据技术，可以对仓储数据进行深度分析和挖掘，为企业的决策提供支持；通过人工智能技术，可以实现自动化和智能化的仓储作业。

3. 应用场景不断拓展

智能仓储的应用场景正在不断拓展，目前已被广泛应用于烟草、医药、汽车、食品饮料、电商和机械制造等多个行业。这些行业对智能仓储的需求不断增加，推动了智能仓储技术的不断发展和创新。

4. 国家政策支持不断加强

随着国家对物流行业的重视和扶持，智能仓储也得到了政策上的大力支持。近年来，国务院及相关部门陆续推出了一系列法规政策，支持和鼓励智能仓储物流的发展。这些政策的出台，为智能仓储的发展提供了有力的保障和支持。

5. 竞争格局逐渐清晰

随着智能仓储市场的不断发展，竞争格局也变得逐渐清晰。目前国内智能仓储市场的主要竞争者包括大型物流企业和 IT 技术企业等，这些企业通过不断创新和优化产品来争夺市场份额，推动了整个市场的快速发展。

然而，我国智能仓储市场也面临着一些挑战和问题，如技术更新换代快、市场竞争激烈、人才短缺等。因此，企业需要不断关注市场动态和技术发展趋势，加强技术创新和人才培养，以应对市场的挑战和机遇。

智能仓储作为现代物流行业的重要组成部分，正以其独特的优势和广阔的市场前景，引领着物流行业的变革和发展。

（三）机器视觉技术在智能仓储中的应用

机器视觉技术在智能仓储中的应用非常广泛，它极大地提升了仓储管理的效率、准确性和安全性。

1. 货物检测、识别和分类

机器视觉技术可以对货物图像进行处理和分析，实现对不同类型货物的自动检测、识别和分类。通过这一技术，可以快速、准确地将货物信息与数据库进行对接，实现高效的货物管理。

2. 货架自动定位与盘点

在仓库中，货架位置繁多，传统的人工盘点效率低下且容易出错。机器视觉技术可以通过对货架图像进行识别和处理，实现货架的自动定位和盘点。结合机器视觉技术和导航技术，智能仓储系统能够实时跟踪货架位置和数量，提高盘点的准确性和效率。

3. 货物拣选与搬运

传统的仓储系统中，货物的拣选和搬运需要大量的人力投入。机器视觉技术可以通过对货物图像进行分析和辨识，实现对货物的自动拣选与搬运。机器视觉系统可以根据指定的规则和算法，识别出目标货物并确定最佳搬运路径，从而提高货物的拣选和搬运效率。

4. 仓库安全监控

智能仓储系统要求对仓库内部进行实时监控，以保障仓库的安全性。机器视觉技术可以辅助实现对仓库环境和人员活动的实时监控，通过安装摄像头和智能监控系统，及时发现并记录异常行为和事件，避免安全隐患的发生。

5. 货物跟踪和定位

随着物流业务的发展，货物跟踪和定位显得尤为重要。机器视觉技术可以实现对货物的实时监控和预警，提高物流过程的可控性和安全性。

6. 仓储布局和优化

机器视觉技术可以通过对仓库内物品的分析和识别，提供最佳的仓储布局和存储方案。通过优化仓库内货物的摆放顺序和容量利用率，有效地减少仓储空间浪费，并提高仓储操作效率。

7. 运动轨迹规划

机器视觉技术可以应用于智能仓储系统的运动轨迹规划中，通过识别和追踪货物、机器人和其他移动设备，优化货物搬运路径，减少货物搬运时间，提高货物搬运效率。

此外，随着深度学习等技术的不断发展，机器视觉技术在智能仓储中的应用也在不断创新和完善，这些技术创新将进一步提高机器视觉系统的识别准确率和处理效率，为智能仓储的发展注入新的动力。

（四）智能仓储中的柴垛、码垛

在智能仓储中，拆垛和码垛是两个重要的自动化过程，它们通过使用机器人和其他自动化设备来实现货物的快速、准确和高效处理。

码垛是将一定数量的货物按一定规则放置于托盘、箱子或其他容器中，形成整齐的垛形，以便于存储、运输或工业生产等场合使用。在智能仓储系统中，码垛机器人可以替代传统的人工码垛方式，实现自动化码垛，提高生产率和降低人力成本。码垛机器人可以根据指定的堆垛算法，使用机械臂或传送带等装置，将物体稳妥地叠放在一起，确保整个堆叠结构的稳定性和安全性。这种自动化码垛方式不仅速度快、效率高，而且能够避免人工码垛可能带来的卫生问题和效率问题。

拆垛是将原先堆垛好的物体进行解开的过程。在智能仓储系统中，拆垛机器人通过扫描和识别物体的位置与堆垛结构，然后使用机械臂或其他装置，逐个拆开物体并将其放置在指定位置。拆垛的过程可以基于预先设定的算法和规则，也可以通过感应器和机器视觉系统的帮助进行实时调整。这种自动化拆垛方式能够快速、准确地完成大量货物的解开任务，提高物流效率。

在智能仓储中，拆垛码垛机器人通常与其他自动化设备，如自动导引车（AGV）、有轨穿梭小车（RGV）等协同工作，形成一个完整的自动化物流系统。这些机器人和系统之间通过物联网技术实现数据交换和协同控制，从而实现整个仓储物流过程的自动化、智能化和高效化。

未来，随着科技的不断发展，拆垛码垛机器人将会迎来更加广阔的发展前景。未来的拆垛码垛机器人将会更加高效、智能化、灵活和协同化，能够适应各种复杂的仓储环境和物流需求。同时，未来的拆垛码垛机器人还将更加注重绿色环保和可持续发展，采用生态友好的材料和能源，减轻对环境的冲击。

四、项目实施

智能仓储检测与拆垛、码垛实施思维导图如图 6-5 所示。

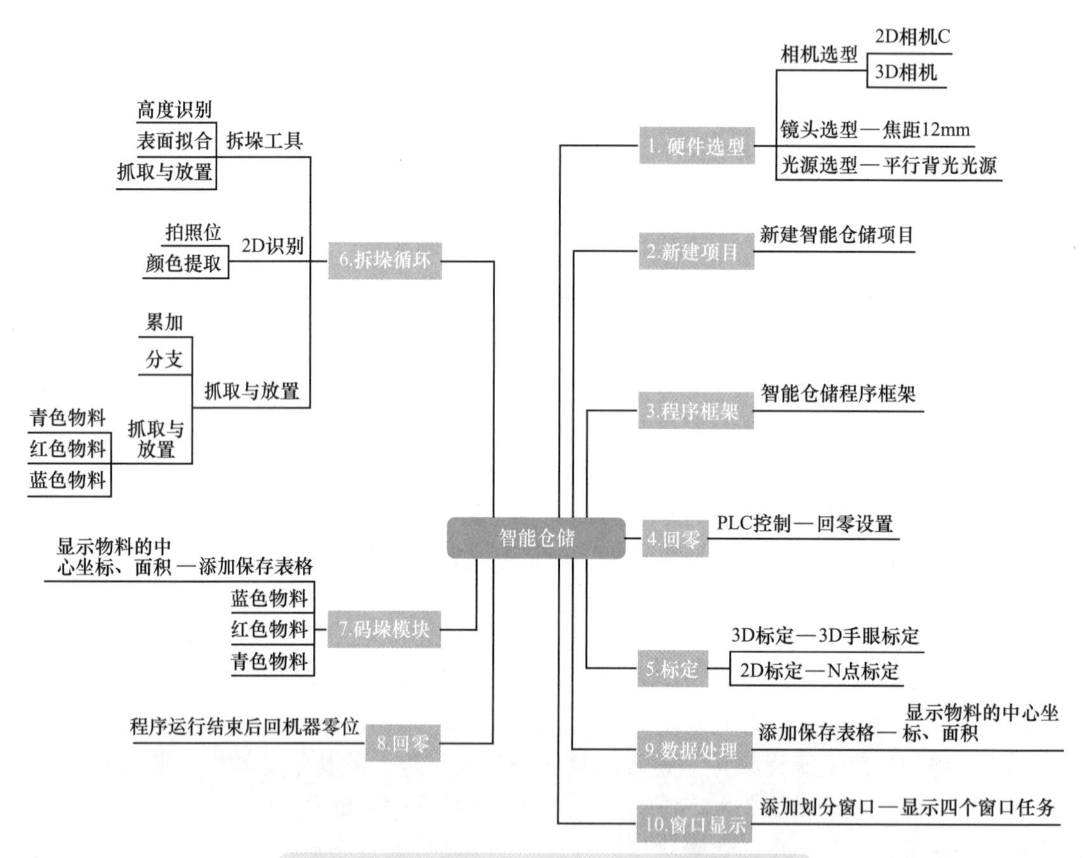

图 6-5　智能仓储检测与拆垛、码垛实施思维导图

（一）硬件选型及安装接线

1. 相机选型

在本项目中，因为要识别七巧板物料的颜色，所以选择彩色 2D 相机 C。

根据项目要求，需要定位并完成七巧板物料的拆垛、码垛任务，因此需要对物料进行 3D 检测。选择机器视觉器件箱中唯一的一款 3D 相机。

2. 工业镜头计算与选型

（1）像长的计算　根据相机的选型，彩色 2D 相机的像元尺寸为 2.2μm，像素为 2592×1944，根据像长计算公式可得

$$L=\text{像元尺寸}\times\text{像素（长、宽）}$$

即彩色 2D 相机内部芯片像长 L 的长度、宽度分别为 5.70mm、4.28mm。

（2）焦距的计算　在选择镜头搭建成像系统时，需要重点考虑像长 L、成像物体的长度 H、镜头焦距 f 以及物料至镜头的距离 D 之间的关系，物像之间的简化关系为

$$\frac{L}{H}=\frac{f}{D}$$

根据任务要求，智能仓储视野范围为 195mm×135mm（视野范围允许有一定的正向偏差，最大不得超过±20mm），工作距离为 370mm（视野范围允许有一定的正向偏差，最大不得超过±25mm），取工作距离的最大值 395mm 作为物料至镜头的距离 D，因此，在焦距的计算中需要分别对长度和宽度进行计算。

（3）工业镜头的选型　根据焦距计算公式，计算得出长边焦距等于 11. 55mm，短边焦距等于 12. 52mm，考虑到实际误差、工业镜头的焦距微调区间（±5%），以及任务要求中允许的视野范围正向偏差 20mm，选择的镜头焦距 f 应接近 11. 55mm。根据设备所提供的三种镜头，选择型号为 HN-P-1228-6M-C2/3、焦距为 12mm 的镜头。

3. 光源选型

根据项目要求，需要定位并完成七巧板物料的拆垛、码垛任务，故需要添加 3D 手眼标定工具，实现 3D 图像坐标与机构坐标的转换。3D 手眼标定操作中又需要查找标定板中的特征点，为了提高定位的精度、减少外界干扰，选择安装平行背光光源，使拍摄的图像更加清晰、精度更高。

4. 硬件安装与接线

在合适的位置安装工业相机、镜头、光源、治具等，保证安装稳固，镜头与工业相机之间的连接螺纹须拧紧；镜头调试好之后，用顶丝锁紧对焦环及光圈环；记录硬件的安装参数等结果。

完成工业相机、光源、旋转轴、通信网络等的电路接线，完成气路的连接，须保证走线正确、规范、整洁、牢固，物理接口选择正确。

（二）新建智能仓储项目

打开 KImage 软件，单击“新建项目”图标，在“产品名称”中输入“智能仓储”，单击“新建”按钮，如图 6-6 所示。

硬件选型安装

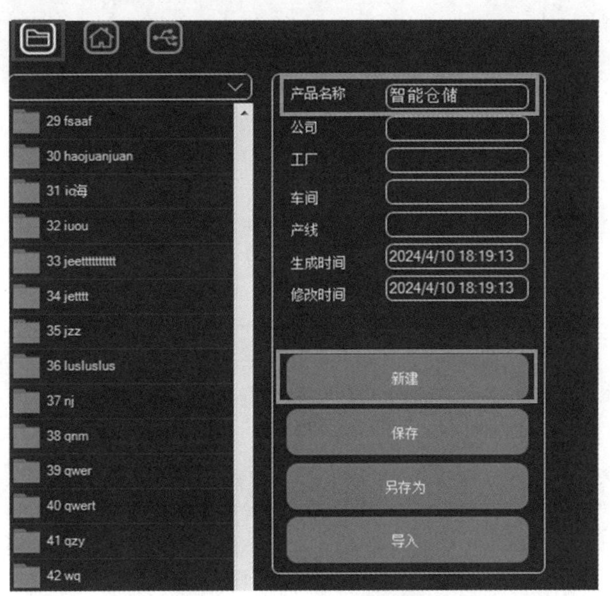

图 6-6　新建智能仓储项目

（三）智能仓储程序框架

完整的智能仓储程序应包括 2D 标定、3D 标定、3D 相机采图、表面拟合、颜色提取、抓取与放置、数据处理等一系列软件操作。

为方便程序的阅读和编写，在智能仓储程序中，添加一个“回零”工具组、一个“标定”模块、一个“拆垛”循环模块、一个“码垛”模块、一个“回零”工具组和一个“数据处理”工具组。智能仓储程序流程如图 6-7 所示。

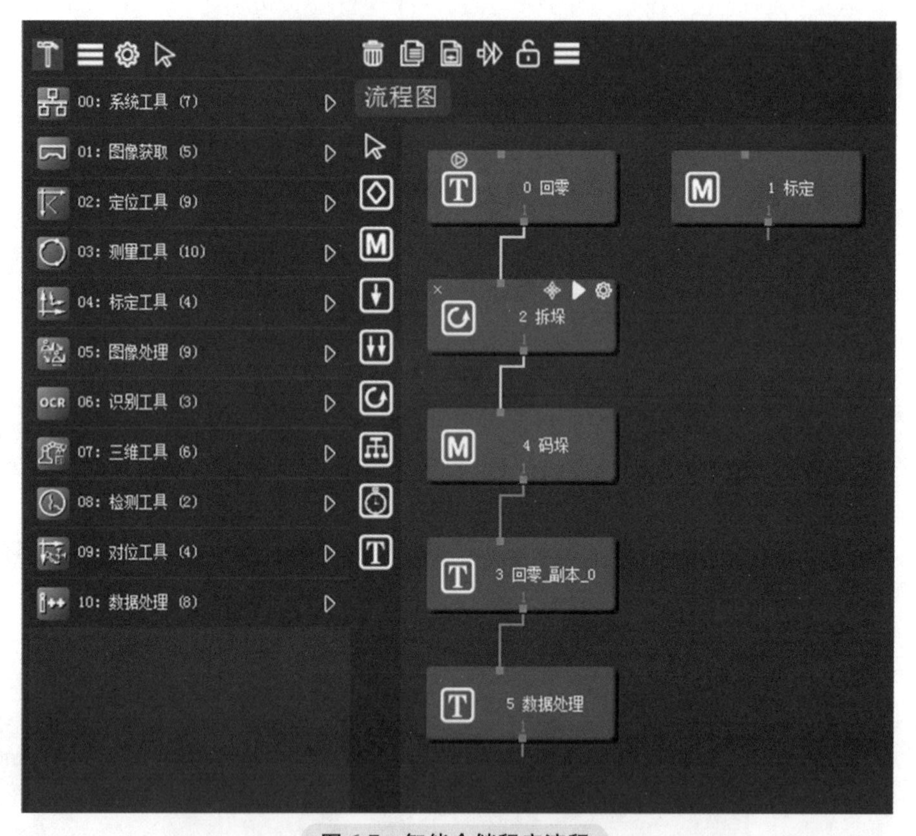

图 6-7 智能仓储程序流程

（四）回零

程序开始前，首先需要使设备回零，所以添加一个“PLC 控制”工具组，利用“PLC 控制”工具将 X、Y、Z 轴三轴回零点，如图 6-8 所示。

图 6-8 “回零”工具组

（五）标定

在智能仓储视觉程序中，添加一个“3D 标定”工具组和一个“2D 标定”工具组，如图 6-9 所示。

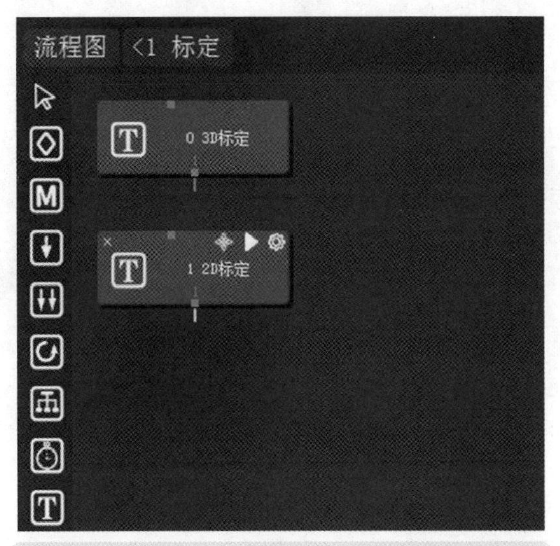

图 6-9 “3D 标定”工具组和“2D 标定”工具组

1. 3D 标定

“3D 标定”工具组用于实现标定图像的拍摄、仿射矩阵的变换以及像素坐标与世界坐标的转换功能，按照操作顺序，需要依次添加拍照位的“PLC 控制”“3D 相机”“点云处理”“查找特征点”“3D 点坐标获取”“3D 手眼标定”等工具，如图 6-10 所示。

图 6-10 “3D 标定”工具组

2. 2D 标定

“2D 标定”工具组用于实现像素坐标与世界坐标的转换，按照操作顺序，需要依次添加拍照位的“PLC 控制”“开启光源”“相机”“定时器”“关闭光源”“查找特征点”“N 点标定”等工具，如图 6-11 所示。

图 6-11 “2D 标定”工具组

（六）拆垛循环

拆垛循环是一个单独的循环程序，独立于“标定”工具组外，可反复执行，而“标定”工具仅需执行一次即可。拆垛循环包括七巧板物料“拆垛”“2D 识别”“抓取与放置”三个工具组，如图 6-12 所示。

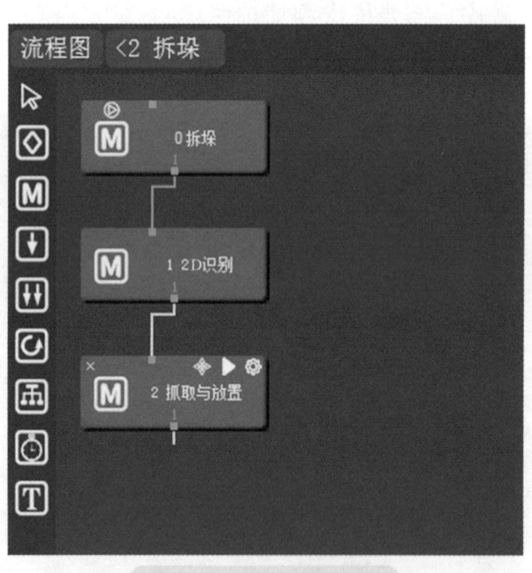

图 6-12 拆垛循环程序

1. 七巧板物料“拆垛”工具组

七巧板物料“拆垛”工具组需要添加“高度识别”“表面拟合”“抓取与放置”三个工具组，如图 6-13 所示。

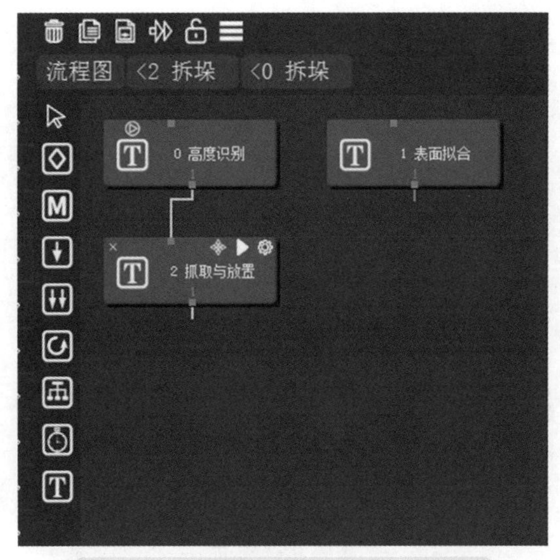

图 6-13　七巧板物料“拆垛”工具组

（1）七巧板物料“高度识别”工具组　七巧板物料“高度识别”工具组用来识别物料高度信息，需要添加“PLC 控制”“3D 相机”“点云处理”“体积测量”“用户变量”“3D 坐标转换”六个工具组，如图 6-14 所示。

图 6-14　七巧板物料“高度识别”工具组

（2）七巧板物料“表面拟合”工具组　“表面拟合”用于拟合基准平面，表面拟合完成后只需提供数据即可，不需要和其他工具一起反复执行。因此，在“拆垛”循环中单独添加了一个“表面拟合”工具组，该工具组中仅添加“表面拟合”工具，如图 6-15 所示。

（3）七巧板物料“抓取与放置”工作组　七巧板物料“抓取与放置”工作组需要添加 PLC 控制工具，主要功能包括“报警灯亮”“抓取”“上升”“放置”“上升”“报警灯灭”，如图 6-16 所示。

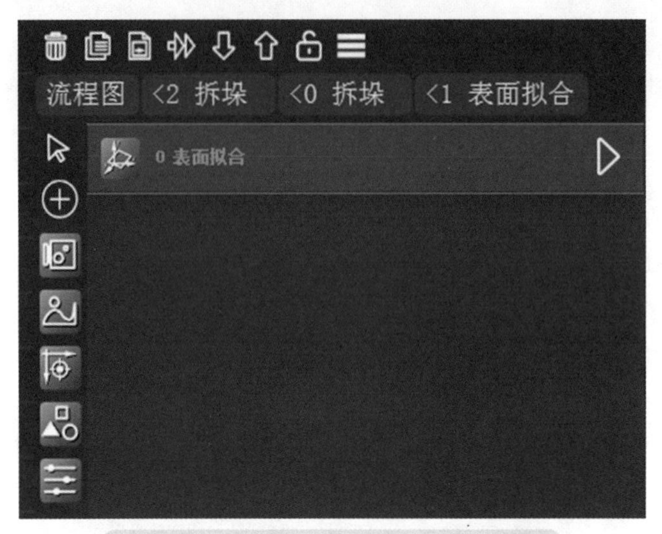

图 6-15　七巧板物料“表面拟合”工具组

图 6-16　七巧板物料“抓取与放置”工具组

2. 七巧板物料 2D 识别

“2D 识别”工作组主要用来获取物料的颜色、中心坐标和面积，需要添加“拍照位”和“颜色提取”两个工具，如图 6-17 所示。

（1）“拍照位”工具组　“拍照位”需要添加“PLC 控制”“光源控制”“相机”“定时器”“光源控制”，相机需要引用 N 点标定结果，如图 6-18 所示。

（2）“颜色提取”工具组　“颜色提取”需要添加七巧板物料的三个颜色提取工具，如图 6-19 所示。

青色物料抓取与放置包括“颜色提取”“图像处理工具”“形状匹配”“斑点分析”等，如图 6-20 所示。其余两个物料颜色提取与青色物料相同。

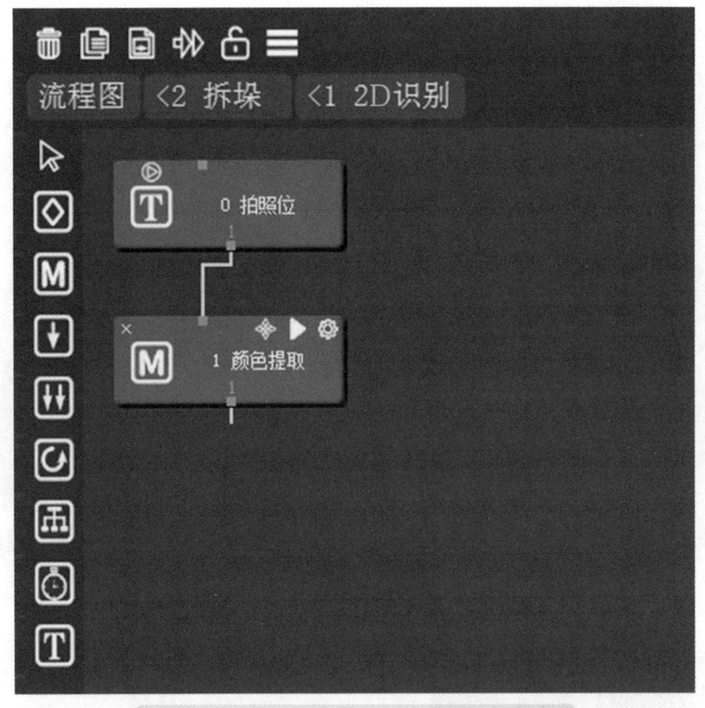

图 6-17　七巧板物料“2D 识别”工具组

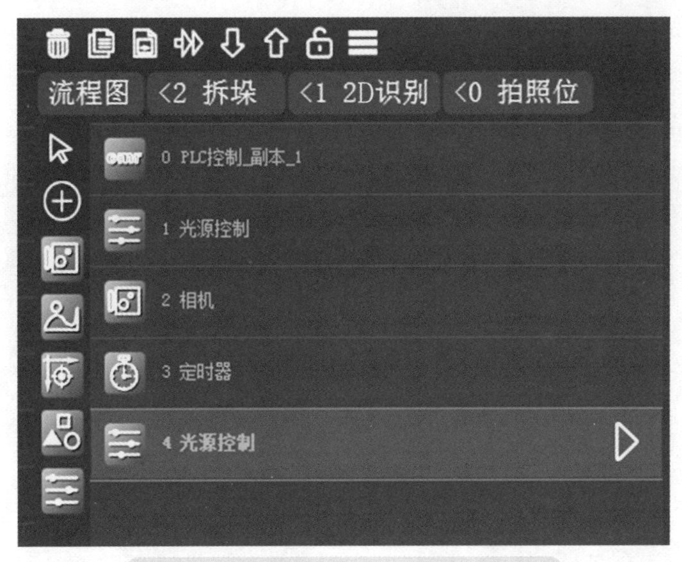

图 6-18　七巧板物料“拍照位”工具组

3. 七巧板物料“抓取与放置”工作组

七巧板物料“抓取与放置”工作组，需要添加“累加”“分支”“放置青色物料”“放置红色物料”“放置蓝色物料”五个工具组，如图 6-21 所示。

（1）累加　七巧板物料需要通过累加工具设置循环次数，如图 6-22 所示。

（2）分支　七巧板物料“分支”工具组需要链接“累加工具 . 输出参数 . 累加次数”，以及三种不同颜色的七巧板物料，如图 6-23 所示。

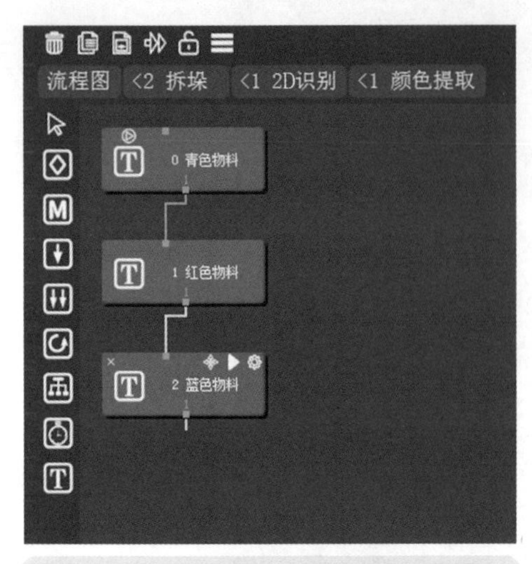

图 6-19　七巧板物料“颜色提取”工具组

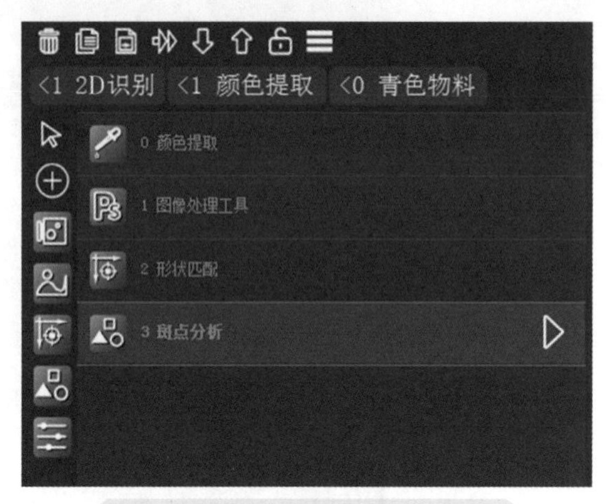

图 6-20　青色物料颜色提取工具组

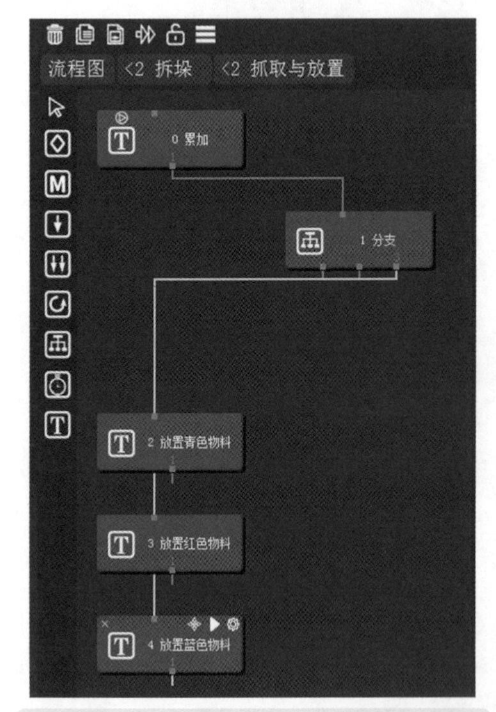

图 6-21　七巧板物料“抓取与放置”工具组

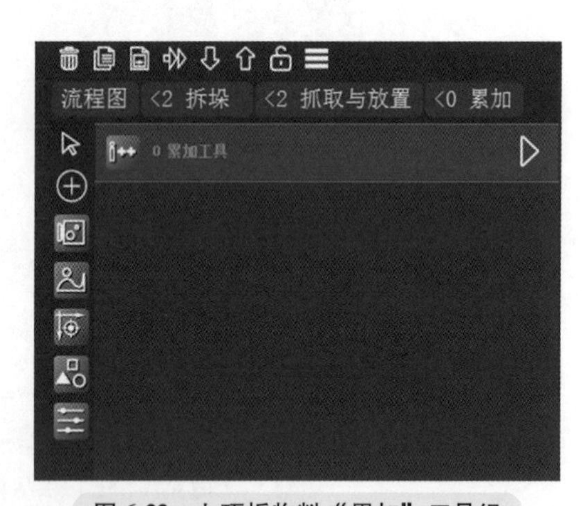

图 6-22　七巧板物料“累加”工具组

（3）抓取与放置　七巧板物料抓取与放置需添加 PLC 控制工具，主要功能包括“报警灯亮”“抓取”“上升”“放置”“上升”“报警灯灭”。

青色物料抓取与放置需要添加的工具如图 6-24 所示，其余两种颜色七巧板物料的抓取与放置和青色物料相同。

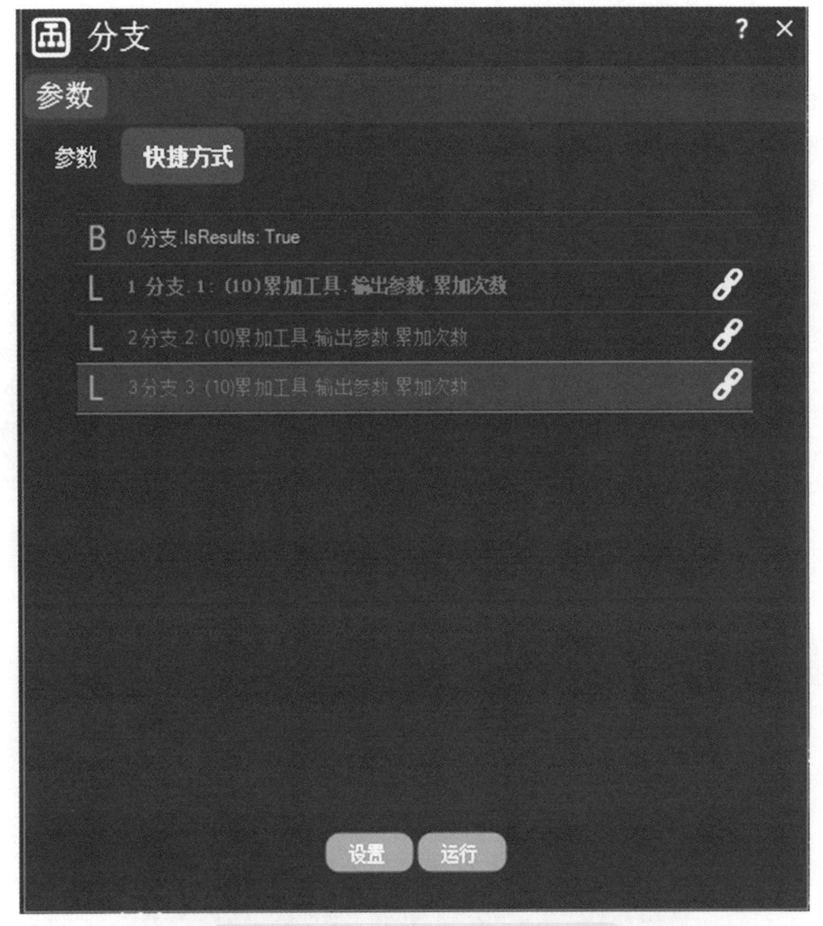

图 6-23　七巧板物料“分支”工具组

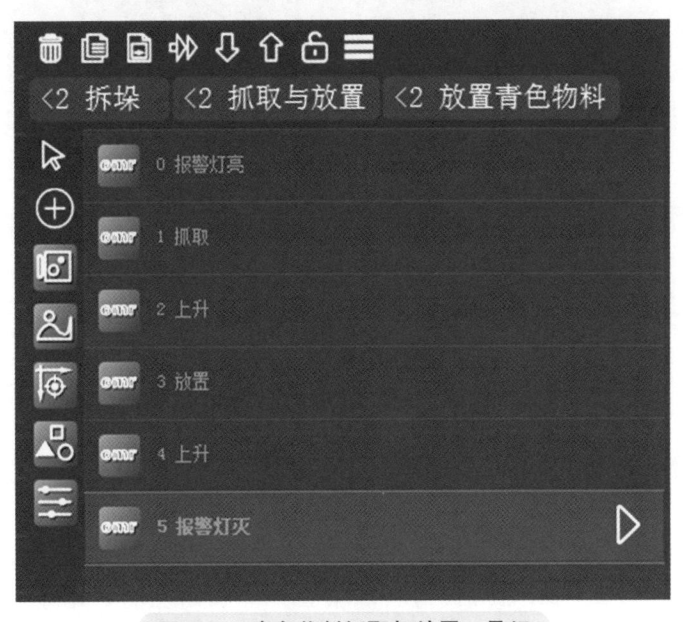

图 6-24　青色物料抓取与放置工具组

（七）“码垛”模块

七巧板物料“码垛”模块需要添加蓝色物料、红色物料、青色物料的抓取与放置三个工具组，如图 6-25 所示。每个工具组需要添加“报警灯亮”“抓取”“上升”“放置”“上升”“报警灯灭”，如图 6-26 所示。其他颜色物料工具组添加的工具同蓝色物料工具组。

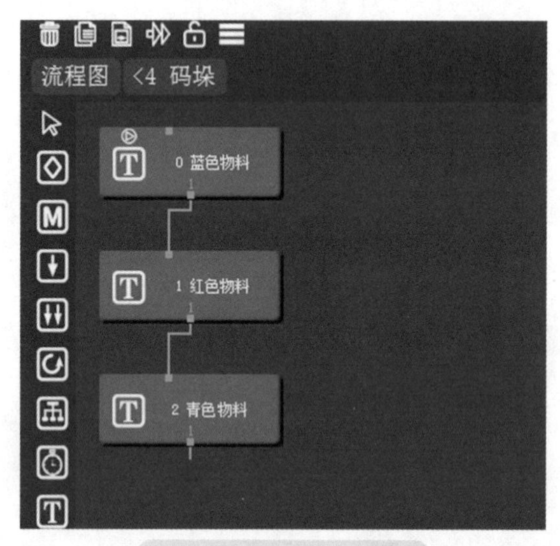

码垛循环
程序编写

图 6-25 “码垛”工具组

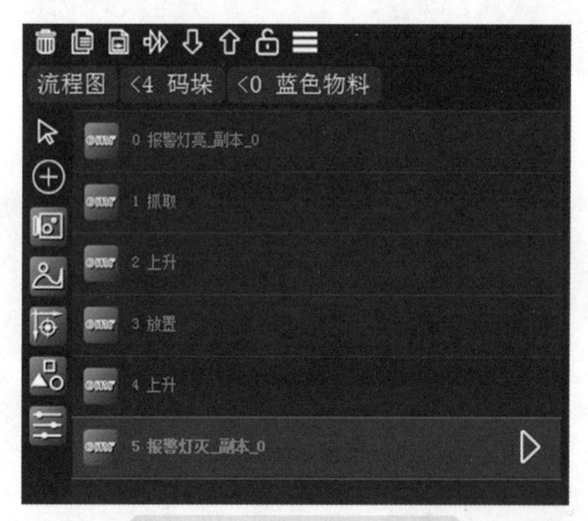

图 6-26 “蓝色物料”工具组

（八）回零

程序结束后需要使设备回零，所以添加一个 PLC 控制，利用 PLC 控制工具将 X、Y、Z 三轴回零点，如图 6-27 所示。

（九）数据处理

根据项目要求，需要显示七巧板物料的中心坐标和面积的数据处理结果，如图 6-28 所示。

图 6-27 “回零”工具组

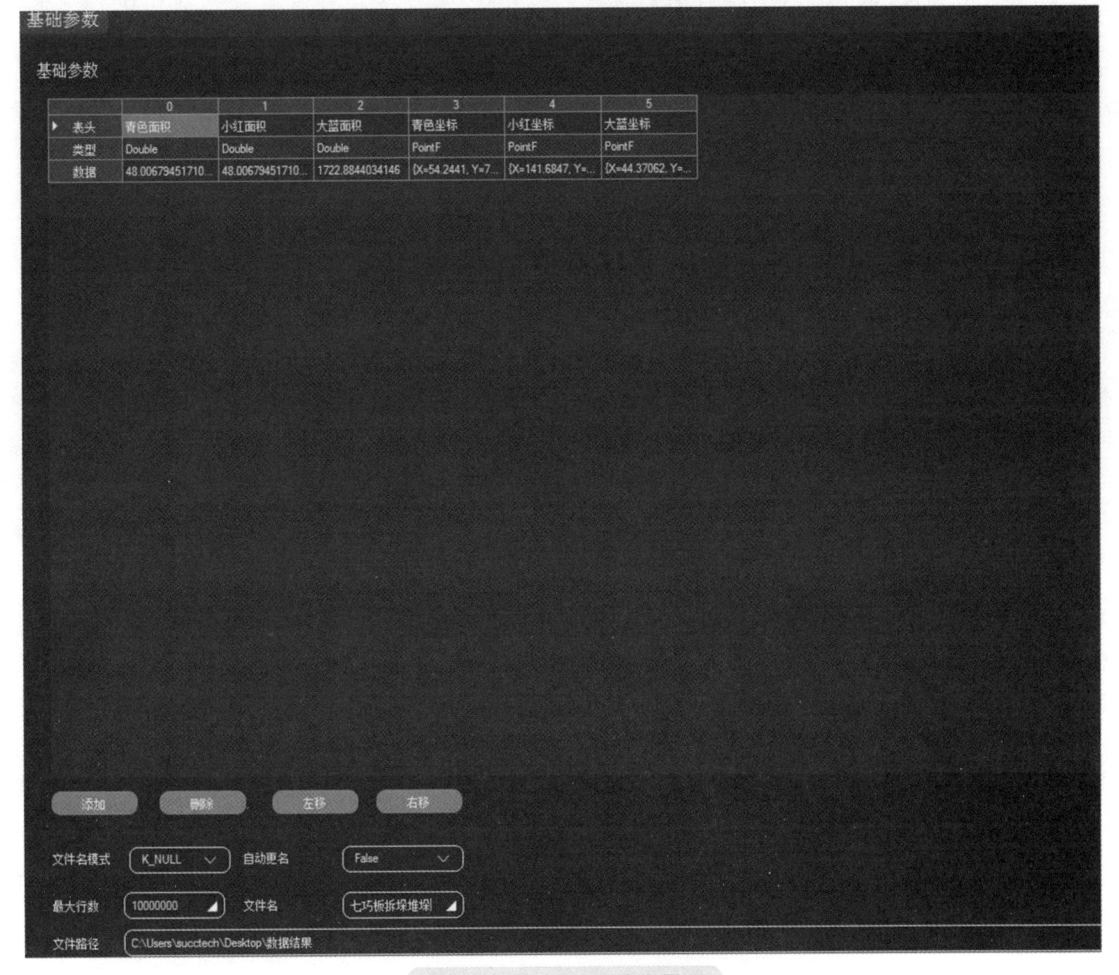

图 6-28　数据处理结果界面

（十）窗口显示

根据任务要求，智能仓储运行完成后，需要在结果显示区划分四个窗口，如图 6-29 所示。

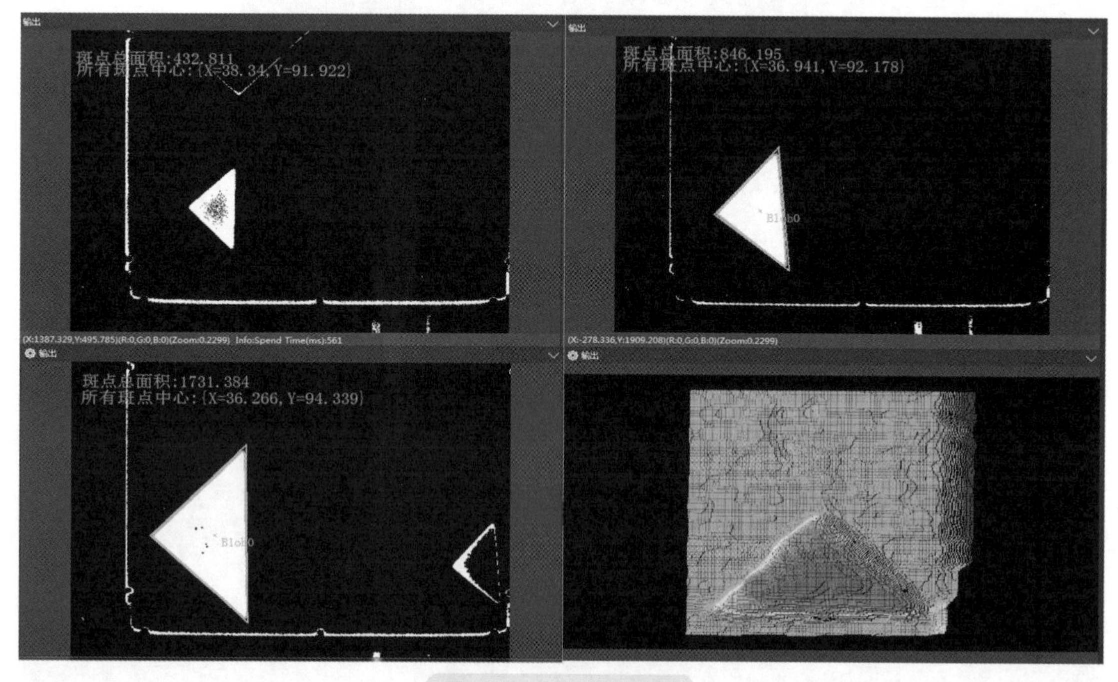

图 6-29　窗口显示界面

五、思考与探索

1. 机器视觉技术在智能仓储中有哪些应用?
2. 如何设置循环模块的循环类型?
3. “拆垛”工具组包含哪些拆垛工具?
4. 七巧板物料拆垛模块和码垛模块是否可以放在一起?
5. 如何呈现 3D 伪彩图?
6. 根据项目实施完成以下内容:

任务考核表

完成时间		成绩评定	
选用相机型号			
选用镜头型号			
选用光源及参数			
主要选用工具			

测量结果图像粘贴处：

项目实施过程中存在的问题及解决方案：

项目评分表

类型	项目	单项分	自评得分	小组评分	教师评分
硬件安装及调试（20分）	相机选型正确	2			
	镜头选型正确	2			
	光源选型正确	2			
	光源控制工具正确	2			
	视野合理、清晰	2			
	R轴接线正确	2			
	R轴气路连接正确	2			
	PLC回零正常	2			
	PLC定点移动正常	2			
	PLC位置获取正确	2			
工具的配置（20分）	配置工具完整	12			
	标定工具使用正确	4			
	光源频闪控制正常	4			
识别与拆垛（32分）	物料识别正确	14			
	物料拆垛正确	14			
	测量数据保存路径正确	2			
	数据结果保存符合要求	2			
物料码垛（18分）	物料码垛正确	5			
	结果显示正常	4			
	窗口显示正确	2			
	运动平稳可靠	3			
	报警灯设置正确	4			
职业素养及安全意识（10分）	操作合规、穿戴得体	4			
	工具摆放整齐	2			
	精神素质良好	2			
	操作过程节约环保	2			
总分					

7. 完成自定义七巧板物料（至少包含三种不同颜色、不同形状的物料）的拆垛、码垛任务并上传数据，完成以下内容：

完成时间		成绩评定	
相机、镜头、光源的选型计算报告			

选用相机型号	
选用镜头型号	
选用光源及参数	
主要选用工具	

程序流程示意图：

结果图像粘贴处：

六、岗课赛证要求

项目		要求
职业标准	××公司机器视觉系统运维岗位标准	标准 1：快速、准确地完成 2D、3D 标定； 标准 2：能够在各种工况下准确地完成七巧板物料的识别和拆垛任务 标准 3：能够按要求完成七巧板物料码垛任务
职业技能竞赛	机器视觉系统应用技能大赛	赛点 1：能够迅速、准确地完成七巧板物料的识别和拆垛任务 赛点 2：完成七巧板物料堆垛时，物料按由大到小的顺序放置 赛点 3：抓取与放置动作流畅、平稳
“1+X”证书	“1+X”工业视觉系统运维职业技能等级证书	考点 1：能够根据工作场景和检测要求，完成相机、镜头的选型 考点 2：通过标定板，完成 2D、3D 相机的标定 考点 3：分析项目要求，准确地完成拆垛、码垛任务

7

项目七　智能车库分类停靠

知识目标	● 理解机器视觉在智能车库中的应用。 ● 熟知字符识别的概念、原理及应用。 ● 熟练掌握工业相机、镜头、光源的工作原理。 ● 掌握 A 型车辆入库占位判断参数的设置方法。 ● 掌握智能车库分类停靠的编程及应用方法。
能力目标	■ 能够熟练地完成工业相机、镜头、光源的选用和安装。 ■ 能够熟练地完成 2D、3D 标定。 ■ 能够完成智能车库测量的参数设置。 ■ 能够编写并应用智能车库程序。 ■ 会绑定和显示智能车库测量数据。
素养目标	◆ 树立理论与实践相结合的学习意识。 ◆ 养成规范操作、精益求精的岗位素养。 ◆ 提高安全意识、高效意识、节能环保意识。 ◆ 树立智能化管理、服务地方的专业理念。
学习策略	分析智能车库需搬运车辆的类型，对需搬运车辆进行分类。按照实施流程，先完成 C 库和 B 库车辆的搬运，总结实施过程中出现的错误，完全掌握后，完成 A 库车辆的搬运。在 A 库车辆搬运前，需要先考虑 A 库车位的占位情况，再进行搬运。单步运行无误后，再进行整体程序联调。

一、任务解析

（一）模型规格说明

本任务提供三种规格的待搬运车辆模型，分别为 5 个小型车辆（尺寸为 20mm×10mm×3mm）、2 个中型车辆（尺寸为 20mm×10mm×9mm）、2 个大型车辆（尺寸为 20mm×10mm×18mm）。其中，小型车辆表面贴有字符及数字标签信息，中型和大型车辆表面没有贴标，侧面箭头方向指向上方（其指示信息是为了告知车辆摆放姿态，不要求进行识别），如图 7-1 所示。

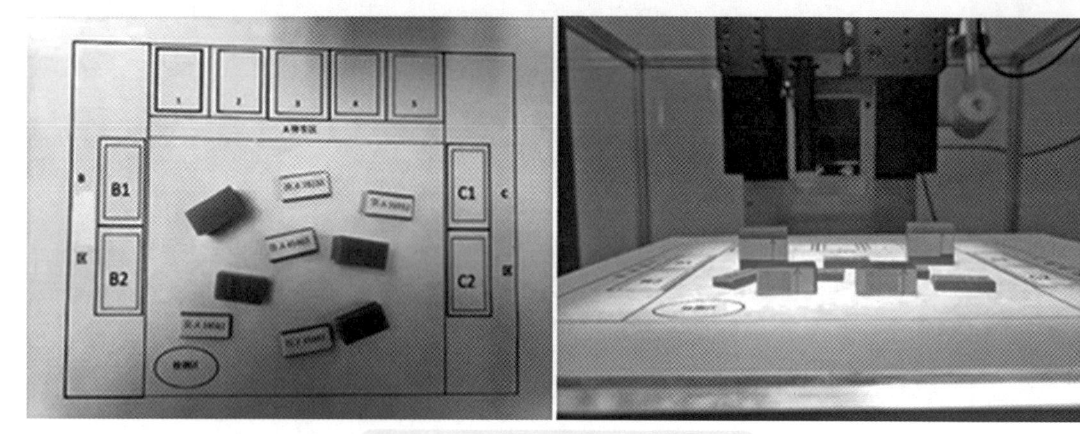

图 7-1　待入库车辆模型规格与样式

车库布局如图 7-2 所示：分为 A、B、C 三个区，A 区有 1~5 号车位，用于放置小型车辆；B 区有 B1 和 B2 两个车位，用于放置中型车辆；C 区有 C1 和 C2 两个车位，用于放置大型车辆。每种类型的车辆必须搬运到对应区域的车辆放置位。

图 7-2　车库布局

（二）智能车库任务分析

车库的初始状态：5 个小型车辆、2 个中型车辆、2 个大型车辆随机摆放在检测区。通过程序识别、定位和判断后，5 个小型车辆分别放入 A 区车位中（摆放顺序无要求，车辆之间互相不得堆叠，若堆叠则判定所有车辆入库任务失败），2 个中型车辆分别放入 B 区车位 B1 和 B2 中，2 个大型车辆分别放入 C 区车位 C1 和 C2 中。

（三）各个拍照位的硬件选型要求

1. 大型和中型车辆

要求用 3D 测量模块，测量出大型和中型车辆的高度信息。

2. 小型车辆

2D 相机要求像素精度为 0. 1mm，视野范围为 230mm×192mm，工作距离为 370mm（工作距离范围允许有一定的偏差，最大不得超过±25mm），检测区必须在光源范围内。

（四）警示、界面显示和数据保存要求

1. 警示

要求在搬运大、中、小型车辆的过程中，点亮红色报警灯；搬运流程完成后，熄灭红色报警灯。

2. 界面显示

窗口一显示初始状态（车辆搬运前）时检测区中所有小型车辆的中心坐标、中型和大型车辆的高度值与中心坐标。

窗口二显示 2D 相机的初始拍照位图像（车辆搬运前）。

窗口三显示车辆分拣完成后的车位 2D 图像。

3. 数据保存

识别出小型车辆的标签信息、中型车辆的高度信息及大型车辆的高度信息，并将信息保存到指定的文件夹中。

二、知识链接

（一）字符识别的原理

机器视觉字符识别是机器视觉领域的一个重要组成部分，该技术主要利用图像处理和模式识别的方法，从扫描文档、图像或视频帧等来源中自动提取文本信息。字符识别的原理主要包括以下三种技术：

1. 光学字符识别（OCR）技术

光学字符识别（Optical Character Recognition，OCR）是字符识别的核心技术之一，它通过对图像进行分析、识别处理，获取文字和版面信息。OCR 的过程包括图像预处理、文本检测、单字符分割、单字符识别和后处理等阶段。预处理阶段主要对图像进行灰度化、二值化、噪声去除和倾斜矫正等操作，以提高后续处理的准确性。文本检测阶段是将图片中的文字区域位置检测出来。单字符分割阶段是将检测到的文字区域分割成单个字符，以便进行单个字符的识别。单字符识别阶段是利用字符识别算法，将字符图像转化为计算机可以识别的字符信息。后处理阶段是对识别结果进行校正、纠错、版面分析和规则匹配等处理，以提高识别的准确率。

2. 计算机视觉技术

计算机视觉技术是一种基于计算机图像处理和模式识别的技术，它主要被应用于图像处理和机器视觉领域。在字符识别中，计算机视觉技术主要包括图像处理和特征提取等方面。图像处理是指对输入的图像进行处理和分析，提取出图像中的特征和信息。特征提取则是从图像中提取出有用的特征和信息，用于进行字符识别。常见的特征提取方式有边缘检测、直方图均衡化、密度分析等，这些特征提取方式可以提取出图像中的字符、边缘、纹理等信息。

3. 深度学习技术

随着深度学习技术的不断发展，其在字符识别领域也得到了广泛应用。深度学习技术可以自动学习字符的特征表示，并在大量数据的基础上进行训练，以提高识别的准确率。常见的深度学习模型包括卷积神经网络（CNN）、循环神经网络（RNN）等。这些模型通过学习图像中的字符特征，自动进行字符的识别。

总之，字符识别的原理是通过对图像进行分析、处理和识别，将图像中的文字信息转化

为计算机可以识别的字符信息。这个过程涉及光学字符识别技术、计算机视觉技术、深度学习技术等多个方面的内容。

（二）字符识别的步骤

字符识别通常通过一系列步骤来实现，主要包括图像预处理、特征提取和分类识别。

1. 图像预处理

（1）去噪　通过滤波等方法去除图像中的噪声，提高图像质量。

（2）二值化　将图像转换为黑白二值图像，便于后续处理。

（3）图像分割　将包含多个字符的图像分割为单字符图像，可通过基于边缘检测、阈值处理或投影法等方法实现。

（4）归一化　将分割出的字符图像调整至统一的大小和位置，以便后续的特征提取和识别。

2. 特征提取

从预处理后的字符图像中提取关键特征，如文字的笔画、结构、轮廓等。通过这些特征应能够区分不同的字符。常用的特征提取方法包括方向梯度直方图（HOG）、尺度不变特征变换（SIFT）等。

3. 分类识别

分类识别是指将提取出的字符特征与已知字符特征库中的特征进行匹配。常见的分类器有支持向量机（SVM）、神经网络（如卷积神经网络）、决策树等。根据匹配结果，识别出字符并输出。

机器视觉字符识别技术在许多领域都有广泛的应用，如银行票据自动处理、文档数字化、车牌识别、工业自动化等。在这些应用中，OCR技术可以大大提高工作效率，减少人工干预，降低错误率。总之，机器视觉字符识别技术是一项非常有用的技术，利用该技术，可以从图像中自动提取文本信息，为各种应用提供便利。

三、核心素养

（一）智能车库

智能车库是一种利用机械、电子、传感器等技术，实现车辆自动存取、车位智能分配、车辆安全管理等功能的现代化停车系统。

我国智能车库的发展正在持续进行中，并且随着科技的进步，智能车库正变得越来越智能化和自动化。我国智能车库主要发展趋势及特点如下。

1. 智能化和自动化

智能车库正在逐步实现完全的智能化和自动化。通过利用物联网、大数据、人工智能等先进技术，智能车库能够实时收集和处理车辆信息，实现自动化管理。例如，智能车库可以自动识别和记录车辆信息、自动分配停车位，甚至可以实现自动驾驶和无人操作。

2. 远程管理

智能车库可以与智能手机或互联网连接，提供远程管理功能。通过手机应用程序，驾驶员可以远程查看车辆状态、预约停车位和控制停车过程。这种远程管理方式为车主提供了极大的便利，同时也提高了车库的管理效率。

3. 空间利用率最大化

智能车库通过采用先进的机械结构和控制系统，能够最大化地利用空间。例如，智能立体车库可以将车辆停放在紧凑的空间中，通过垂直堆叠和水平移动，最大限度地提高停车位的空间利用率。

4. 环保节能

智能车库在设计和运行过程中注重环保和节能。例如，电动立体车库采用电动升降机和机械部件，并整合太阳能和其他可再生能源，减少对传统能源的依赖。此外，智能车库还可以根据需求自动控制照明和通风系统，以减少能源消耗。

5. 安全性和保护

智能车库提供安全的停车环境，减少了车辆被盗窃、被损坏或受到其他威胁的风险，它通常配备安全摄像头、防盗系统和访问控制系统，以确保车辆的安全。

6. 数据分析与优化

智能车库可以收集和分析大量的车辆信息，如车辆类型、停车时间、进出频率等。通过对这些数据的分析，了解车库的使用情况和停车需求，为车库的优化和改进提供数据支持。

总之，智能车库正在朝着更加智能化、自动化、环保、节能和安全的方向发展。随着技术的不断进步和应用场景的不断拓展，智能车库将在未来发挥更加重要的作用，为城市交通管理和停车问题提供更加有效的解决方案。

（二）机器视觉技术在智能车库中的应用

机器视觉技术在智能车库中的应用十分广泛，主要体现在以下几个方面。

1. 车辆检测与识别

智能车库通过机器视觉技术，使用高清摄像头拍摄车辆图像或视频信息，然后通过图像处理算法对图像进行去噪、滤波、增强等预处理，以提高图像质量。接着，系统利用图像处理算法提取车辆特征，如车牌号码、车型等，自动进行车辆检测和识别。这种技术不仅提高了车辆识别的准确性和效率，还降低了人工干预导致的错误率。

2. 车位检测与管理

机器视觉技术可以实时地监控和检测车位的占用情况。通过摄像头拍摄车位的图像，系统可以分析出车位的空闲或占用状态，进而对车位进行管理和调度。同时，系统还可以实时更新车位信息，为车主提供方便快捷的停车服务。

3. 障碍物检测与避障

在车库中，可能会存在一些障碍物，如停放的自行车、电动车等。机器视觉技术可以实时监测这些障碍物，并通过图像处理算法分析出障碍物的位置和大小，从而避免车辆与障碍物发生碰撞。这种技术提高了车库的安全性，减少了潜在的安全隐患。

4. 导航与停车辅助

机器视觉技术可以用于智能车库的导航和停车辅助系统。通过摄像头拍摄车库的图像，系统可以实时地分析车辆的位置和姿态，为车主提供精确的导航和停车建议。同时，系统还可以根据车辆的大小和形状，自动调整车位的大小和位置，使车辆能够更加准确地停放在指定位置。

5. 数据分析与优化

机器视觉技术可以收集和分析大量的车辆信息，如车辆类型、停车时间、进出频率等。通过对这些数据进行分析，系统可以了解车库的使用情况和停车需求，为车库的优化和改进提供数据支持。同时，系统还可以根据数据分析结果，自动调整车位分配和调度策略，提高车库的使用效率和客户满意度。

随着机器视觉技术的发展，智能车库将具有更加广阔的市场前景和更大的发展空间。未来，我国智能车库行业的发展趋势将更加注重环保、节能和智能化。

四、项目实施

智能车库分类停靠实施思维导图如图 7-3 所示。

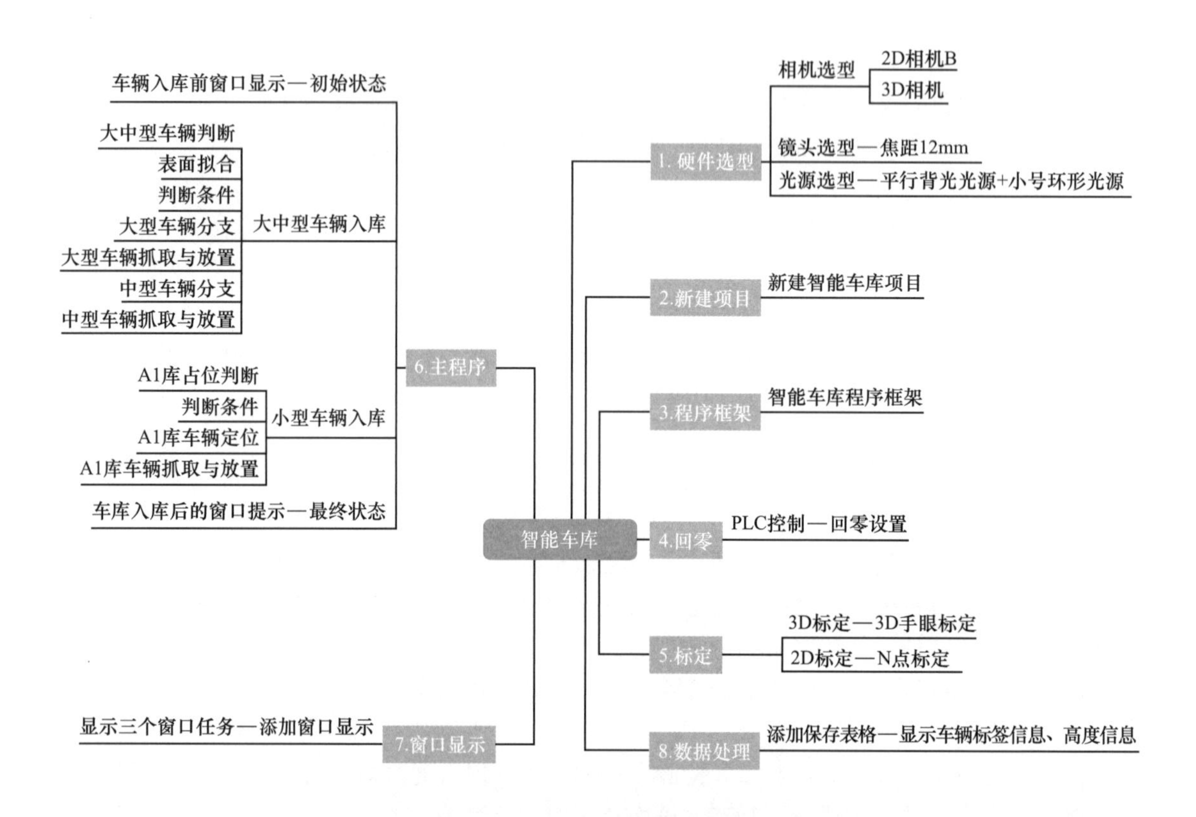

图 7-3 智能车库分类停靠实施思维导图

（一）硬件选择

1. 相机选型

本项目由于不需要采集颜色信息，故选用黑白 2D 相机 A 或 B。

2D 相机像素精度为 0. 1mm，视野范围为 230mm×192mm。视野范围长宽比为 $\frac{230}{192}\approx 1.198$，相机 A 图像传感器长宽比为 $\frac{1280}{960}\approx 1.333>1.198$，相机 B 图像传感器长宽比为 $\frac{2448}{2048}\approx 1.195<1.198$。

若选用相机 A，则应以宽度方向计算像素精度，即像素精度为 $\frac{192}{960}\text{mm}\approx 0.2\text{mm}>0.1\text{mm}$，不符合选型要求。若选用相机 B，则应以长度方向计算像素精度，即像素精度为 $\frac{230}{2448}\text{mm}\approx 0.09\text{mm}<0.1\text{mm}$，符合选型要求。故选择黑白 2D 相机 B。

根据项目要求，需要定位并测量出中大型车辆的高度信息，因此需要对中大型车辆进行3D检测。根据设备所提供的相机，选择唯一的一款3D相机。

2. 工业镜头计算与选型

（1）像长的计算　根据相机的选型，黑白2D相机B的像元尺寸为3.45μm，像素为2448×2048，根据像长计算公式可得

$$L=\text{像元尺寸}\times\text{像素（长、宽）}$$

$$L_1=3.45\mu m\times2448\approx8.45mm$$

$$L_2=3.45\mu m\times2048\approx7.07mm$$

黑白2D相机内部芯片像长L的长度、宽度分别为8.45mm、7.07mm。

（2）焦距的计算　在选择镜头搭建一套成像系统时，需要重点考虑像长L、成像物体的长度H、镜头焦距f以及物体至镜头的距离D之间的关系，物像之间的简化关系为

$$\frac{L}{H}=\frac{f}{D}$$

根据任务要求，视野范围为230mm×192mm，工作距离为370mm（工作距离范围允许有一定的偏差，最大不得超过±25mm），取工作距离的最大值395mm作为机械零件至镜头的距离D，因此，在焦距的计算中需要分别对长度、宽度进行计算。

$$f_1=8.45mm\times395mm\div230mm\approx14.51mm$$

$$f_2=7.07mm\times395mm\div192mm\approx14.55mm$$

（3）工业镜头的选型　根据焦距计算公式，计算得出长边焦距等于14.51mm，短边焦距等于14.55mm，考虑到实际误差、工业镜头的焦距微调区间（±5%），以及任务要求中允许的视野范围正向偏差10mm，选择的镜头焦距f应小于14.51mm。根据设备所提供的三种镜头，选择型号为HN-P-1228-6M-C2/3、焦距为12mm的镜头。

3. 光源选型

因为需要识别小型车辆的表面字符信息，且车辆模型不透光，所以选择从上方打光，根据小型车辆尺寸选择使用小号环形光源。

根据项目要求，需要定位并测量大中型车辆的体积，并按要求执行入库操作，故需要添加“3D手眼标定”工具，实现3D图像坐标与机构坐标的转换。3D手眼标定操作中需要查找标定板中的特征点，为了提高定位精度、减少外界干扰，选择安装平行背光光源，使拍摄的图像更加清晰、精度更高。

4. 硬件安装与接线

在合适的位置安装工业相机、镜头、光源、治具等，保证安装稳固，镜头与相机之间的连接螺纹须拧紧；镜头调试好之后，用紧定螺钉锁紧对焦环及光圈环；记录硬件的安装参数等结果。

完成工业相机、光源、旋转轴等的电路接线，完成气路的连接，须保证走线正确规范、整洁、牢固，物理接口选择正确。

（二）新建智能车库项目

打开KImage软件，单击新建项目图标，在“产品名称”中输入“智能车库”，单击“新建”按钮，如图7-4所示。

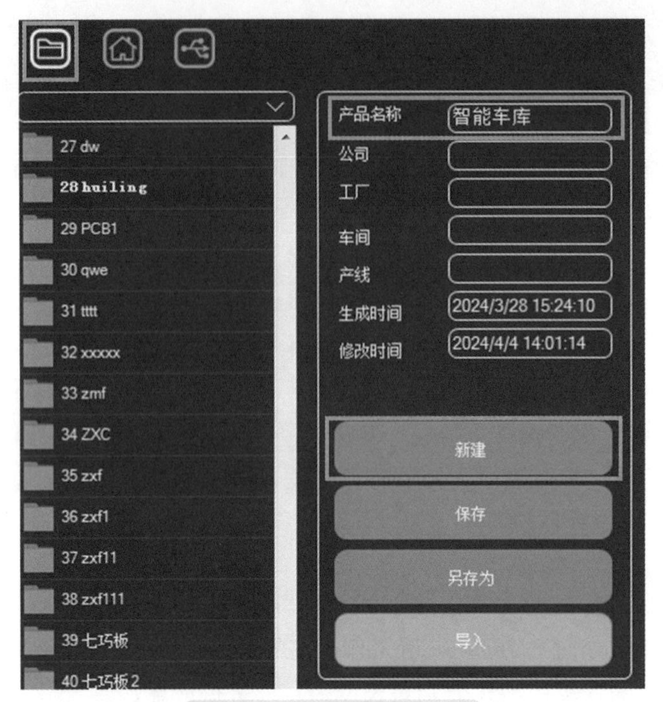

图 7-4　新建智能车库项目

（三）智能车库程序框架

完整的智能车库视觉程序应包括 3D 标定、3D 相机采图、判断条件、表面拟合、分支、车辆入库等一系列软件操作。

为了方便程序的阅读和编写，在视觉程序中设置了一个“回零”工具组、一个“标定”模块、一个“主程序”模块和一个“回零”工具组，如图 7-5 所示。

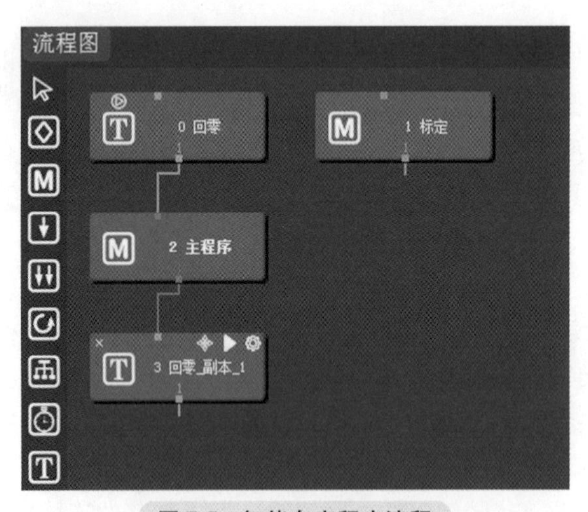

图 7-5　智能车库程序流程

（四）回零

程序开始前，首先需要使设备回零，所以添加一个 PLC 控制，利用“PLC 控制”工具将 X、Y、Z 三轴回零，如图 7-6 所示。

图 7-6 “回零”工具组

（五）标定

在智能仓储视觉程序中，添加一个“3D 标定”工具组和一个“2D 标定”工具组，如图 7-7 所示。

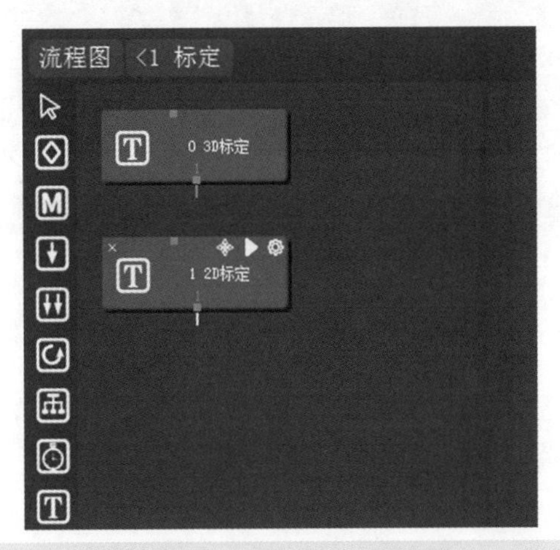

图 7-7 “3D 标定”工具组和“2D 标定”工具组

1. 3D 标定

“3D 标定”工具组用于实现标定图像的拍摄、仿射矩阵的变换及像素坐标与世界坐标的转换功能，按照操作顺序，需要依次用到拍照位的“PLC 控制”“3D 相机”“点云处理”“查找特征点”“3D 点坐标获取”“3D 手眼标定”等工具，如图 7-8 所示。

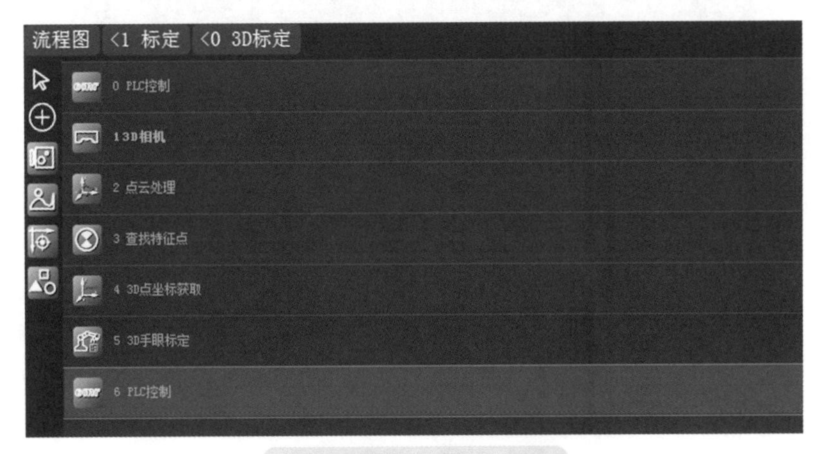

图 7-8 “3D 标定”工具组

2. 2D 标定

“2D 标定”工具组用于实现标定图像的像素坐标与世界坐标的转换功能，按照操作顺序，需要依次用到拍照位的“PLC 控制”“光源控制”“相机”“定时器”“光源控制”“查找特征点”“N 点标定”等工具，如图 7-9 所示。

图 7-9 “2D 标定”工具组

（六）主程序

主程序为单独的模块，独立于“标定”工具组外可反复执行，而“标定”工具组仅需执行一次即可。主程序模块包括“初始状态”“大中型车辆入库”“小型车辆入库”“最终状态”“数据处理”五个工具组，如图 7-10 所示。

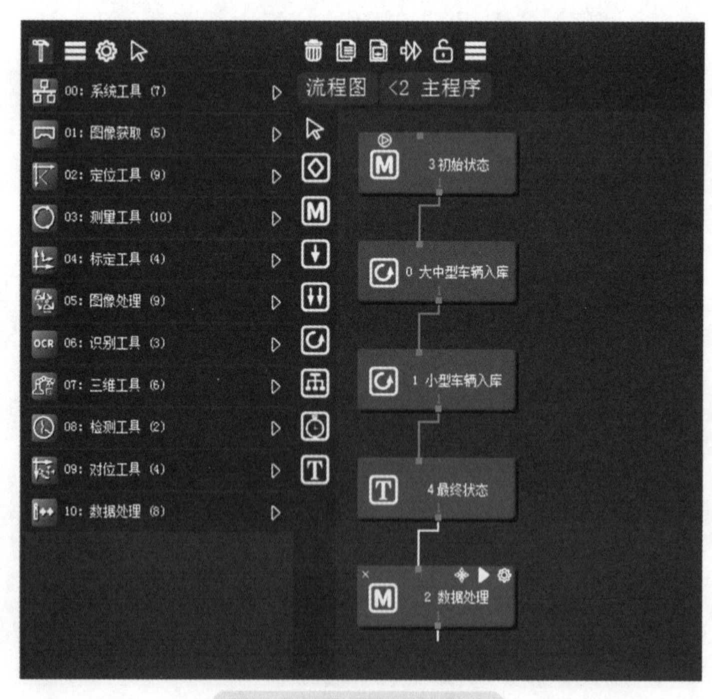

图 7-10 智能车库主程序

1. 初始状态

在车辆入库前初始状态中，添加了“车辆入库前”工具组和“窗口显示”模块两部分，如图 7-11 所示。

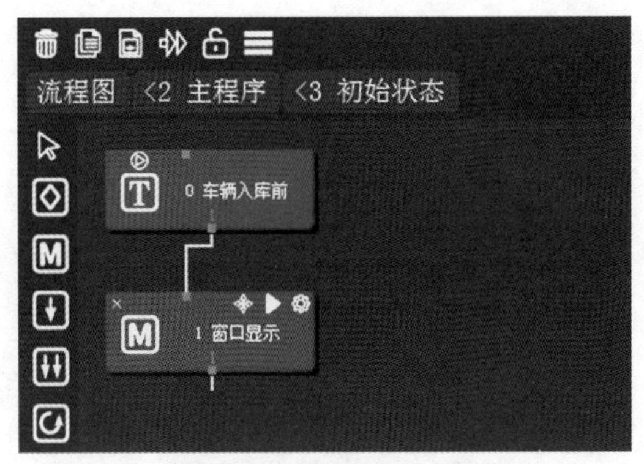

图 7-11 “初始状态”界面

1）“车辆入库前”工具组需要添加“PLC 控制”“光源控制”“相机”“定时器”“光源控制”等工具，如图 7-12 所示。

图 7-12 “车辆入库前”工具组

根据任务要求，窗口二显示 2D 相机初始拍照位的图像，如图 7-13 所示。

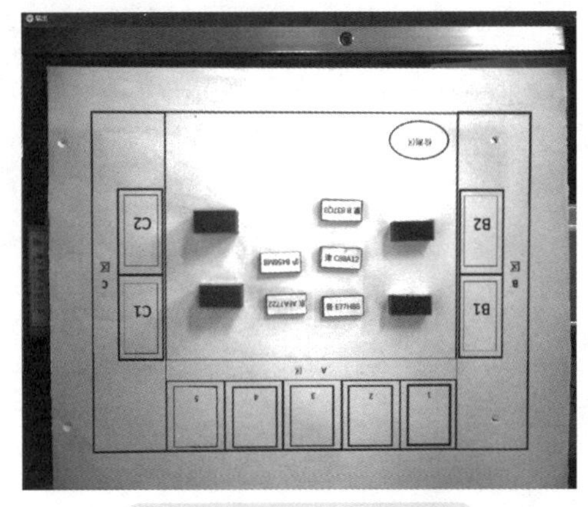

图 7-13 窗口二界面显示

2）“窗口显示”工具组需要添加“A 车中心点坐标”“表面拟合”“高度判断”等，根据项目要求，窗口显示小型车中心坐标、中大型车高度信息，如图 7-14 所示。

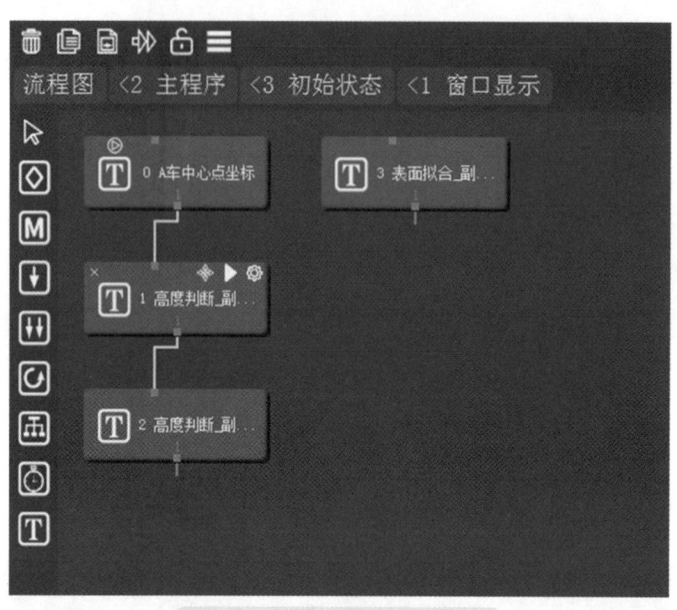

图 7-14 “窗口显示”工具组

窗口一显示初始状态（搬运前）检测区中所有小型车辆的中心坐标、中型和大型车辆的高度值及中心坐标，如图 7-15 所示。

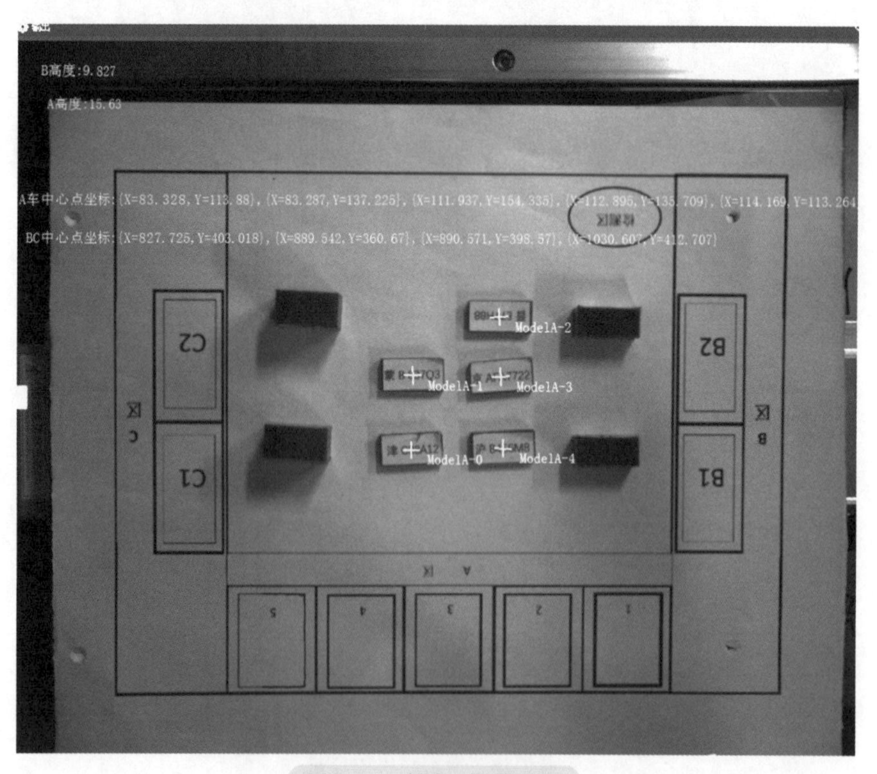

图 7-15 窗口一界面显示

2. “大中型车辆入库”程序

“大中型车辆入库”程序需要添加“大中型车辆判断”“表面拟合”“判断条件”“大型车辆分支”“中型车辆分支”“抓取与放置”等，如图 7-16 所示。

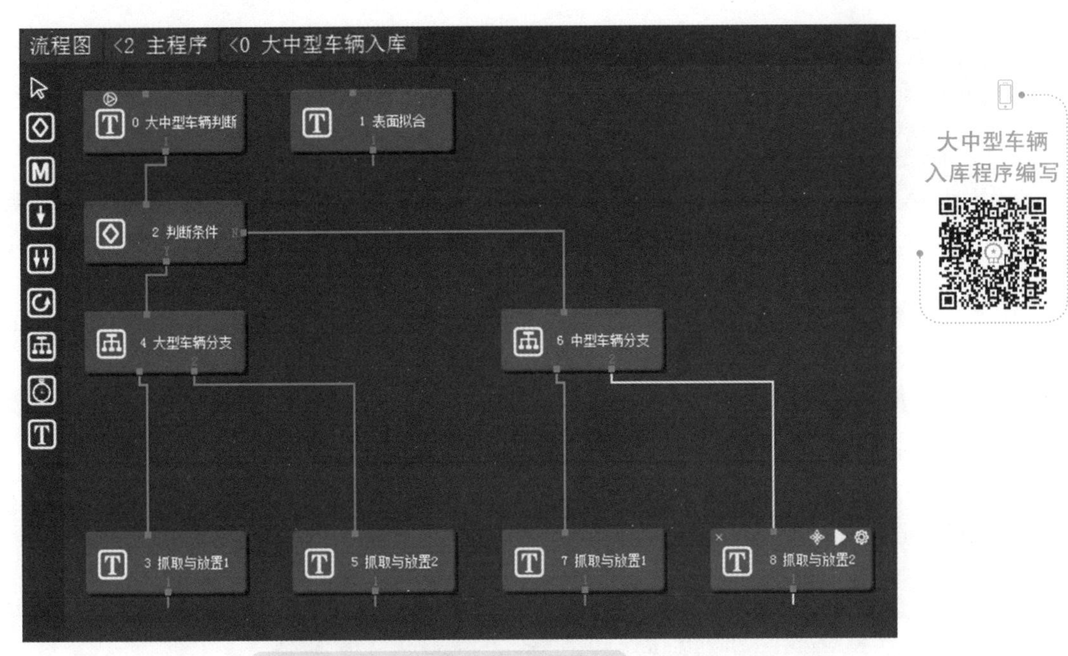

大中型车辆
入库程序编写

图 7-16　“大中型车辆入库”程序

（1）“大中型车辆判断”工具组　“大中型车辆判断”工具组需要添加“PLC 控制”“3D 相机”“点云处理”“大型车辆体积测量”“中型车辆体积测量”“用户变量”“3D 坐标转换”“累加工具”，如图 7-17 所示。

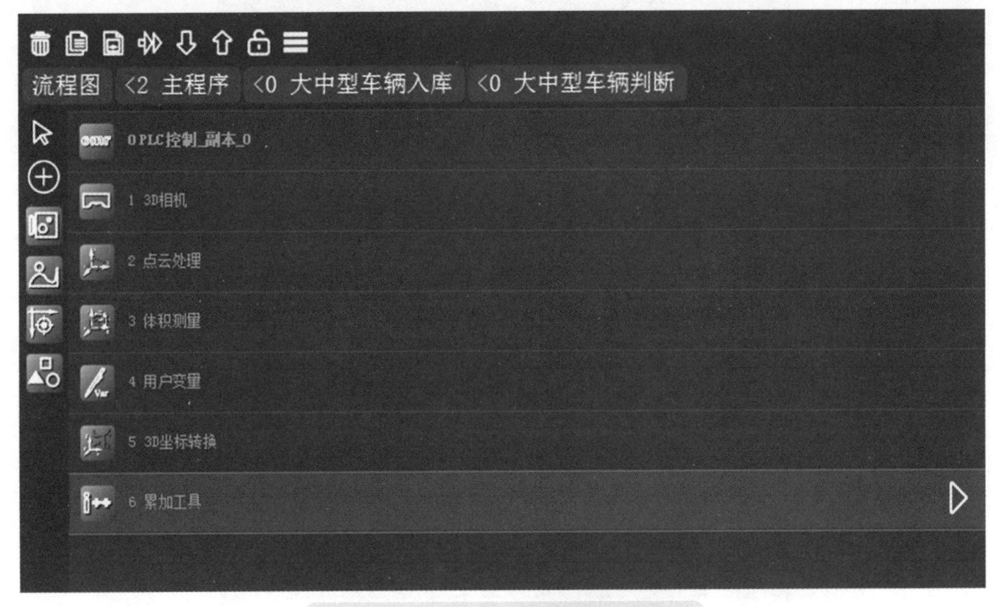

图 7-17　“大中型车辆判断”工具组

（2）“表面拟合”工具组　“表面拟合”用于拟合基准平面，表面拟合完成后只需提供数据即可，不需要和其他工具一起反复执行。因此，在大中型车辆判断中单独添加了一个“表面拟合”工具组，工具组中仅添加表面拟合工具，如图 7-18 所示。

图 7-18　“表面拟合”工具组

（3）“判断条件”工具组　“判断条件”工具组需要关联大中型车辆的判断结果，单击判断条件关联图标，如图 7-19 所示。跳转至下一界面，单击“变量引用”→“流程图”→“主程序”→“大中型车辆入库”，单击“大中型车辆判断”中的“结果”，如图 7-20 所示。

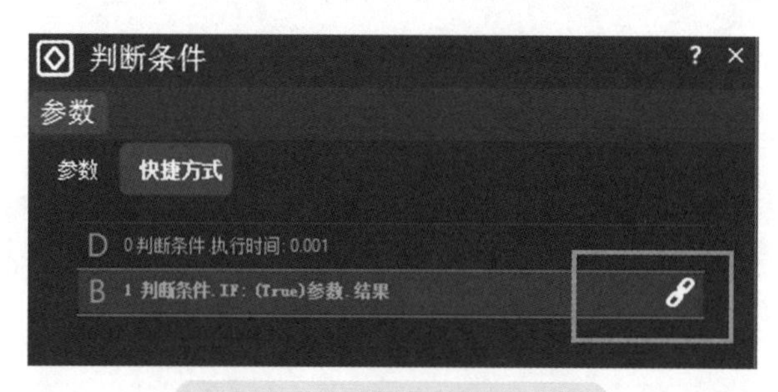

图 7-19　“判断条件”工具组

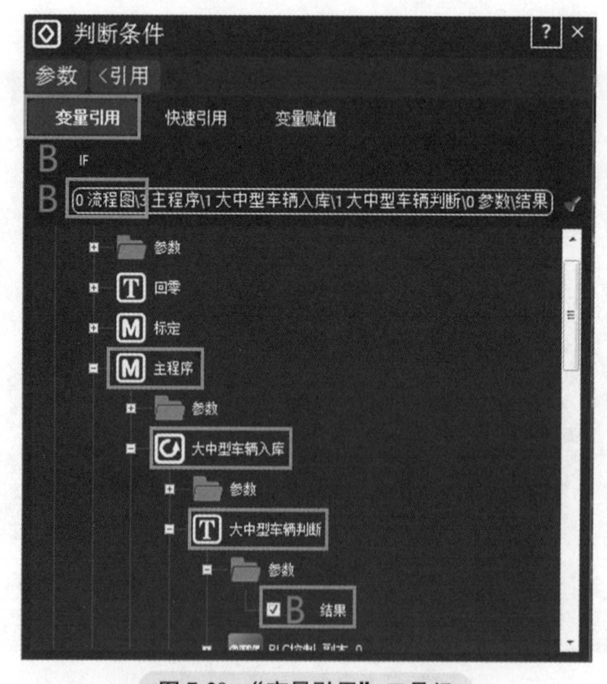

图 7-20　“变量引用”工具组

（4）“大型车辆分支”工作组　“大型车辆分支”链接完成后，中型车辆分支采用同样的操作，如图 7-21 所示。

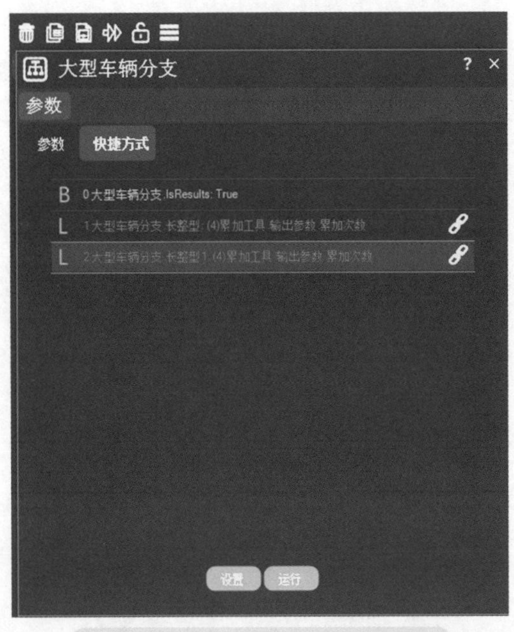

图 7-21　“大型车辆分支”工具组

（5）大型车辆抓取与放置　大型车辆“抓取与放置”工具组需要添加 PLC 控制，主要功能包括报警灯亮、抓取、上升、放置、上升、报警灯灭，如图 7-22 所示。

中型车辆分支、中型车辆抓取与放置参考大型车辆程序执行操作。

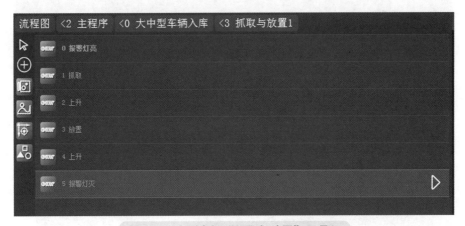

图 7-22　大型车辆“抓取与放置”工具组

3. “小型车辆入库”程序

“小型车辆入库”程序需要添加“A1 库占位判断”“判断条件”“A1 库车辆定位”“A1 库车辆抓取与放置”等工具组，如图 7-23 所示。

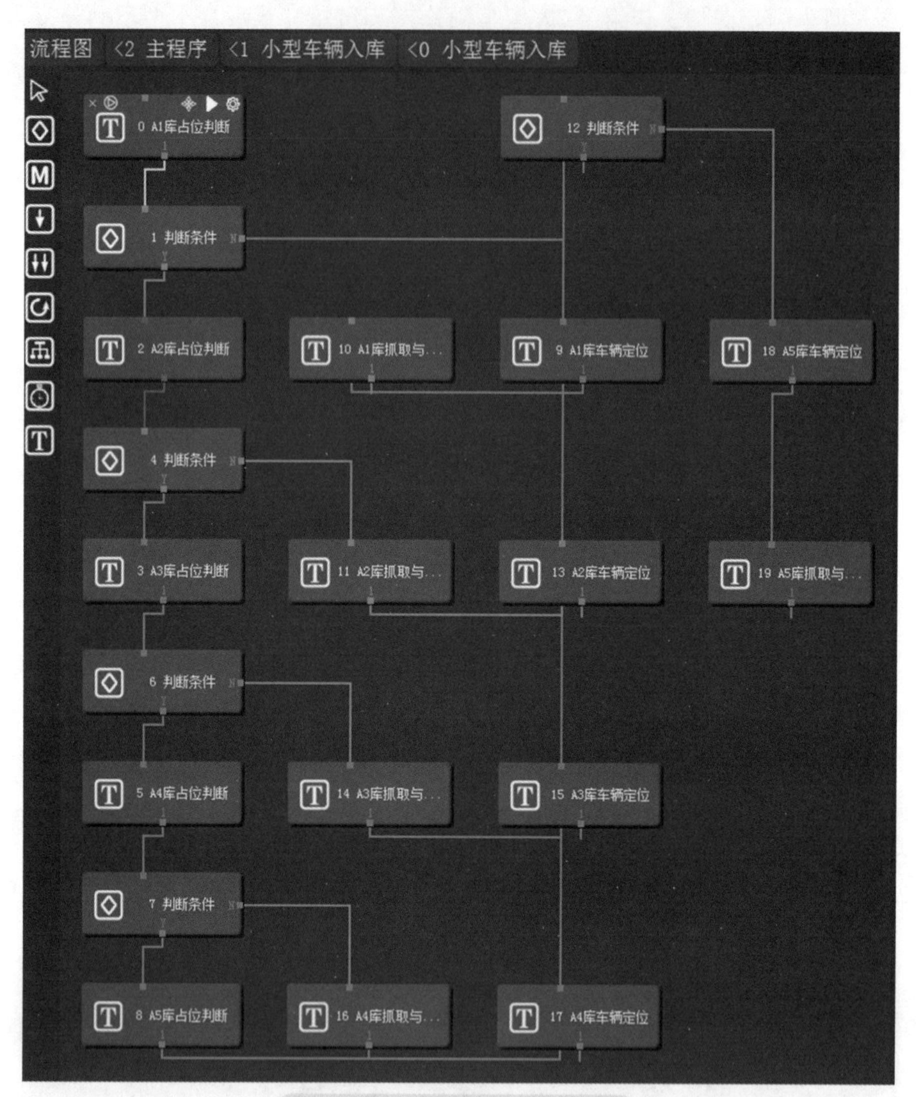

图 7-23 “小型车辆入库”程序

（1）“A1 库占位判断”工具组 “A1 库占位判断”工具组需要添加“PLC 控制”“光源控制”“相机”“定时器”“光源控制”“形状匹配”，如图 7-24 所示。

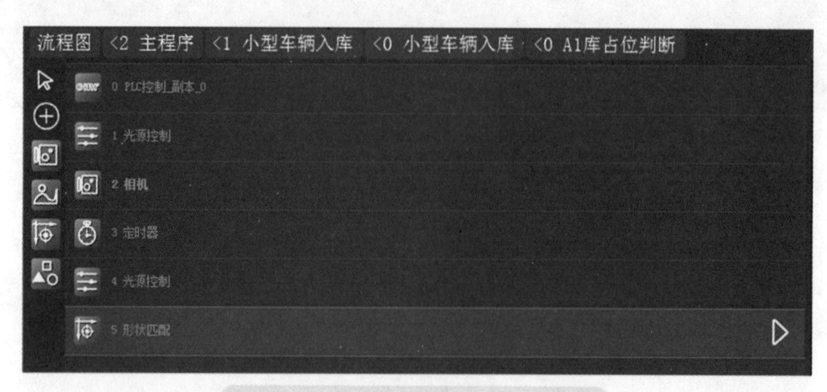

图 7-24 “A1 库占位判断”工具组

（2）“判断条件”工具组　“判断条件”需要关联 A1 库判断结果。单击判断条件关联图标，如图 7-25 所示。跳转至下一界面，单击“变量引用”→“流程图”→“主程序”→“小型车辆入库”，选择 A1 库占位判断结果，如图 7-26 所示。

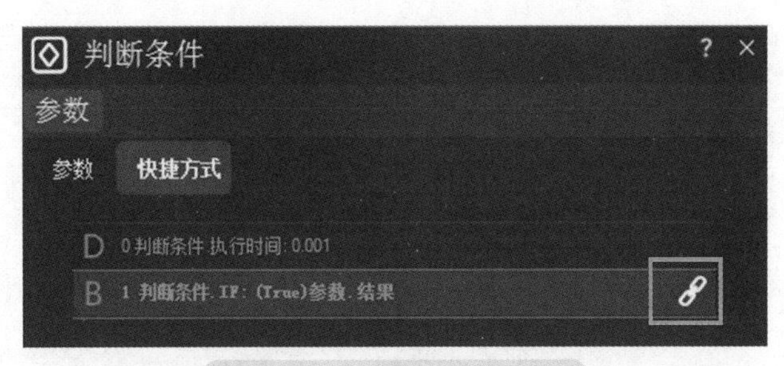

图 7-25　“判断条件”界面

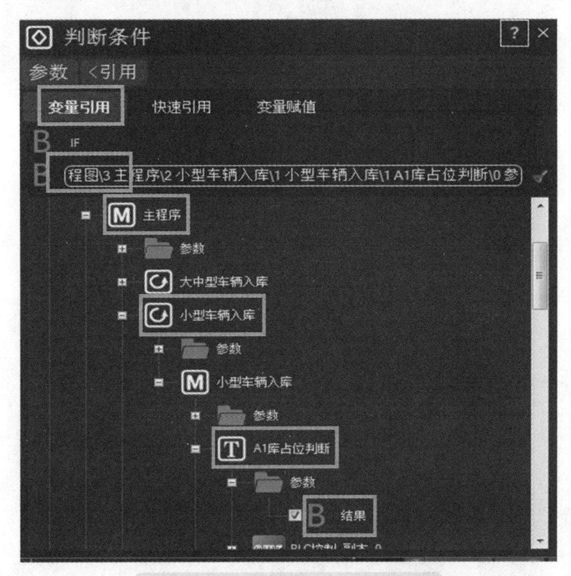

图 7-26　关联判断结果界面

（3）“A1 库车辆定位”工具组　“A1 库车辆定位”工具组需要添加“PLC 控制”“光源控制”“相机”“定时器”“光源控制”“形状匹配”，如图所 7-27 所示。

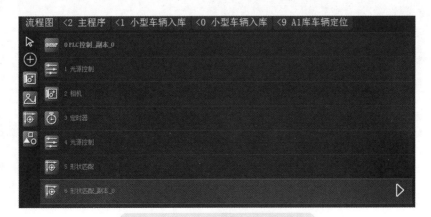

图 7-27　“A1 库车辆定位”工具组

（4）“A1 库车辆抓取与放置”工具组　“A1 库车辆抓取与放置”工具组需要添加 PLC 控制，主要功能包括报警灯亮、抓取、上升、放置、上升、报警灯灭，如图 7-28 所示。

A1 库判断入库完成，剩余四个位置按 A1 库程序循环执行。

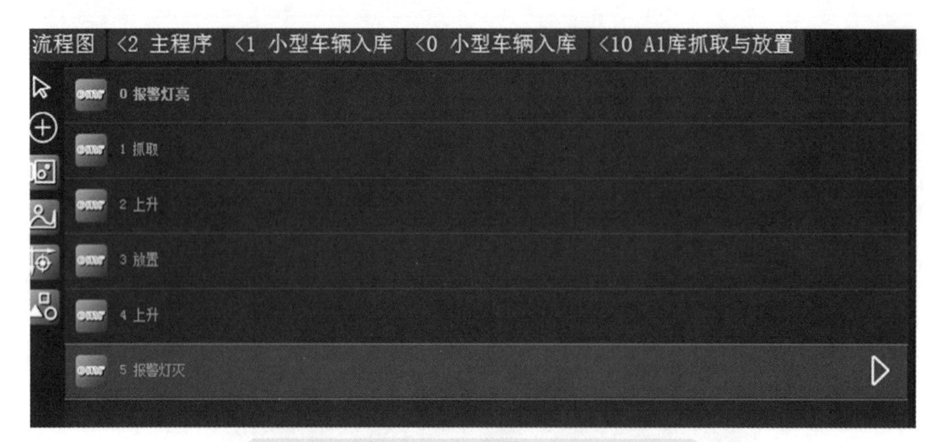

图 7-28　“A1 库车辆抓取与放置”工具组

4. 最终状态

“最终状态”工具组需要添加“PLC 控制”“光源控制”“相机”“光源控制”“形状匹配”“字符识别”等，如图 7-29 所示。

图 7-29　最终状态

根据任务要求，窗口三显示 2D 相机入库完成后的图像，如图 7-30 所示。

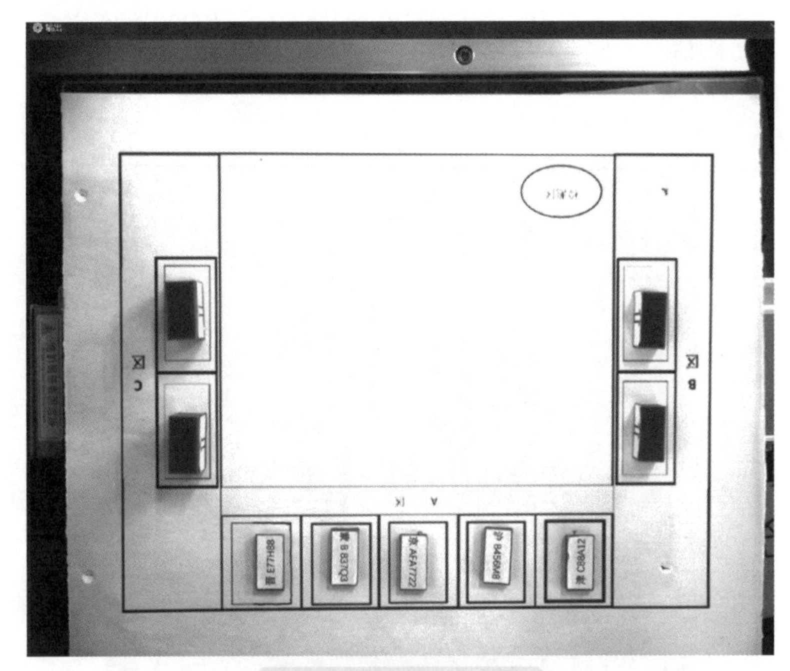

图 7-30　窗口三显示界面

（1）A1 库形状匹配　“A1 库形状匹配”基础参数“工具绑定”需引用相机的输出图像，然后依次单击“注册图像”“设置中心”“创建模板”“执行”按钮，如图 7-31 所示。

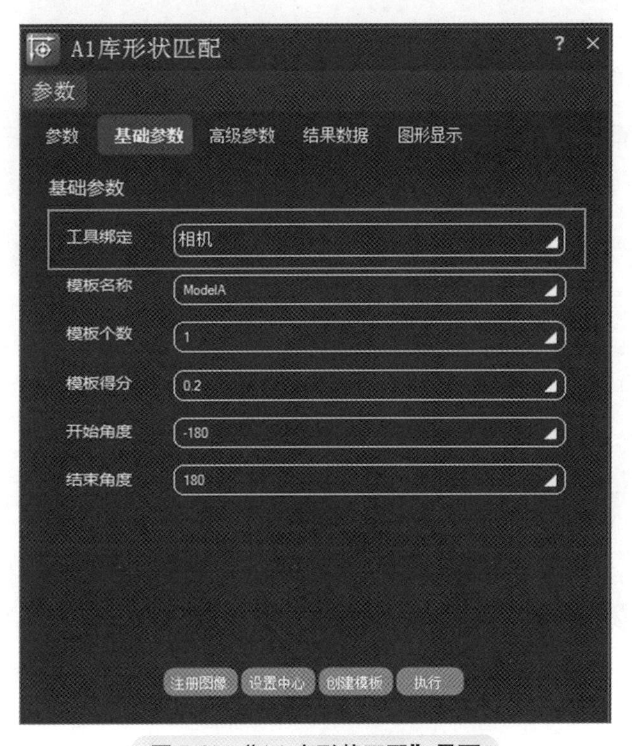

图 7-31　“A1 库形状匹配”界面

（2）A1 库字符识别　A1 库字符识别会自动关联上一个形状匹配图像，如图 7-32 所示。

单击“注册图像”按钮，会出现框选区域，如图 7-33 所示。框选 A1 库车牌信息，注意框选区域旋转图标必须放在下方，如图 7-34 所示。单击“执行”按钮，会显示图像识别结果，如图 7-35 所示。

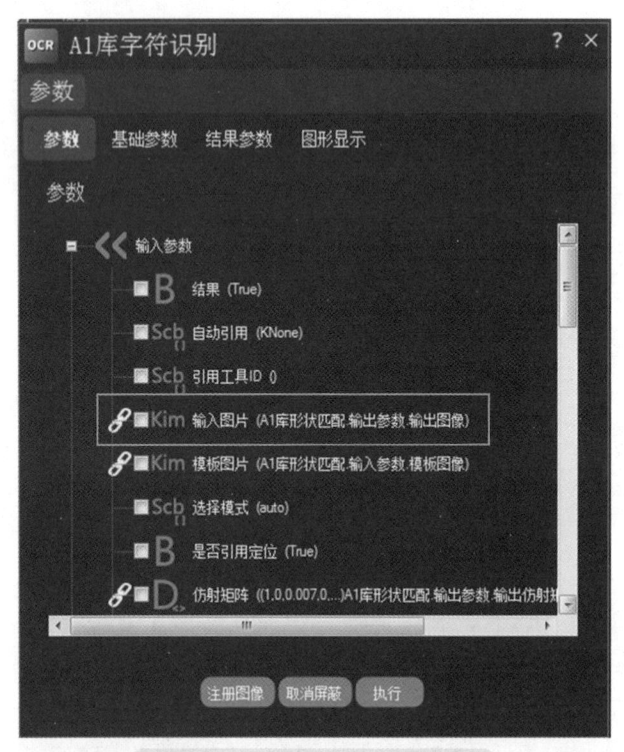

图 7-32 “A1 库字符识别”界面

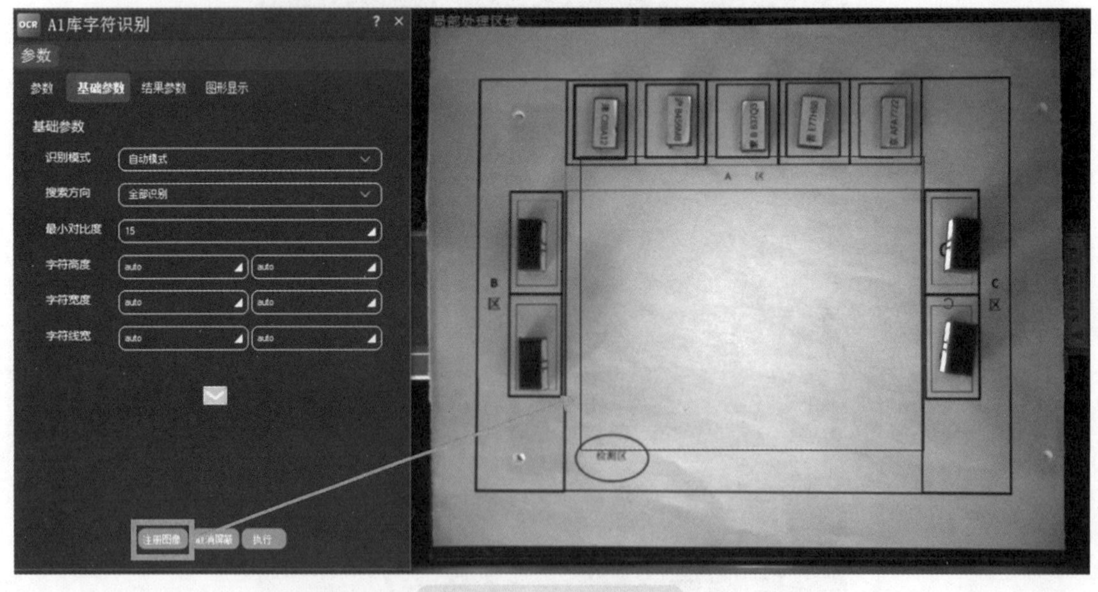

图 7-33 注册图像界面

图 7-34　框选 A1 库车牌信息界面

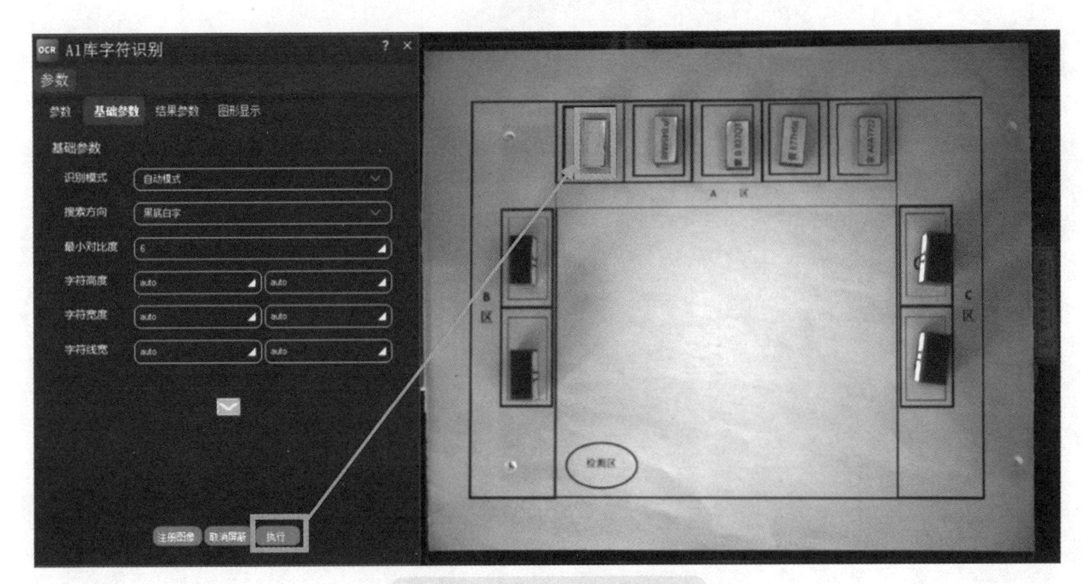

图 7-35　车牌识别结果界面

（七）数据处理

根据任务要求，显示 A 区小型车辆标签信息，B 区、C 区大中型车辆的高度信息如图7-36 所示。

基础参数

基础参数

	0	1	2	3	4	5	6
表头	C区高物块的高度	B区高物块的高度	A1库字符识别...	A2库字符识别...	A3库字符识别...	A4库字符识别...	A5库字符识别...
类型	String	String	String	String	String	String	String
数据	15.006	10.028	V1V41ZZ2L	8H9SDU45	11BP37Q3	ZTY8804	FE77H88

图 7-36　数据处理结果显示界面

（八）最终窗口显示

根据任务要求，智能车库完成后，需要在显示区划分三个窗口，如图 7-37 所示。

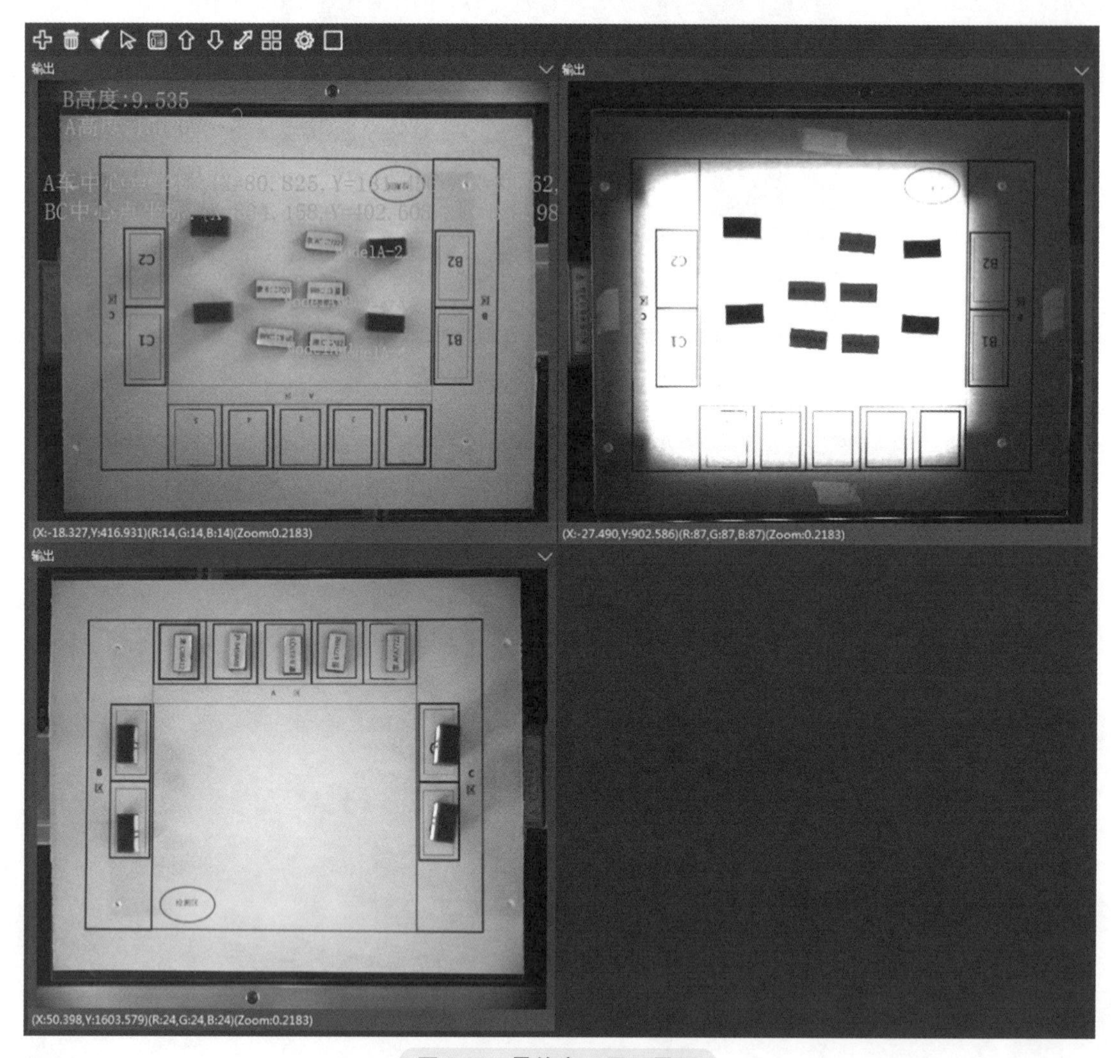

图 7-37　最终窗口显示界面

五、思考与探索

1. 智能车库程序主要分为哪几部分？
2. 如何显示 A 库标签信息？
3. 如何检测车库占位情况？
4. 为什么不能先搬运 A 库车辆？
5. 字符识别用到了哪些工具？
6. 根据项目实施完成以下内容：

任务考核表

完成时间		成绩评定	
选用相机型号			
选用镜头型号			
选用光源及参数			
主要选用工具			

测量结果图像粘贴处：

项目实施过程中存在的问题及解决方案：

项目评分表

类型	项目	单项分	自评得分	小组评分	教师评分
硬件安装及调试（20分）	相机选型正确	2			
	镜头选型正确	2			
	光源选型正确	2			
	光源控制工具正确	2			
	视野合理、清晰	2			
	R轴接线正确	2			
	R轴气路连接正确	2			
	PLC回零正常	2			
	PLC定点移动正常	2			
	PLC位置获取正确	2			
工具的配置（20分）	配置工具完整	12			
	标定工具使用正确	4			
	光源频闪控制正常	4			
大中型车辆入库（32分）	大型车辆入库正确	14			
	中型车辆入库正确	14			
	测量数据保存路径正确	2			
	数据结果保存符合要求	2			
小型车辆入库（18分）	小型车辆入库正确	5			
	结果显示正常	4			
	窗口显示正确	2			
	运动平稳可靠	3			
	报警灯设置正确	4			
职业素养及安全意识（10分）	操作合规、穿戴得体	4			
	工具摆放整齐	2			
	精神素质良好	2			
	操作过程节约环保	2			
总分					

7. 完成自定义车辆（至少包含三种不同高度的车辆）的入库任务并上传数据，完成以下内容。

完成时间		成绩评定	
相机、镜头、光源的选型计算报告			

选用相机型号	
选用镜头型号	
选用光源及参数	
主要选用工具	

程序流程示意图：

结果图像粘贴处：

六、岗课赛证要求

项目		要求
职业标准	××公司机器视觉系统运维岗位标准	标准1：快速、准确地完成2D、3D标定 标准2：能够在各种工况下准确地完成大中型车辆的入库任务 标准3：能够按要求完成小型车辆的占位判断及入库任务
职业技能竞赛	机器视觉系统应用技能大赛	赛点1：能够迅速、准确地完成大中型车辆的入库任务 赛点2：完成小型车辆占位判断，并准确地完成小型车辆入库 赛点3：抓取与放置动作流畅、平稳
“1+X”证书	“1+X”工业视觉系统运维职业技能等级证书	考点1：能够根据工作场景和检测要求，完成相机、镜头的选型 考点2：能够通过标定板，完成2D、3D相机标定 考点3：分析项目要求，准确地完成车辆入库任务

参考文献

[1] 郑鹏飞，张永卫，黄大岳. 机器视觉系统应用［M］. 北京：机械工业出版社，2023.

[2] 马晓明，卢鑫，程文锋. 机器视觉系统应用（中级）［M］. 北京：机械工业出版社，2023.

[3] 王志明，何琼，王发鸿，等. 工业机器视觉系统编程与应用［M］. 北京：高等教育出版社，2023.

[4] 张焱，王丛丛. 机器视觉检测与应用［M］. 北京：电子工业出版社，2021.

[5] 曹其新，庄春刚. 机器视觉与应用［M］. 北京：机械工业出版社，2021.

[6] 易焕银. 机器视觉及其应用技术［M］. 西安：西安电子科技大学出版社，2023.